Ecological Utilization and Risk Prevention and Control of Reclaimed Water in Rivers

再生水河流生态利用与风险防控

李炳华 郑凡东 黄俊雄 杨默远 等著

化学工业出版社
·北京·

内容简介

本书从水资源的特点、现状及未来趋势等方面入手，强调在日益严峻的水资源形势下，开展再生水规模化利用的必要性和可行性。在此基础上，详细介绍了再生水利用的试验工程设计，构建全面的监测体系，深入研究了再生水利用区地表水和地下水的动态变化特征，并阐明了再生水对水体的影响机制。同时，结合实际案例研究，探讨了再生水的实际应用效果。通过构建水文地质模型，预测了再生水利用对受水区地下水环境的影响。此外，本书还重点关注再生水利用过程中可能面临的环境风险和健康隐患，提出了科学的风险评估和管理策略，以保障再生水的安全和有效利用。

本书适合环境科学、生态学、水资源管理等领域的研究人员及相关从业人员阅读。通过本书的深入探讨，希望能够引发更多关于再生水利用的研究与实践，共同应对日益严峻的水资源挑战，实现生态与经济的双重效益。

图书在版编目（CIP）数据

再生水河流生态利用与风险防控 / 李炳华等著. 北京 : 化学工业出版社, 2025. 12. -- ISBN 978-7-122-49087-2

Ⅰ. X522

中国国家版本馆 CIP 数据核字第 20255AP658 号

责任编辑：卢萌萌　　文字编辑：郭丽芹
责任校对：田睿涵　　装帧设计：史利平

出版发行：化学工业出版社
（北京市东城区青年湖南街 13 号　邮政编码 100011）
印　　装：涿州市般润文化传播有限公司
787mm×1092mm　1/16　印张 13¾　彩插 4　字数 306 千字
2026 年 3 月北京第 1 版第 1 次印刷

购书咨询：010-64518888　　售后服务：010-64518899
网　　址：http://www.cip.com.cn
凡购买本书，如有缺损质量问题，本社销售中心负责调换。

定　　价：138.00 元　

前言

近年来，全球水资源面临前所未有的压力，气候变化、城市化进程加速以及人口增长等因素使水资源短缺问题愈发突出。我国水资源长期存在总量不足与区域分布不均、污染严重及浪费现象普遍等供需矛盾，尤其是在城市化与工业化快速发展的背景下，各行业对水资源的需求愈加迫切，推广再生水等非常规水源的利用，对于缓解我国水资源供需矛盾具有重要意义。水利部发布的《2024年水利系统节约用水工作要点》，明确提出了力争年非常规水利用量超过180亿立方米，地级及以上缺水城市再生水利用率达到24%以上的总体目标。国家发展改革委、住房城乡建设部、生态环境部发布的《关于推进污水处理减污降碳协同增效的实施意见》提出，到2025年，地级及以上缺水城市再生水利用率达到25%以上。此外，《中华人民共和国国民经济和社会发展第十四个五年规划和2035年远景目标纲要》中明确提出实施国家节水行动，建立水资源刚性约束制度，并鼓励再生水利用。

尽管再生水的利用在一定程度上可以缓解水资源短缺、改善生态环境并提升经济和社会效益，但其在河流生态利用中的应用涉及复杂的处理技术和管理体系，可能对河流原有生态系统带来潜在风险。因此，在推进再生水利用的过程中，必须重视风险防控，建立健全风险管理体系，以确保再生水的安全、有效和可持续利用。本书旨在系统探讨再生水在河流生态系统中的应用，分析其潜在环境影响及风险防控措施，以期为实现再生水的安全高效利用提供理论基础，为相关领域的研究人员和工程师提供实践指导，并为未来的水资源管理提供技术支持与决策依据。

本书第1章分析了水资源的特点、现状及面临的问题，阐明了再生水利用的时代需求，强调了在水资源危机加剧的情况下，开展再生水规模化利用的迫切性与可行性。第2章和第3章结合具体案例，介绍了再生水利用的试验工程设计及实施方案，以及相关区域的概况，为后续研究奠定基础。第4章构建了再生水利用工程的监测体系，以确保对再生水利用过程中水质的动态监测和管理。第5章至第7章深入探讨了再生水利用区域的水质变化特征，分析了地表水和地下水的动态变化规律，重点讨论了再生水利用对地表水和地下水环境的影响机制，深入剖析了再生水特征水质指标在不同介质中的迁移与转化过程及其对自然水体的影响机制。第8章则聚焦于再生水利用的风险研判与防范，系统识别了再生水利用中的水质风险因子，并研究了保障再生水安全利用的关键技术，同时对河道生态利用的适宜性进行了评价。第9章构建了水文地质模型和地下水运移模型，以预测再生水利用对受水区地下水环境的影响，为未来的水资源管理提供科学的评估方法与依据。

本书的研究内容涵盖了再生水利用的各个方面，结合理论与实践，为推动再生水的合理利用与生态保护提供了全面的视角和深入的分析。编写本书的目的是为研究人员、工程技术人员及相关决策者提供一个系统的、科学的参考框架，以推动再生水的科学利用和风险防控工作。希望通过本书的研究与探索，为实现水资源的可持续管理与生态保护作出积极贡献。

限于编写时间与水平，书中难免存在疏漏之处，敬请广大读者批评指正。

著者

2025 年 4 月

目录

第 1 章 再生水利用的时代需求

1.1 水资源特点、形势与问题

水资源是经济和社会发展的重要基础。据统计，全球水资源总量约为 $1.4\times10^8km^3$，然而可供人类直接利用的淡水资源却极为有限，仅占全球水资源总量的2.5%。最新研究显示，由于水资源分布不均、气候变化以及人类活动等因素的综合影响，全球许多江河湖泊的水位在过去 30 年中普遍下降，其中约 53%的湖泊和水库的储水量减少。

北京市地处华北平原西北部，总面积约为 $1.64\times10^4km^2$，其中山区面积占 61%。北京市共有五大水系，即潮白河水系、蓟运河水系、北运河水系、永定河水系和大清河水系，均属于海河流域。作为我国水资源相对匮乏的地区之一，北京市人均水资源稀缺且分布不均衡，南部地区相对较富裕，北部地区则相对较贫乏。《北京市统计年鉴》（1986～2022 年）中数据显示，北京市常住人口由 1986 年的 1028 万人增加至 2022 年的 2184.3 万人，增加了 1156.3 万人，年均常住人口增加 68 万人（见图 1-1），人均水资源量由 $313.3m^3$ 减少至 $108.7m^3$。根据《北京市水资源公报》（1986～2022 年）和《北京市水务统计年鉴》（2010～2022 年），年均水资源总量总体趋势与降雨量变化趋势一致，1986～2022 年年均水资源总量为 $32.21\times10^8m^3$，其中 1986～1998 年年均水资源总量为 $41.32\times10^8m^3$，而 1999～2010 年北京市经历了连续多年干旱，年均水资源总量仅为 $23.35\times10^8m^3$，与 1986～1998 年年均水资源总量相比，减少了 $17.97\times10^8m^3$，2011～2022 年年均水资源总量 $31.2\times10^8m^3$，与 1999～2010 年年均水资源总量相比，增加了 $7.85\times10^8m^3$（见图 1-1）。

20 世纪 80 年代以来，北京市经济快速发展。截至 2022 年，北京市地区生产总值（GDP）达到 4.26 万亿元，与 1986 年的 GDP 比较，增长了 4.23 万亿元。从人均 GDP 看，1986 年人均不到 3000 元，而 2022 年人均 GDP 已超过 19 万元（见图 1-2）。

随着经济的发展和人口的增加，北京市的水资源供需矛盾日益加剧，供水压力不断增大。工业废水、生活污水和农业面源污染等因素导致北京市的水质下降，一些湖泊和河流已经失去了生态功能。水资源短缺和水污染问题日益突出，给北京市的生态环境带

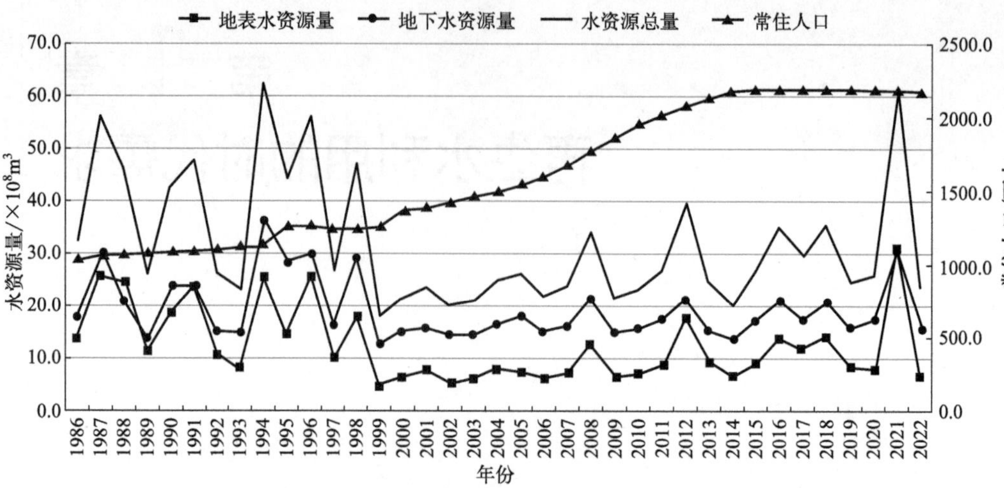

图 1-1　1986～2022 年北京市常住人口和水资源变化情况

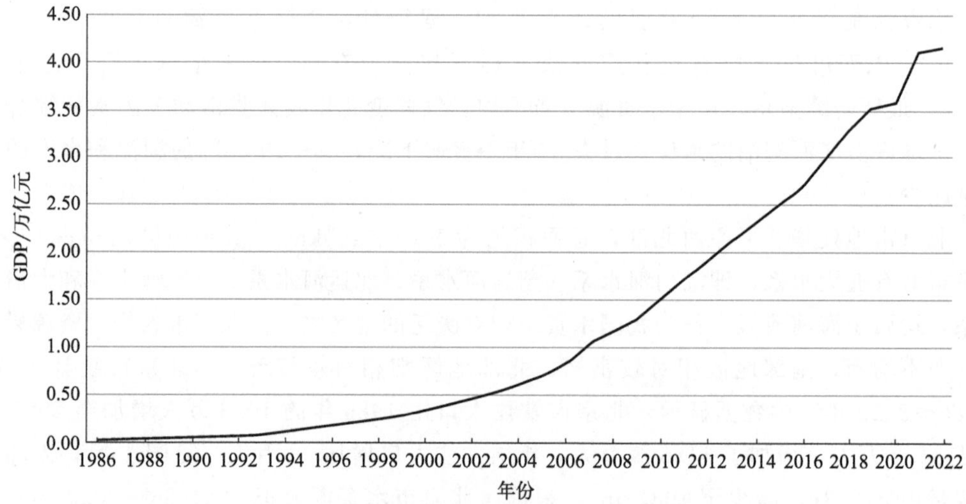

图 1-2　1986～2022 年北京市地区生产总值（GDP）变化

来了严重压力。1986～2022 年各类水源年均供水总量为 39.29×10^8m^3，年均供水总量呈现波动变化，其中 1986～1992 年年均供水总量呈现增长趋势，年均增长约 1.64×10^8m^3；1992～2006 年年均供水总量呈现减小趋势，年均减少 0.87×10^8m^3；2006～2022 年年均供水总量呈现增加趋势，年均增长 0.35×10^8m^3。从供水水源看，1986～2002 年供水水源为地表水和地下水，其中地下水供水量占供水总量的 63%以上，2003 年以后供水水源增加了非常规水源（再生水），截至 2022 年底，再生水供水量达到 12.05×10^8m^3。2008 年外调水入京，尤其是 2014 年南水北调中线水进京，极大地缓解了北京市水资源压力，北京市形成了较为稳定的多水源供水格局。从不同供水水源供水量看，地表水供水量总体呈现减少趋势，由 20 世纪 90 年代的超 16×10^8m^3 减少至 2022 年的 5.90×10^8m^3；地下水供水量在 20 世纪 90 年代中期供水量达到最高值 29.28×10^8m^3，而近年来呈现明显的降低趋势，2022 年地下水供水量仅为 12.18×10^8m^3；非常规水源供水量呈现快速增长趋势，由 2003 年的 $2.18\times10^8m^3$ 增加到 2022 年的 $12.05\times10^8m^3$；外调水供水量也呈现增长趋势，由 2008 年的 $0.7\times10^8m^3$ 增加至 2022 年的 $9.89\times10^8m^3$（见图 1-3）。

为了缓解水资源短缺形势，再生水规模化利用将成为实现北京市水资源可持续利用的必要手段和战略举措。20 世纪 50 年代，北京市就开始将再生水用于农业灌溉。随着时间的推移，城镇污水处理水质标准不断提高，为再生水提供了可靠的水源。自 2003 年起，北京市将再生水纳入全市年度水资源配置计划，并采取了多种措施推进再生水利用。目前，北京市的再生水不仅用于工业和绿地，还用于恢复干涸河道的生态环境。2007 年，北京市实施了引温济潮工程，该工程是“十一五”期间规划实施的重要流域水资源配置工程之一，对充分利用温榆河水资源并解决顺义新城区域水环境用水问题具有重要意义。

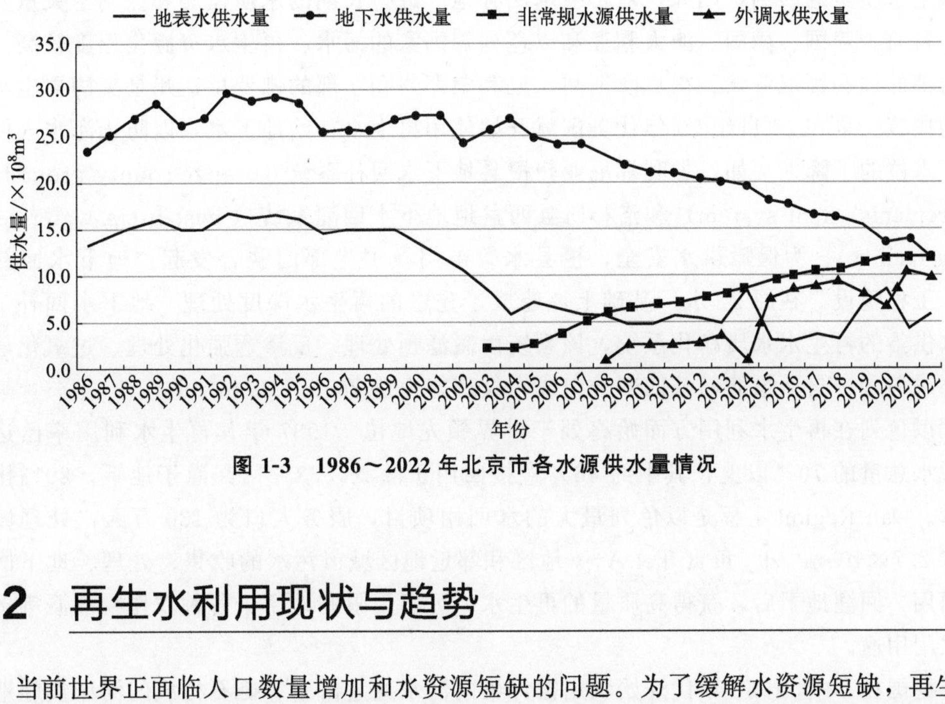

图 1-3　1986～2022 年北京市各水源供水量情况

1.2 再生水利用现状与趋势

当前世界正面临人口数量增加和水资源短缺的问题。为了缓解水资源短缺，再生水的广泛利用已成为重要途径。再生水是指经过污水处理厂处理或适当处理过的雨水、工业排水和生活排水，达到规定水质标准后可回用的水。美国环保署的《再生水回用指南》提出了再生水的利用方式，包括市政用水、工矿企业用水、农业灌溉用水、景观用水、地下水补给和饮用水。

再生水回补在恢复水生态环境和保持水资源可持续利用方面起着重要作用，同时也具有一定的经济效益、社会效益和生态环境效益。目前，使用再生水进行地表补水和回灌地下水已经得到广泛应用。地表河道回补主要是通过污水处理厂将再生水泵送至河湖，以增加河湖的水量供给和补给上游水源，从而美化城市环境并涵养地下水。在平原地区，再生水被用于回补地下水，以缓解地下水超采引起的地面沉降和防止形成地下水漏斗。沿海地区也利用再生水来防止海水倒灌等环境问题的发生。

再生水回补地表水和地下水之前通常需要进行预处理，但仍然存在无法避免的潜在污染问题。多项实验结果表明再生水可能产生各种不利的生物效应，例如在水处理过程中可能产生消毒副产物。再生水回补还可能引入氮、磷、重金属等化学物质，这些物质可能来自废水处理过程中的残留物或环境中的其他污染源。高浓度的氮和磷会导致水体富营养化，引发藻类过度生长和蓝藻水华等问题。此外，重金属积累会对水生生物产生毒性影响，破坏水生态系统的平衡。再生水回补还可能引入有机化合物，如药物残留物、农药和个人护理产品等。这些有机化合物可能对水生生物产生潜在的生态风险，并通过食物链逐级积累，对人类健康造成潜在危害。某些有机污染物会干扰水生生物的生长、繁殖和行为，甚至导致生物多样性下降，对水生生物和人类健康构成潜在威胁。此外，如果再生水没有经过充分处理，有机污染物可能进入水体，导致水体污染，对水资源的可持续利用和生态系统的健康产生负面影响。再生水回补的影响还受废水处理工艺和再生水质量的影响，因此，对再生水回补地区进行长期的水质监测和控制至关重要。

目前，美国、德国、澳大利亚和以色列等国家的污水、再生水资源化程度较高。美国西部的加利福尼亚州、得克萨斯州、亚利桑那州和东部的佛罗里达州是美国再生水利用的典范。早在 20 世纪 70 年代美国就开始使用再生水补给地下水，以防止海水入侵和地下水位的下降。例如，加利福尼亚州橙县地下水回补系统（orange county groundwater replenishment system）和洛杉矶县西盆地地下水回灌系统（west basin water recycling facility）。为保障供水安全，橙县水管部门及卫生部门联合发起“地下水回补系统”工程建设，在原 21 水厂基础上，建成了先进的再生水深度处理—地下水回补—饮用水供给的再生水水质净化系统，该系统由微滤预处理、反渗透强化处理、过氧化氢＋紫外线消毒、自然渗滤回补四部分组成，处理能力达 $26.5\times10^4 m^3/d$。

以色列在再生水利用方面始终处于世界领先地位。1987 年其再生水利用率已达全国污水总量的 70%以上，其中约 46%直接回用于灌溉，33.3%回灌于地下，20%排入河道。Dan Region 工程是以色列最大的水回用项目，服务人口为 130 万人，处理城市污水 $2.7\times10^5 m^3/d$。负责 Tel-Aviv 地区和邻近地区城市污水的收集、处理、地下回灌和回用，回灌地下后，获得高质量的再生水，可不受限制地用于各种农作物灌溉等多种非饮用用途。

德国在 20 世纪 60 年代开始利用被污染的河水通过由砂、砾石构成的河床实施地下水补给，通过与河道相隔一定距离的井取用循环后的地下水，取水量占总供水量的 14%。德国许多水厂均采用这种地表入渗工程补给地下水，在整个国家使用这种方法生产的水占城市水厂总供水量的 12%。

我国再生水直接回灌地下水的规模化应用尚处于推广阶段，再生水或污水补给地下水主要通过污水灌溉或再生水灌溉等间接方式。北京市经历了由 20 世纪 90 年代以前的污水灌溉至后来的再生水灌溉，这与北京市污水处理率的大幅提升以及人们对食品安全、环境保护的关注有极大的关系。北京市东南郊的通州和大兴灌区已经运行 10 年以上，在灌区运行过程中，北京市水科学技术研究院依托 863 计划等重大课题开展了灌区再生水对农作物、土壤和地下水的影响研究，并评价了灌区地下水的防污性能。研究表明：再生水灌溉对农作物和地下水的影响较小，不会危及粮食安全。

1.3 再生水规模利用的迫切性和可行性

随着全球水资源短缺问题日益严峻，再生水利用显得尤为迫切。再生水不仅可以有效缓解水资源短缺，还有助于减少对地下水和地表水的过度开采，从而减少生态环境压力。

北京市是典型的资源型缺水城市，年平均降水量呈现下降趋势。北京市统计年鉴数据显示，1956～2022年平均降水量575mm，其中1956～1990年平均降水量595mm，1990～2022年平均降水量下降至555mm，且1999～2006年平均降水量仅有464mm，降水的减少导致地表径流锐减，同时导致水资源量降低。此外，由于地下水的过度开采和水污染等原因，北京市的自然水资源已经难以满足日益增长的需求。因此，再生水的规模化利用成为解决北京市水资源紧缺问题的重要途径。北京市自2004年开始将再生水纳入水资源统一配置，再生水利用量逐年增长，2008年之后再生水超过地表水供应量，成为北京市的第二水源。2022年，北京市再生水利用量达到$12.05\times10^8m^3$，约占全市供水总量三成，北京市在再生水利用方面的实践经验具有典型性和可推广性。自2004年以来，北京市再生水利用稳步推进，再生水供应量由$2.18\times10^8m^3$增加到$12.05\times10^8m^3$（图1-4），再生水供应比例由6.04%逐步增加到29.46%，新水供应比例逐年下降。

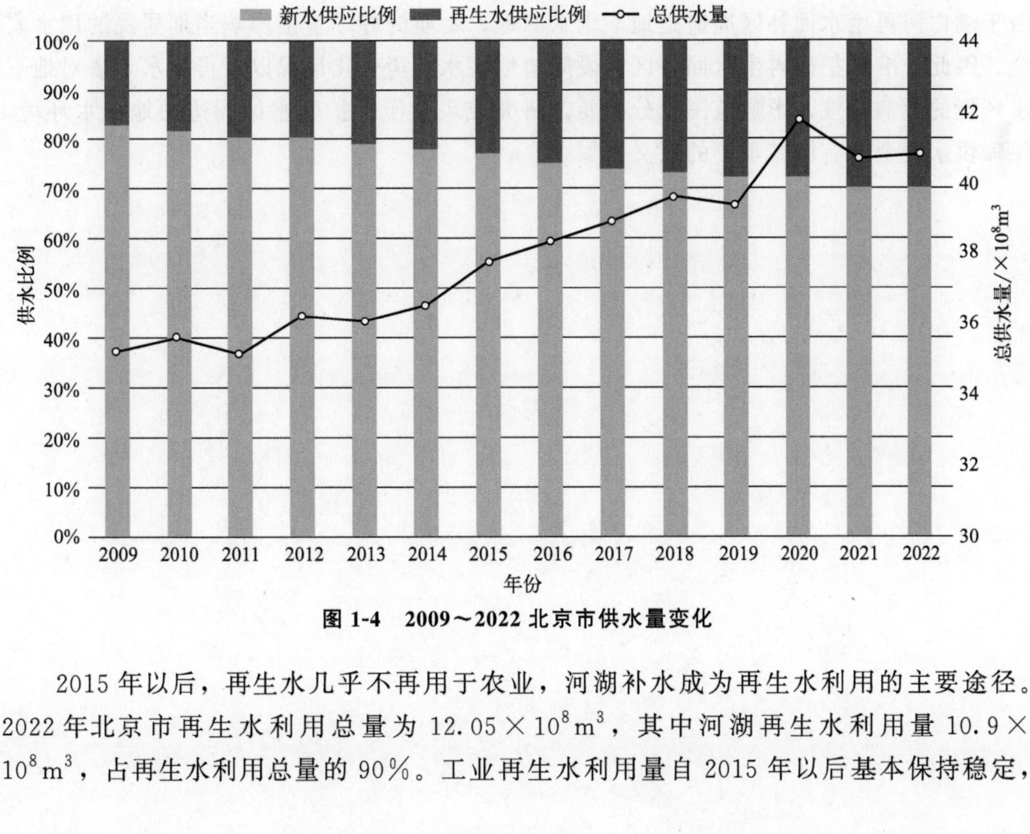

图1-4 2009～2022北京市供水量变化

2015年以后，再生水几乎不再用于农业，河湖补水成为再生水利用的主要途径。2022年北京市再生水利用总量为$12.05\times10^8m^3$，其中河湖再生水利用量$10.9\times10^8m^3$，占再生水利用总量的90%。工业再生水利用量自2015年以后基本保持稳定，

2022 年工业再生水利用量为 $0.69\times10^8 m^3$，占再生水利用总量的 6%（见图 1-5）。

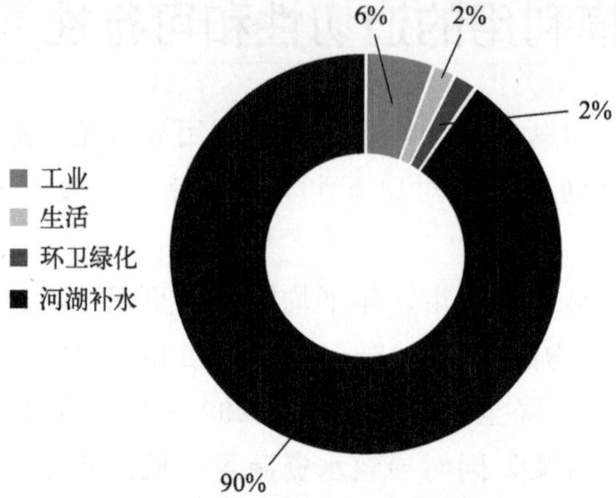

图 1-5　2022 年北京市不同行业再生水利用量

再生水的规模化利用是解决北京市水资源紧缺问题的重要途径。据统计，北京市的再生水回用量逐年增加，到 2020 年，北京市景观河湖利用的再生水年补给量高达 $4\times10^8 m^3$。潮白河是北京第二大河，其地下水源地也是北京重要的市级水源地。由于水资源紧缺，潮白河流域大多数河流已经干涸，潮白河地下水源地也持续超采，水资源量不断下降。为了缓解河流和地下水枯竭问题，2015～2021 年期间实施了潮白河生态补水工程，总补水量达到 $17.08\times10^8 m^3$。随着生态补水工程的进行，潮白河的水生态环境逐渐改善，地下水位的持续下降趋势得到了极大缓解，地下水资源储备量也迅速增加。由于潮白河再生水回补区周边是地下水水源地，水质的好坏直接影响当地居民的用水安全。因此，准确把握再生水回补区河段周边地表水环境变化情况以及再生水入渗对地下水环境的影响程度、影响范围十分必要，研究成果对于保护受水区周边的地下水环境，保障供水安全具有极其重要的意义。

第 2 章 再生水利用试验工程设计

2.1 实施背景

随着全球水资源日益短缺和环境污染问题日益严重，再生水利用作为一种可持续的水资源管理手段备受关注。为探索再生水利用在实际工程中的应用潜力，本书以北京市潮白河流域再生水利用工程为例，旨在探索和验证再生水利用技术在实际工程中的可行性和效果，为推动水资源可持续利用和环境保护提供科学依据和技术支撑。

北京市潮白河流域分布有多个重要的地下水水源地，长期以来，该流域以其有限的水资源支撑着北京市的城市发展。然而，此举导致了流域内水环境严重失衡，难以实现水资源的可持续发展。为缓解潮白河流域水资源供不应求的状况，北京市政府组织实施了温榆河至潮白河引水工程（引温济潮工程），工程涵盖取水口工程、水质改善工程、泵站以及输水管网工程。该工程建设近期可解决潮白河向阳闸—河南村橡胶坝河段环境用水问题，改善奥运场馆周边环境；远期根据温榆河及潮白河水资源条件，为顺义新城、工业园区及内城水系提供水源。

2.2 工程设计

扣除上游沙河闸引水量 $1000\times10^4m^3$，以及沙河闸—鲁疃闸干流河段环境年用水量 $600\times10^4m^3$ 后，温榆河鲁疃闸断面的年总来水量为 $6330\times10^4m^3$，其中汛期和非汛期来水量分别为 $3520\times10^4m^3$、$2810\times10^4m^3$。扣除下游河道环境用水量及蒸发渗漏量，温榆河新堡闸断面以上能保证 $20\times10^4m^3/d$ 的流量。结合潮白河主要河段生态用水需求，确定引温济潮工程规模为 $20\times10^4m^3/d$，分两期实施，其中一期工程 $10\times10^4m^3/d$。该工程将温榆河的河水经过再生处理后，将再生水通过暗涵管道输送至减河，再通过减河流入潮白河河道，减河为人工修筑的河道，河道的两侧砌边坡，减河与潮白河交汇于向阳闸下游约 4km 处。

2.2.1 水质指标

根据2006年2月13日至8月9日的采样分析，调水河段非汛期水质指标具体数据见表2-1，汛期水质指标具体数据见表2-2。

表2-1 非汛期温榆河（鲁疃闸上）2006年水质

项目	水质指标/(mg/L)					
	COD_{Cr}	BOD_5	氨氮	悬浮物	总磷	总氮
2月13日	43.6	11.2	23.9	16	1.70	24.5
3月10日	81.7	13.4	22.0	14	2.67	24.8
4月12日	75.4	10.5	25.1	34	2.70	32.5
5月11日	41.6	5.2	23.2	11	2.07	25.2
平均值	60.58	10.08	23.55	18.75	2.29	26.75
最高值	81.7	13.4	25.1	34	2.70	32.5

表2-2 汛期温榆河（鲁疃闸上）2006年水质

项目	水质指标/(mg/L)					
	COD_{Cr}	BOD_5	氨氮	悬浮物	总磷	总氮
6月5日	53.4	3.0	19.0	12	2.16	26.2
7月4日	48.0	6.0	9.3	22	1.88	24.74
8月9日	53.8	6.8	9.3	32	1.04	12.3
平均值	51.73	5.27	12.53	22	1.69	21.08
最高值	53.8	6.8	19.0	32	2.16	26.2

从表2-1和表2-2可以看出，温榆河水质受雨水影响较大，在汛期时水质明显比非汛期好，总体上温榆河水质属地表水Ⅴ类或劣Ⅴ类，主要污染物为COD_{Cr}、氮、磷。

由于北京地区降雨量时间分布不均匀，温榆河水质在季节上存在较大差异，根据温榆河鲁疃闸上水质逐月监测情况，水质变化见图2-1。

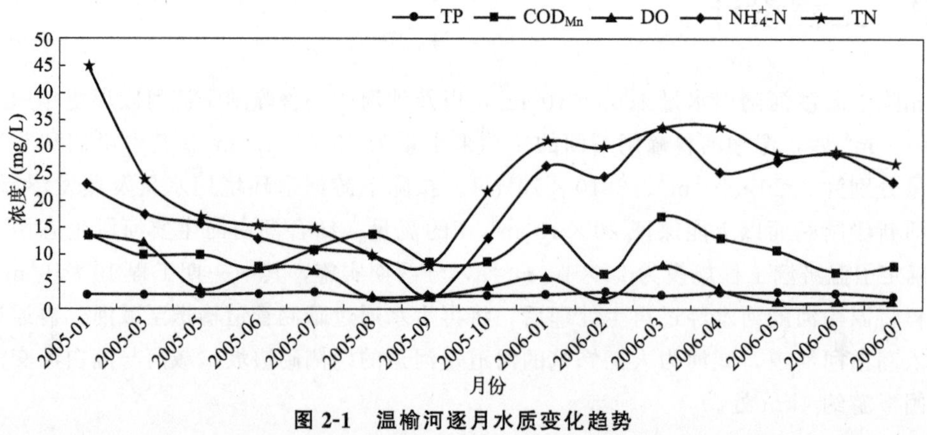

图2-1 温榆河逐月水质变化趋势

从逐月水质变化趋势线可以看出冬季和春季水质较差，随着气温升高和雨季到来，温榆河水质逐渐好转，但有机物和总磷的变化趋势不明显。总体而言，夏秋汛期，在雨水的稀释下温榆河水质较好，冬春季由于污染物积累，水质较差。

根据上述情况，为保证引水区的水质安全，选取温榆河非汛期水质最差时的最高值作为本工程进水水质指标，见表 2-3。

表 2-3 引温济潮工程进水水质

项目	水质指标/(mg/L)						
	COD_{Cr}	BOD_5	氨氮	悬浮物	总磷	总氮	色度
数值	≤81.7	≤13.4	≤25.1	≤34	≤2.7	≤32.5	≤20

温榆河劣Ⅴ类污水经处理后的出水主要用于潮白河景观改善和顺义新城环境用水等，同时考虑潮白河上游距进水点七八千米岸边东侧为水源八厂大口井取水处，所以本工程不仅是一般意义上的水质改善工程，还是一项重要的水源地保护工程，因此，出水指标应以水源保护作为前提，采用高标准。综合考虑国家颁发的《城市污水再生利用 景观环境用水水质》（GB/T 18921—2019）、《城市污水再生利用 地下水回灌水质》（GB/T 19772—2005）和《地表水环境质量标准》（GB 3838—2002）Ⅲ类水体标准，TN 取值为 15mg/L（北京自来水标准中规定硝酸盐氮为 10～20mg/L），色度取为 10（自来水色度为 10），COD_{Cr}、BOD_5、氨氮、总磷、粪大肠菌群指标值取三种标准最严限值，最终确定出水水质如表 2-4 所列。

表 2-4 引温济潮工程出水水质

项目	COD_{Cr}/(mg/L)	BOD_5/(mg/L)	氨氮(以 N 计)/(mg/L)	总氮(以 N 计)/(mg/L)	总磷(以 P 计)/(mg/L)	色度/度	悬浮物/(mg/L)	浊度/NTU	粪大肠菌群/(个/L)
设计出水水质	20	4	1.0	15	0.2	10	5	0.06	≤1000
《城市污水再生利用 景观环境用水水质》(GB/T 18921—2019)	—	10	5	15	0.5	20	—	10	≤1000
《城市污水再生利用 地下水回灌水质》(GB/T 19772—2005)	40	10	1.0	—	1.0	30	—	10	≤1000
《地表水环境质量标准》(GB 3838—2002)Ⅲ类水体标准	20	4	1.0	1.0	0.2	—	—	—	≤10000

2.2.2 水处理工艺

引温济潮一期工程水质改善系统采用“加药絮凝＋膜生物反应器（MBR）”工艺，处理规模为 $20\times10^4 m^3/d$，处理工艺及流程如图 2-2 所示。

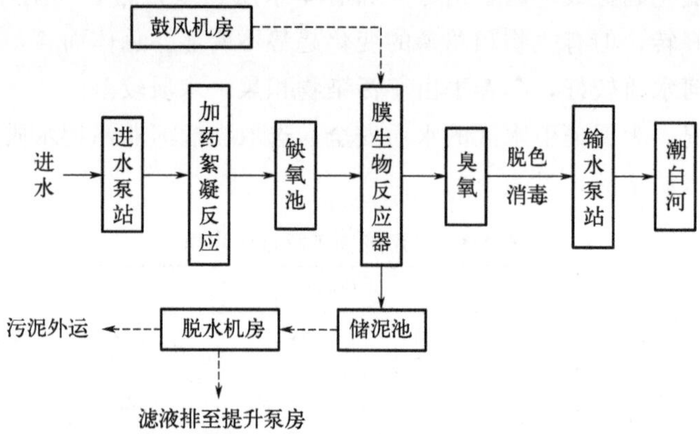

图 2-2　引温济潮一期工程水质处理工艺流程

2.3 工程实施情况

2.3.1 调水情况

引温济潮工程 2007～2021 年潮白河再生水调水量见图 2-3。该工程一期于 2007 年 11 月开始运行，向阳闸至河南村橡胶坝为受水区段，长度约为 7.3km。受 MBR 膜通量与冬季低温的影响，再生水的深度处理规模远未达到设计规模，在此期间，实际运行过程中每年 10 月至次年 3 月的再生水处理量仅为 $2.5\times10^4\sim4\times10^4m^3/d$，而每年的 4～10 月再生水的处理量为 $5\times10^4\sim8\times10^4m^3/d$。由于再生水水量不足并且土坝以北河段渗透性强，2008 年 5 月以前土坝以北河道未受水，2008 年 5 月至 10 月，通过土坝西侧管道向土坝以北河段输水，2009～2011 年仅夏季向土坝以北河段输水。

2012 年 2 月，引温济潮工程二期开始调试运行，河南村橡胶坝至苏庄闸橡胶坝为

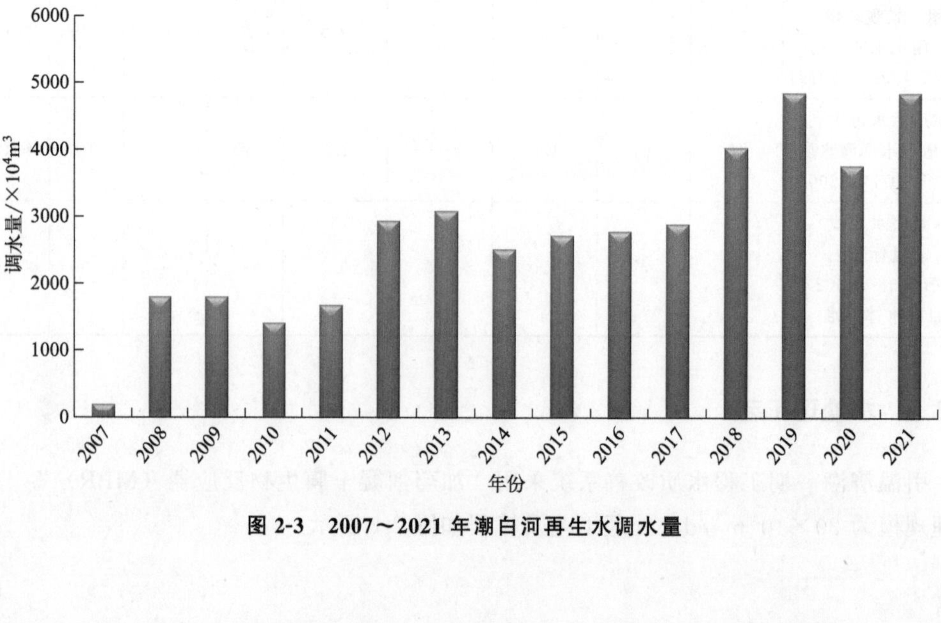

图 2-3　2007～2021 年潮白河再生水调水量

受水区段，长度约为 9.3km，受水区自河南村橡胶坝扩展至苏庄橡胶坝，调水量增加了 $1000\times10^4 m^3/a$，从 2012 年开始，调水量相对充足，向土坝以北河段长期输水。

2021 年度开展的潮白河生态补水涉及两大流域 4 处水源 3 处调水工程 6 条河流，两大流域为潮白河流域和北运河流域，4 处水源包括密云水库、怀柔水库、北台上水库、南水北调中线水，3 处调水工程为南水北调反向输水工程、小中河南水北调回补工程、京密引水渠输水工程，6 条河流有潮白河、白河、潮河、雁栖河、怀河、小中河。补水水源取自密云水库、怀柔水库、北台上水库、南水北调中线水。

2.3.2　出水水质合格性评价

将 MBR 出水水质分别与设计出水水质标准、《城镇污水处理厂水污染物排放标准》（DB11/ 890—2012）中的 B 标准和选择控制项目排放限值、《地表水环境质量标准》（GB 3838—2002）的Ⅲ类标准和《地下水质量标准》（GB/T 14848—2017）中的Ⅲ类标准分别进行对比分析，结果显示（表 2-5）2021 年 2 次监测的 MBR 出水水质数据及年均值，均满足设计出水水质要求，以及《城镇污水处理厂水污染物排放标准》（DB11/ 890—2012）中的 B 标准和选择控制项目排放限值，实现了达标排放。与《地表水环境质量标准》（GB 3838—2002）的对比结果显示，2021 年 MBR 出水水质除总氮超标外，高锰酸盐指数和硝酸盐氮浓度偶尔有超标现象，其他监测指标均满足地表水Ⅲ类及水源地水质标准。与《地下水质量标准》（GB/T 14848—2017）的对比结果显示，2021 年 MBR 出水水质除高锰酸盐指数（耗氧量）有超标现象外，其他指标均满足地下水Ⅲ类标准。可以看到，2021 年 MBR 出水为达标排放，也满足设计出水水质标准，出水水质合格，但相对于地表水Ⅲ类标准及地下水Ⅲ类标准来说，仍然有少量超标指标。

表 2-5　2021 年出水水质与相关标准的对比列表　　单位：mg/L

项目	监测数据			设计出水	排放标准	地表水Ⅲ类/水源地标准	地下水Ⅲ类
	4 月	9 月	年平均				
pH 值（无量纲）	8.22	7.9	8.06	6～9	6～9	6～9	6.5～8.5
BOD_5	2.4	2.1	2.25	4	6	4	—
氨氮	0.045	0.096	0.071	1	1.5(2.5)	1	0.5
总氮	12.3	2.69	7.50	15	15	1	—
总磷	0.19	0.04	0.12	0.2	0.3	0.2	—
铁	0.2	0.18	0.19	—	—	0.3	0.3
锰	0.02	0.009	0.015	—	0.1	0.1	0.1
氟化物	0.65	0.40	0.53	—	1.5	1.0	1.0
氯化物（以 Cl^- 计）	160	23.8	91.9	—	—	250	250
硫酸盐（以 SO_4^{2-} 计）	66.3	70.5	68.4	—	—	250	250
硝酸盐氮	11.4	2.29	6.85	—	—	10	20
高锰酸盐指数	6.8	2.6	4.7	—	—	6	3
总有机碳	4.2	4	4.1	—	12	—	—

续表

项目	监测数据			设计出水	排放标准	地表水Ⅲ类/水源地标准	地下水Ⅲ类
	4月	9月	年平均				
苯并[a]芘	5.5×10^{-7}	2.3×10^{-7}	3.9×10^{-7}	—	2.0×10^{-6}	2.8×10^{-6}	1.0×10^{-5}
苯系物总量	5.5×10^{-5}	4.2×10^{-5}	4.8×10^{-5}	—	1.2	—	—
邻苯二甲酸二丁酯	1.0×10^{-3}	1.9×10^{-3}	1.4×10^{-3}	—	3.0×10^{-3}	3.0×10^{-3}	—
邻苯二甲酸二辛酯	2.4×10^{-6}	3.2×10^{-5}	1.7×10^{-5}	—	8.0×10^{-3}	—	—
邻苯二甲酸二(2-乙基己基)酯	4.9×10^{-4}	1.3×10^{-3}	9.0×10^{-4}	—	—	8.0×10^{-3}	8.0×10^{-3}

2.3.3 出水水质变化规律分析

选择 pH 值、BOD_5、高锰酸盐指数、氨氮、总氮、硝酸盐氮、亚硝酸盐氮和总磷，分析 2007～2021 年 MBR 出水的水质变化规律。图 2-4 为各典型因子 2007～2021 年的变化曲线。

从各因子的历时变化情况来看，氨氮除最初的出水浓度超标外，从 2010～2021 年，没有再出现超标现象；总磷、硝酸盐氮虽然之前浓度常常超标，但自 2016 年后，出水浓度均迅速下降，没有再出现超标现象；pH 值近年来呈上升趋势，需要引起关注；BOD_5、高锰酸盐指数、总氮、亚硝酸盐氮近年来仍偶有超标现象。

MBR 出水排入潮白河后，大部分河水将通过河道入渗到地下，因此 MBR 出水水质直接影响地下水水质，为了保证地下水环境的安全，需要进一步加强温榆河水处理工艺的稳定性，尤其应重点关注 pH 值、BOD_5、高锰酸盐指数、总氮、亚硝酸盐氮的出水浓度。

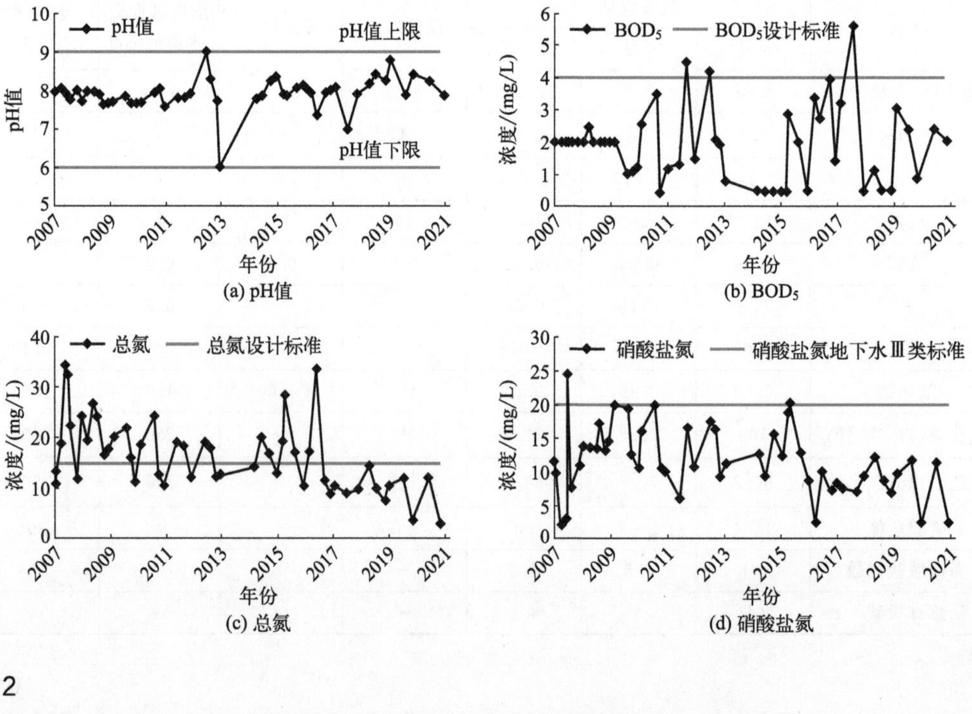

(a) pH值 (b) BOD_5

(c) 总氮 (d) 硝酸盐氮

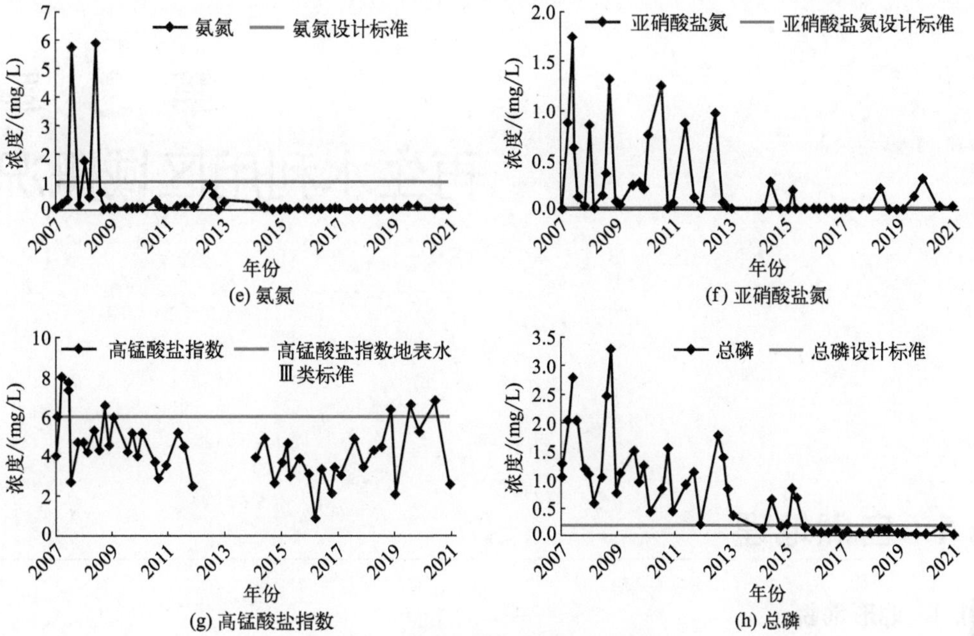

图 2-4　MBR 出水水质历时变化图

第 3 章 再生水利用区域概况

3.1 自然地理

3.1.1 地形地貌

再生水利用试验工程位于潮白河流域，处于山地与平原的过渡地带。该流域地势呈现出西北、东北高，东南低的特征。山地与平原高差较大，约 1500m。河流出山后进入平原，并向渤海湾倾斜，形成背山面海的地形。

3.1.2 河流水系

潮白河流域发源于燕山北麓，流经京津冀三省市，于北塘附近入渤海，与北运河、蓟运河合称“北三河”，属于海河水系，是海河北系四大河流之一。流域总面积 19354km^2，其中山区占 87%，平原占 13%，北京市内流域面积约为 5688km^2。

潮白河上游有潮河、白河两大支流，在密云区河槽村附近汇合后始称潮白河，主要支流有潮河、白河、怀河、小东河、城北减河、箭杆河和运潮减河等。

(1) 潮白河干流

潮白河干流自密云区河槽村起，北京市内流经密云、怀柔、顺义和通州 4 区，全长 83.5km。潮白河河道较宽，中间有明显的行水深槽，两侧行洪滩地开阔，堤距最宽达数千米。河道纵坡自上而下由陡至缓，箭杆河口以下有 38.3km 河段与河北省隔河相邻。

(2) 潮河

潮河发源于河北省丰宁满族自治县曹碾沟南山麓，于密云古北口进入北京，再经密云下会、辛庄，于大槽村西入密云水库。水库以下，潮河纳支流红门川后，于密云区西南河槽村附近与白河汇合。潮河河道全长 200km，北京市内 55km，流域面积 450km^2。

(3) 白河

白河发源于河北省张家口市沽源县，在延庆区白河堡村西北进入北京，纳黑河、天河及汤河等支流后入密云水库。经怀柔，绕密云城区西侧、南侧，至河槽村与来自东北方向的潮河汇合。白河全长 250km，其中北京市内 150km，流域面积 5200km^2。

(4) 怀河

怀河为潮白河支流，上游由怀九河、怀沙河两大支流汇合后入怀柔水库，在史家口村入潮白河。怀河总长 71.77km，流域面积 1012.4km^2，河道平均坡降 4.320‰。怀河干流位于怀柔城区的南部，自怀柔水库至入潮白河口长 14.3km，区间集水面积 188.2km^2。

(5) 箭杆河

箭杆河的源头分为西、东两支沟。西支沟发源于顺义区木林镇的东、西沿头村及蒋各庄村附近的群泉。东支沟发源于木林镇的木林、陈各庄村。东、西两支沟在鲁各庄村北汇合后称箭杆河，在顺义区南彩镇河北村南入潮白河。全长 19.74km，流域面积 68.6km^2，河道平均坡降 0.626‰。

箭杆河下段发源于顺义区南彩镇南彩村，于顺义区李遂镇赵庄村汇入潮白河，河长 15.50km，流域面积 169.50km^2，河道平均坡降 0.327‰。

(6) 小东河

小东河发源于密云区河南寨，于贾山村西入顺义，流经大林、小韩庄、马坊后，在大胡营村西入潮白河，河长 20km，流域面积 17.9km^2。

(7) 城北减河

城北减河始建于 1959～1960 年，减河西起小中河上段终点——海洪闸，向东经过顺义城区北侧汇入潮白河，全长约 4km。小中河上段 69km^2 流域面积内的洪水由此引入潮白河，从而减轻了小中河下游排水负担。

(8) 运潮减河

运潮减河连接了北运河和潮白河，起于通州区永顺地区新建村，止于通州区庐城镇东堡村，河长 11.71km。

潮白河流域水库建设始于 20 世纪 50 年代后期，截至 1990 年，在北京市内潮白河流域共有大中小型水库 41 个，其中，大型水库 2 座，中型水库 6 座，小型水库 33 座，控制潮白河流域面积 90%以上，总库容 $47.37\times10^8 m^3$。

3.1.3　气象条件

潮白河流域属大陆性季风气候，寒暑交替，四季分明。每年冬春受西伯利亚的干冷气团控制，盛行偏北风，寒冷、干燥、多风、少雨；春季为南、北风向转换季节，夏季受海洋暖湿气团影响，雨量集中，多年平均降雨量为 656.5mm，其中，山区多年平均降雨量为 604mm，平原地区多年平均降雨量为 637mm，2008～2021 年年均降雨量为 640mm（图 3-1）。

潮白河流域内北京地区平原区年平均气温为 11～12℃；海拔高度在 100～600m 的丘陵、缓坡、低山区年平均气温为 8～11℃；海拔 500m 的白河流经延庆盆地年平均气

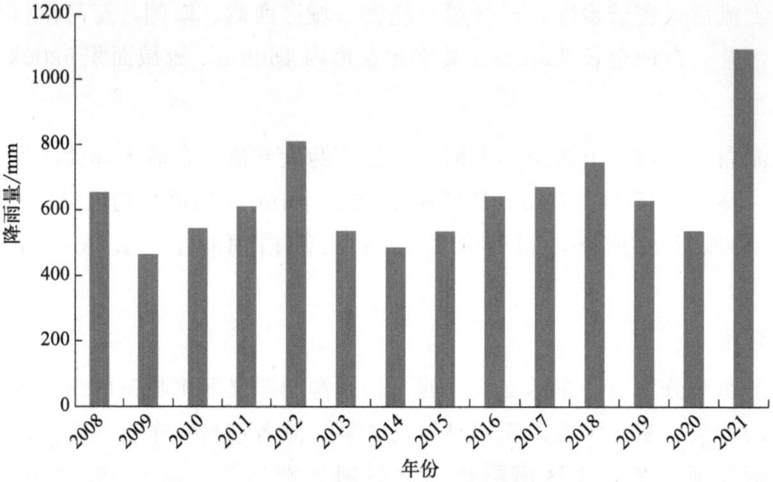

图 3-1 潮白河多年平均降雨量

温为 8～9℃；怀柔汤河口盆地的年平均气温为 8～10℃；600m 以上的山区平均气温在 7℃以下；海拔 2000m 以上的赤城与延庆交界的海坨山，年平均气温仅为 2℃左右。

潮白河流域无霜期山区短、平原地区长，在海拔 1000～2000m 的山区，无霜期为 120～160d，而平原地区则可达到 190d 左右。流域蒸散发分为水面蒸发和陆面蒸散发，日照多、气温高、风速大的地区蒸发量也大。根据各站多年记录资料，多年平均水面蒸发量古北口 1291mm，密云 1066mm，怀柔 1085mm，顺义 1247mm，通州 1190mm。陆面蒸散发量在背山区约 400mm，山前丘陵区 450mm，平原区 500mm。

3.2 社会经济

潮白河流域涉及延庆、密云、怀柔、顺义、通州等新城。其中顺义、通州是规划重点新城，是北京东部发展带的重要节点。五区流域内有 47 个乡镇（12 个重点镇），875 个村，常住人口约 100 万人，GDP 为 519 亿元，约占全市的 5%。

3.3 水资源状况

3.3.1 地表水资源

根据 2004 年北京市潮白河水系地表水资源分析报告计算成果，1956～2000 年北京市内潮白河流域年均天然径流量为 $7.14\times10^{8}m^{3}$，平均径流系数为 0.21，其中山区天然年径流量均值为 $6.11\times10^{8}m^{3}$，径流系数为 0.22；平原区天然年径流量均值为 $1.03\times10^{8}m^{3}$，径流系数为 0.15。

但由于社会经济快速发展、人口急剧膨胀和连续多年干旱，2000 年以后潮白河干流开始断流，位于研究区下游的苏庄水文站多年径流量监测数据约为零，造成潮白河干流生态环境连年恶化。

3.3.2 地下水资源

根据2004年北京市地下水资源调查与评价计算成果，潮白河沿岸四区多年（1980～2000年）平均地下水可开采量如表3-1所列。

表3-1 北京市潮白河沿岸四区地下水可开采量与可开采模数

区	面积/km^2	可开采量/($\times 10^4 m^3/a$)			可开采模数/[$\times 10^4 m^3/(km^2 \cdot a)$]
		山区	平原区	合计	
密云	2227	2920	8765	11685	5.2
怀柔	2128	3040	8858	11898	5.6
顺义	1021	0	42179	42179	41.3
通州	912	0	19887	19887	21.8

区域内主要水源地水源八厂地下水资源量受降水量、水库弃水量等多种因素影响，年可采资源量约为$1.37\times10^8 \sim 1.65\times10^8 m^3$。

由于地下水长期超采，引起地下水位大幅度下降。第四系含水层水位下降也波及隐伏的基岩水，使基岩地下水位下降速度加快，从而导致水源地供水能力下降。水源八厂水源地地下水位平均埋深从1989年的4.95m下降至2000年的39m，平均每年下降2.8m，以井群为中心已经形成面积约$100km^2$的地下水漏斗。

3.4 地质与水文地质状况

3.4.1 地质

(1) 地层结构

研究区地下水含水层主要为第四系孔隙含水层，由北至南河道沉积物颗粒由粗变细，自向阳闸向南至河南村橡胶坝，卵石砂砾石含水层的厚度与数量不断减少，粉质黏土层数量与厚度均明显增加，透水性越来越差。受水区地层岩性可分为三层，整体看来该地区地层渗透性好，适合再生水补充浅层地下水（图3-2）。

(2) 地层岩层

再生水回补区位于潮白河冲积扇的中部，在水动力条件的影响下，有较厚的冲洪积物沉积于研究区的基岩上。通过水文地质钻探和物探结果发现，受水区北段主要为砂卵砾石，透水性较好，受水区南段以粉质黏土为主，透水性较差。研究区内100m以内浅层含水层的地层变化显示：北部含水层的厚度（40～80m）高于南部的含水层（20～50m），并且北部的含水层一般为2～3层，而南部为多层。从向阳闸至河南村橡胶坝南北向地质剖面图可以看出，自向阳闸至河南村橡胶坝，浅层含水层岩性由砾石含砂渐变至黏土与粉细砂。东西向的水文地质剖面图表明，自减河至潮白河，浅层含水层由黏土与细砂互层渐变至砾石含砂。

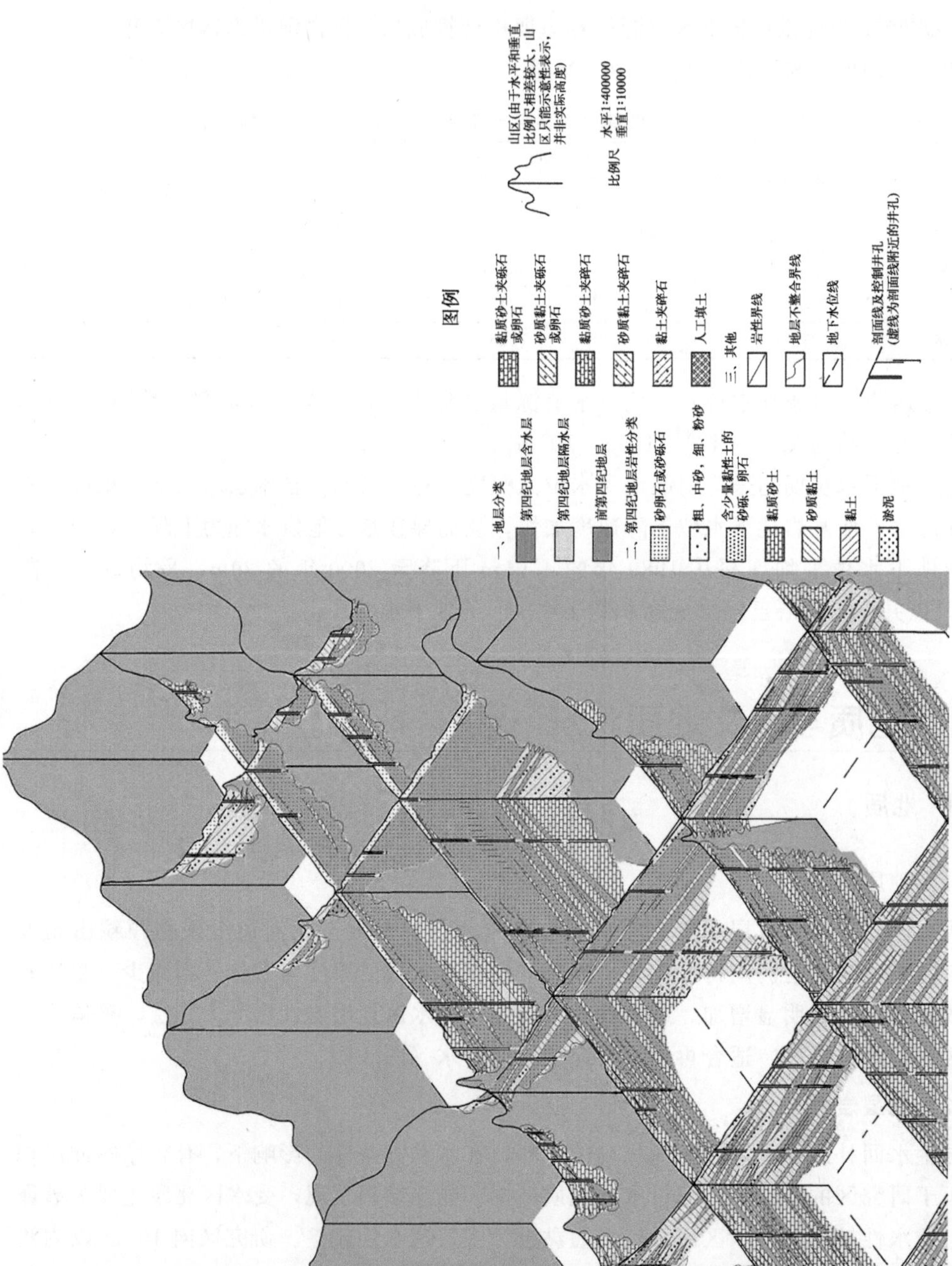
图例
一、地层分类
第四纪地层含水层
第四纪地层隔水层
前第四纪地层
二、第四纪地层岩性分类
砂卵石或砂砾石
粗、中砂，细、粉砂
含少量粘性土的砂砾、卵石
粘质砂土
砂质粘土
粘土
淤泥
粘质砂土夹砾石或卵石
砂质粘土夹砾石或卵石
粘质砂土夹碎石
砂质粘土夹碎石
粘土夹碎石
人工填土
三、其他
岩性界线
地层不整合界线
地下水位线
剖面线及控制井孔（虚线为剖面线附近的井孔）
山区（由于水平和垂直比例尺相差较大，山区只能示意性表示，并非实际高度）
比例尺 水平1:400000 垂直1:10000

图 3-2 地层结构

3.4.2 水文地质

良好的水文地质条件有利于河水直接入渗至包气带和含水层。因此，水文地质条件的精细刻画对于摸清再生水规模补给潮白河环境用水后的入渗量及对于地下水环境的影响至关重要。本书采用水文地质物探技术来摸清研究区及其周边区域的水文地质条件，并辅以监测井水文地质钻探来摸清具体点上的水文地质情况，两者相辅相成，互相验证。

(1) 水文地质综合物探

水文地质物探采用瞬变电磁法和直流电测深两种方法。首选分层明显的瞬变电磁法进行平面控制，在重点地段加密控制，以使平面及深度解释更加准确，在此基础上，应用电阻率测深法进行施测，两种方法综合对比，并参考区内钻孔资料分析进一步提高解释精度。

根据野外现场获得的瞬变电磁法和直流电测深法监测点的相关数据，在室内进行预处理并计算出每个测点的视电阻率值，绘制各断面的视电阻率断面图，为定性分析和定量解释提供基本图件。根据视电阻率资料，分析其变化规律，结合区内钻孔资料，进行综合对比分析解释，获得资料进行地质分层，从而确定砂砾石及黏土层异常分布范围。

(2) 综合物探成果

1）勘探目的

查明研究区内新生界（100m深度以浅）砂砾石层和黏土层分布范围。

2）勘探范围

北起向阳闸，东南至河南村橡胶坝的潮白河河道，南北河道长约7km。西自顺义区和谐公园，东至潮白陵园，东西宽约1km，控制面积约7km^2。物探工作的地层深度自地表以下100m。

3）勘探工作量

瞬变电磁法实际完成测线41条（一般控制测线34条，重点加密控制测线7条），施工测线网度50m×100m的坐标点1551个，施工测线网度50m×50m的坐标点268个，测线总长度88.9km，控制面积约7km^2。另加监测点74个，实际完成总物理点1893个。

直流电测深法测线布设方向与瞬变电磁测线方向相同，布设测线3条，点距100m，测线位于测区的东西两侧和中部。实际完成坐标点217个，试验点1个，监测点7个，合计电测深物理点225个。瞬变电磁法和直流电测深法完成的工作量见图3-3。

经过对电法资料的处理与解释，基本查明了第四系地层（100m深度以浅）的黏土层以及砂砾石层异常分布情况。

第四系砂砾石层在电性上表现为高阻反应，因此寻找第四系砂砾石层就要圈定视电阻率值较高的区域。其中20m、30m、35m、40m、50m、60m、70m、80m、100m深的砂砾石层异常范围解译结果见图3-4～图3-6。

综合分析不同深度的砂砾石异常分布平面图可看出，砂砾石层富集区主要分布于测

图 3-3 水文地质物探测线和测点布置

区的中部、北部，测区的东南部分布零散。从潮白河河道不同深度的砂砾石层和黏性土层的空间分布看，总体而言，第四纪以来潮白河水量呈现出由大到小的变化。与此相对

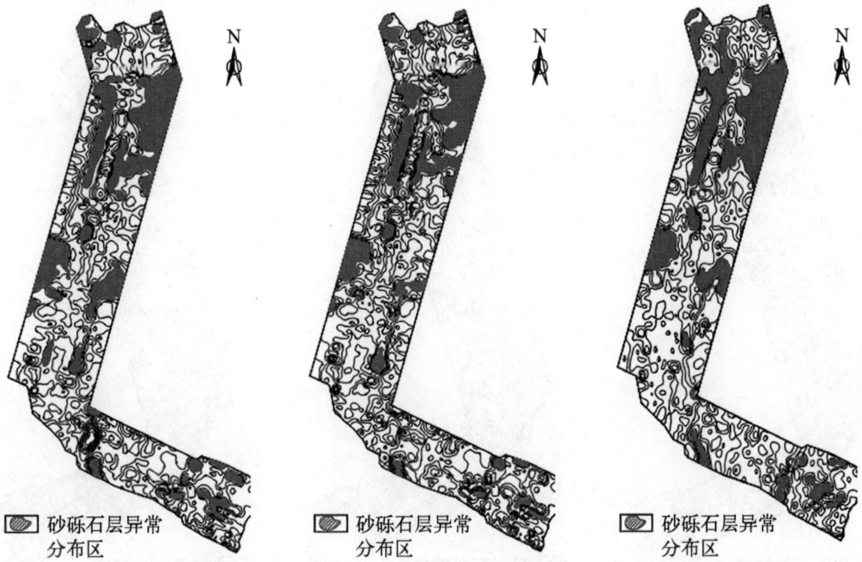

(a) 20m (b) 30m (c) 35m

图 3-4 研究区 20m、30m 和 35m 深度砂砾石及黏性土平面分布

(a) 40m (b) 50m (c) 60m

图 3-5 研究区 40m、50m 和 60m 深度砂砾石及黏性土平面分布

应，第四纪早期，因河水水量大，河床的砂砾石分布面积较大，潮白河段北部和中部河道转弯处沉积了大量的砂砾石。至第四纪晚期，因河道来水量减少，河道的砂砾石层则主要分布于河道的北部，在东南部河道则零星分布。

（3）水文地质钻探

研究区域属潮白河冲积扇的中下段，历史上向阳、俸伯以北地区曾为地下水溢

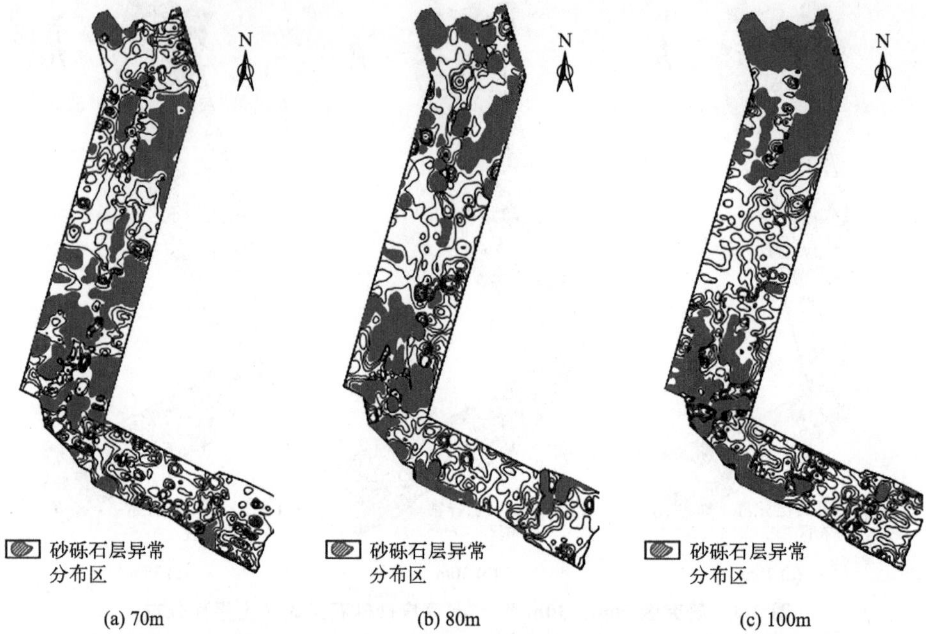

图 3-6　研究区 70m、80m 和 100m 深度砂砾石及黏性土平面分布

出带，往南逐渐过渡到承压水区。因此，基岩上沉积了大量的潮白河冲积、洪积物，沉积厚度东北部薄、西南部厚，其厚度由东北部的 200m 左右到西南部的千米以上。

除收集研究区已有水文地质钻孔资料外，本书还本着疏密结合、兼顾河道走向与地下水流向、垂直和平行河道布置多条断面、满足断面深入研究和平面控制流场的原则，在受水区及其周边布设了 79 眼监测井。

由监测井钻孔资料可知，受水区北段以透水性好的砾石含砂为主，中段以粉细砂为主，南段以透水性较差的粉质黏土为主。百米左右浅层含水层层次变化情况：北部一般为 2～3 层，南部为多层。含水层厚度北部厚，一般为 40～80m；南部薄，一般为 20～50m。

受水区自北向南水文地质剖面（A-A'）、受水区北部向阳闸区域东西向剖面（B-B'）、受水区中部东西向剖面（C-C'和 D-D'）和受水区南部剖面（E-E'）如图 3-7 所示。

从向阳闸与潮白河中段地质剖面图（图 3-8～图 3-12）可以看出，自向阳闸至河南村橡胶坝，砂卵石层的厚度和数量均不断减少，自北向南 80m 以浅的地层层数由少变多，含水层岩性由砂卵石渐变至细砂。

(4) 地下水流场特征

根据水文地质钻探揭示的地层结构资料，30m、50m 含水层的岩性，受水区北部以卵砾石为主，趋南渐变为以细砂为主。80m 含水层的岩性则表现为以细砂为主，局部地段夹有砾石。

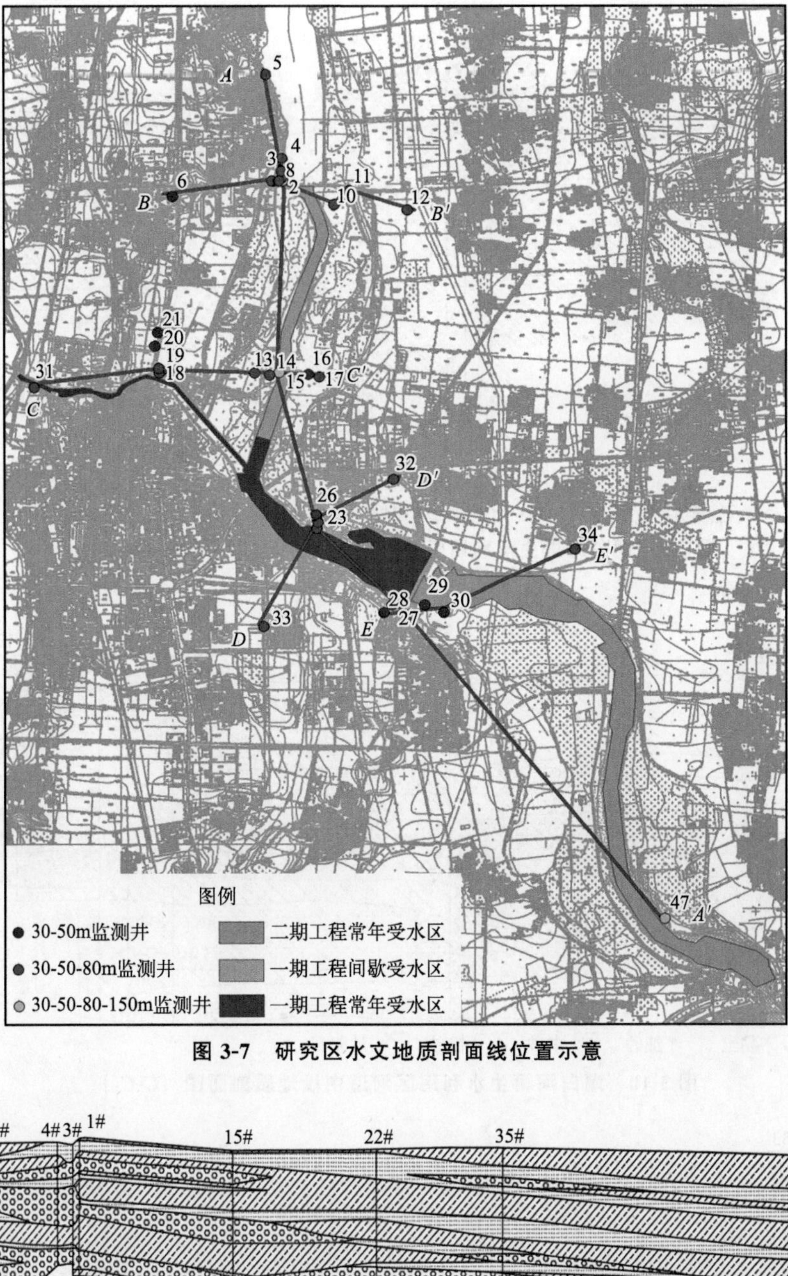

图 3-7　研究区水文地质剖面线位置示意

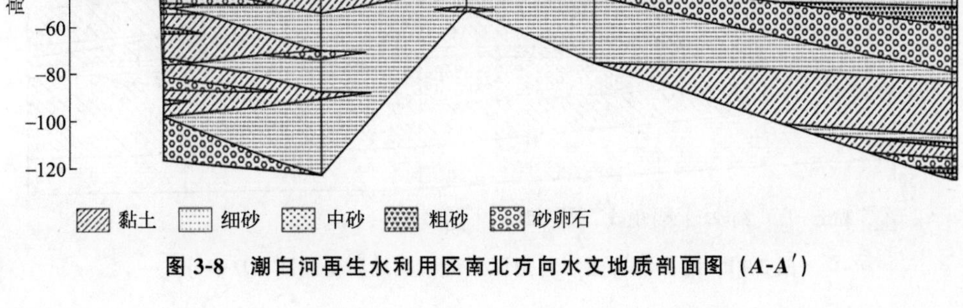

图 3-8　潮白河再生水利用区南北方向水文地质剖面图（A-A′）

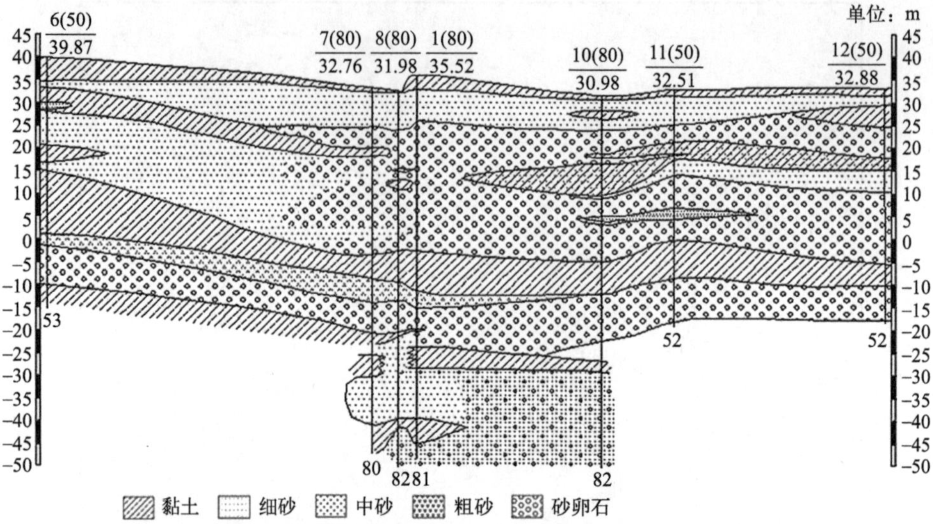

图 3-9　潮白河再生水利用区向阳闸东西向地质剖面图（*B-B′*）

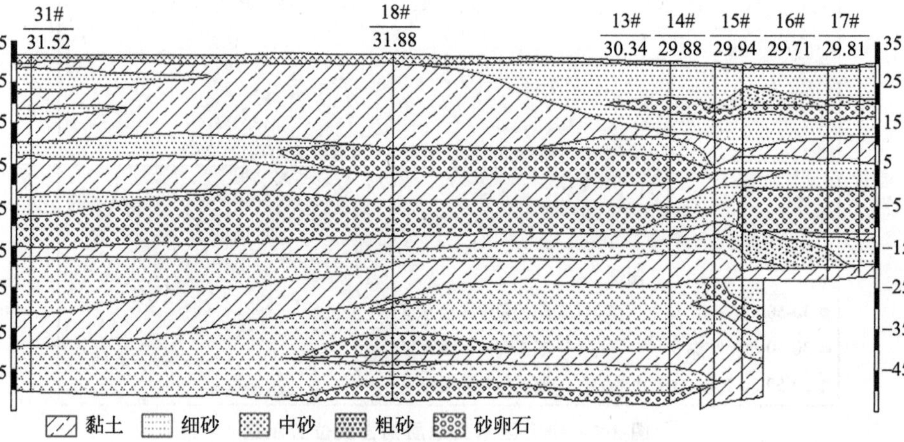

图 3-10　潮白河再生水利用区河道中段地质剖面图（*C-C′*）

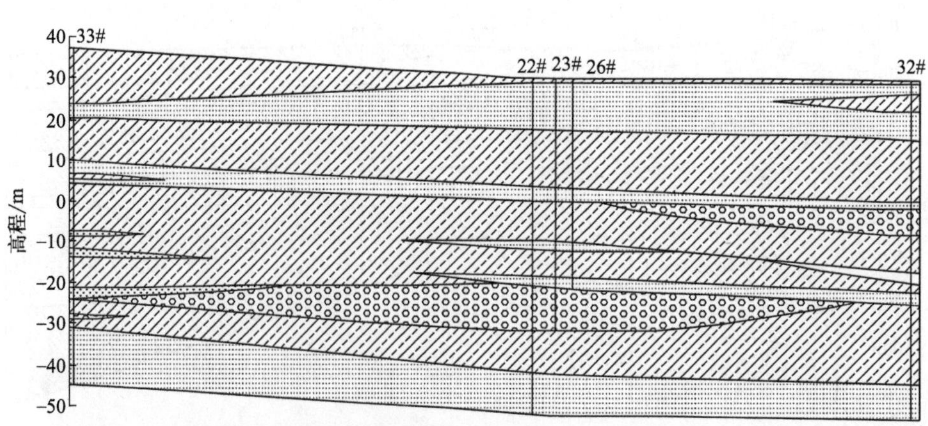

图 3-11　潮白河再生水利用区河道中段地质剖面图（*D-D′*）

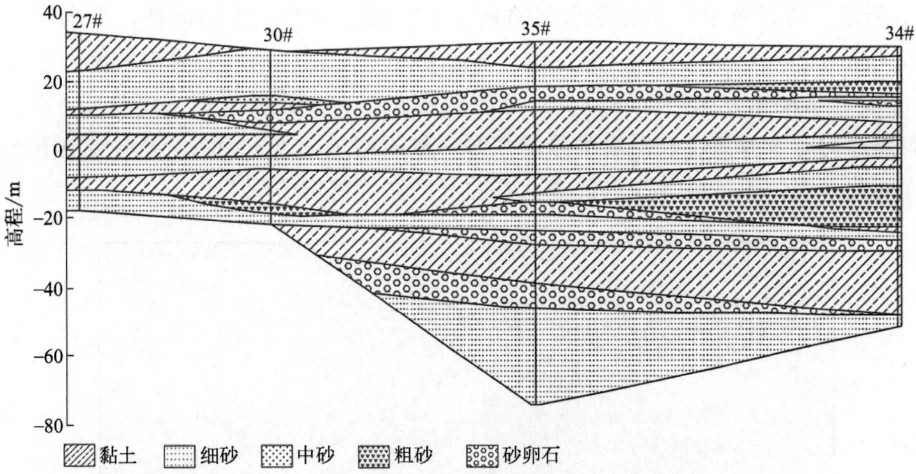

图 3-12　潮白河再生水利用区河道中段地质剖面图（E-E'）

2007 年底，30m、50m、80m 含水层的背景水位等值线分别如图 3-13、图 3-14 和

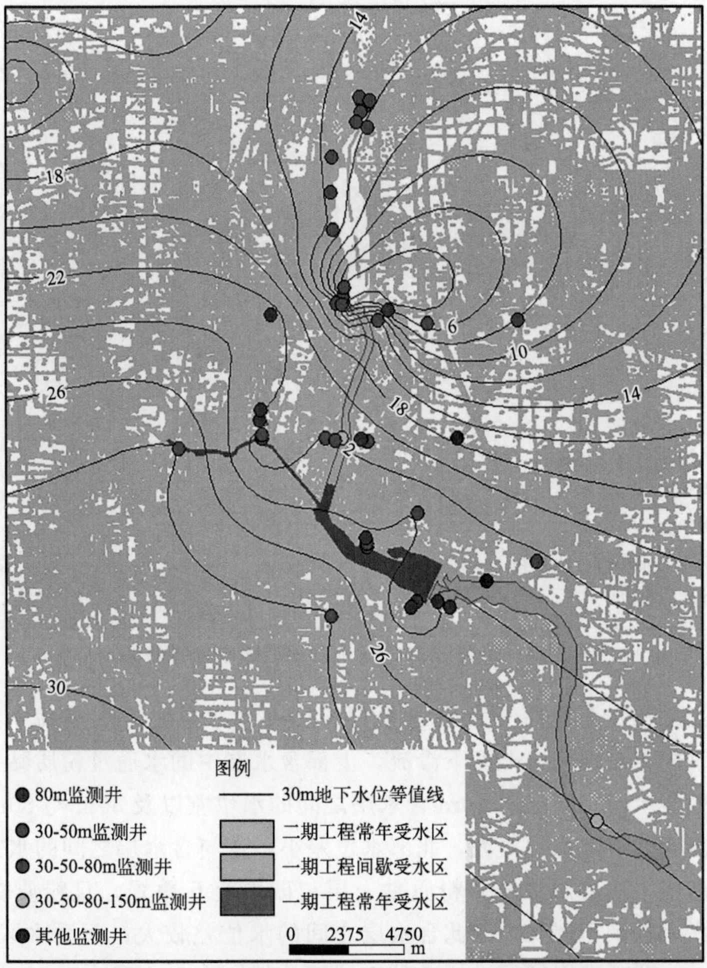

图 3-13　研究区 30m 含水层地下水水位等值线

图 3-15 所示。可以看出，30m 含水层的地下水自西南向东北方向流动，受水区范围内的水位差高达 26m，水力梯度 4‰；50m 含水层地下水主要流向为自南向北，水力梯度 2‰；80m 含水层地下水则表现为自东南流向西北，水力梯度很缓，仅为 0.5‰。受水区及其周边均有农业区，农田灌溉井的井深一般不超过 100m。80m 含水层地下水的水力梯度如此平缓，很可能与受水区农业井的开采有着密切的联系。

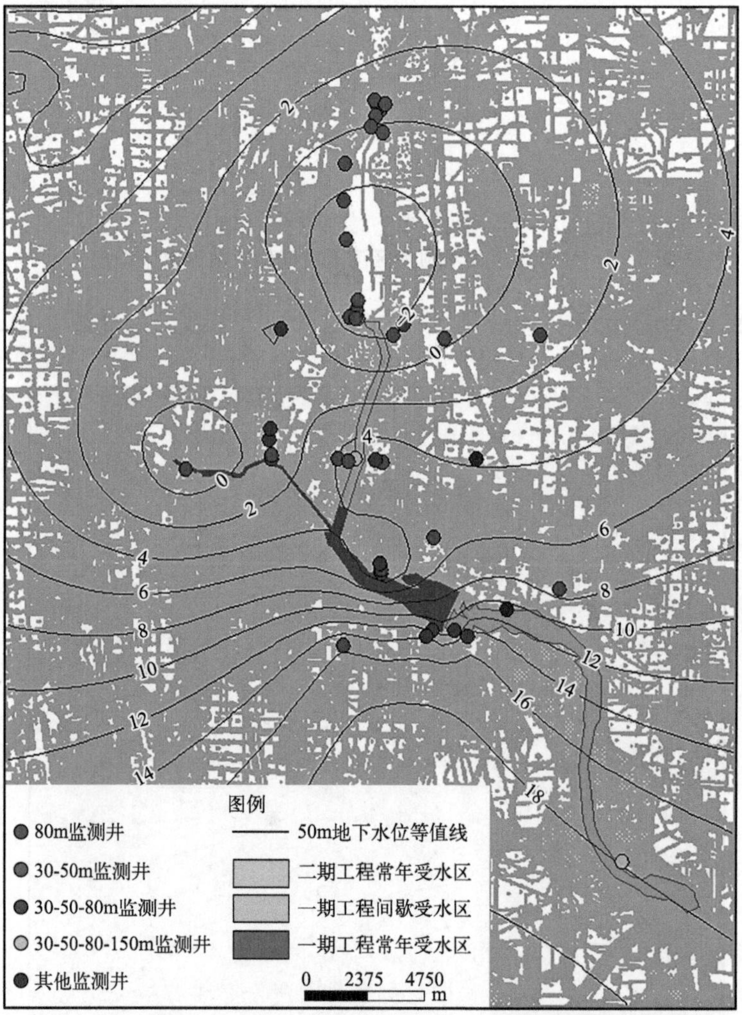

图 3-14 研究区 50m 含水层地下水水位等值线

30m 含水层的水位明显高于 50m 含水层，50m 含水层水位明显高于 80m 含水层。地下水水流在垂向上表现为自上而下渗流，上部含水层中的水通过粉质黏土层和砂层天窗逐级补给深处含水层。30m 与 50m 含水层之间的水位差以及 50m 与 80m 含水层之间的水位差，均表现为南部水位差大，北部水位差小，这与含水层之间的水力联系密切相关。在受水区南部，地层层位多，粉质黏土层与砂层交互叠置，且粉质黏土层较为连续，垂向上的水力联系不密切，因此含水层之间的水位差较大；而受水区北部则不然，北部地层层位少，砂砾石层较厚，粉质黏土层不连续，存在“天窗”，使得垂向含水层之间的水力联系十分密切，因此含水层之间的水位差较小。

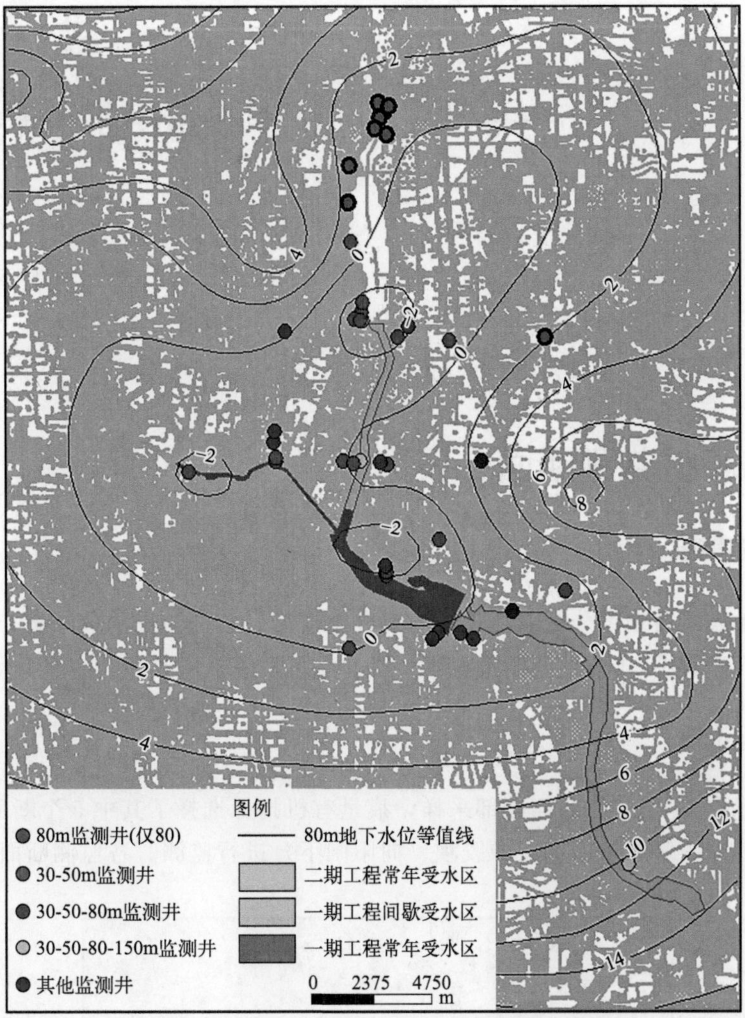

图 3-15　研究区 80m 含水层地下水水位等值线

第 4 章 再生水利用区监测体系构建

4.1 地表水监测断面布设方案

4.1.1 布设原则

为分析地表水典型组分在河道中的时空分布规律，依据与进水口距离、水流特征等的空间变化，布设了 11 个监测断面。

4.1.2 布设位置

常规指标在 11 个监测断面全部采样，痕量有机指标选择了其中 5 个断面（MBR 出水、潮减交汇处、彩虹桥、苏庄橡胶坝、向阳闸下）进行监测。各监测断面位置分布详见图 4-1。

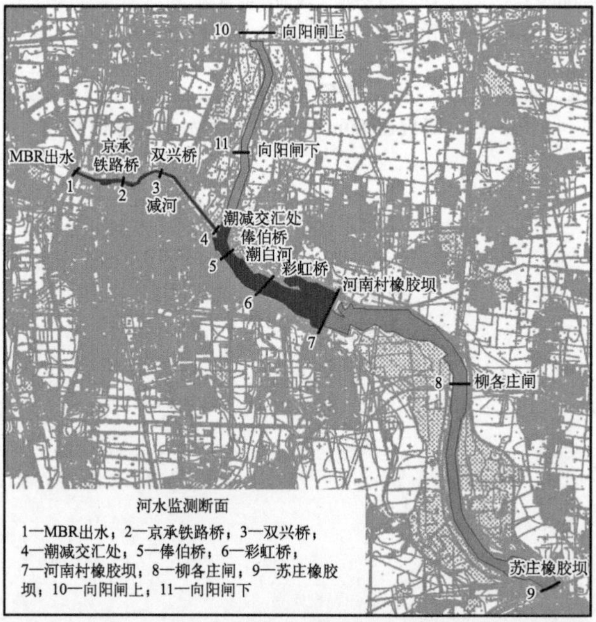

图 4-1　地表水监测断面分布

4.1.3　监测指标与频次

地表水无机监测指标 26 项，包括 pH 值、氨氮、总硬度、亚硝酸盐氮、碳酸盐、重碳酸盐、溶解性总固体、高锰酸盐指数、总磷、总氮、叶绿素 a、溶解氧、BOD_5、铝、钡、钙、铁、钾、镁、锰、钠、砷、氟化物、氯化物、硝酸盐氮、硫酸盐。

地表水痕量有机指标分为四类，即多环芳烃（PAHs）、邻苯二甲酸酯（PAEs）、酚类、雌激素。每种类别的具体指标见表 4-1。

表 4-1　有机污染组分监测指标一览表

序号	类别	项数	组分
1	多环芳烃	16	萘、苊烯、苊、芴、菲、蒽、荧蒽、芘、苯并[*a*]蒽、䓛、苯并[*b*]荧蒽、苯并[*k*]荧蒽、苯并[*a*]芘、茚并[1,2,3-*cd*]芘、二苯并[*a*,*h*]蒽、苯并[*g*,*h*,*i*]苝
2	邻苯二甲酸酯	6	邻苯二甲酸二甲酯、邻苯二甲酸二乙酯、邻苯二甲酸二丁酯、邻苯二甲酸丁苄酯、邻苯二甲酸二(2-乙基己基)酯、邻苯二甲酸二正辛酯
3	酚类	3	4-叔辛基苯酚、总壬基酚、双酚 A
4	雌激素	4	雌酮(E1)、雌三醇(E3)、雌二醇(E2)、乙炔基雌二醇(EE2)

地表水水质断面共监测 2 次，分别在 4 月、9 月，包括常规指标和痕量有机指标。

4.2　地下水水位与水质监测网构建

4.2.1　布设原则

（1）综合考虑水平和纵向影响的原则

地下水监测井的布设不仅要考虑再生水入渗对不同深度含水层影响，还应考虑受水区再生水入渗在同一含水层的水平迁移转化规律。

（2）点线面结合的原则

结合地下水渗流和溶质运移模型的需求，为对地下水进行全面准确评价，应尽量均匀分布监测井，在优化监测井点、线布置的基础上增加远端控制点，以监测远期再生水入渗对地下水的影响范围。

4.2.2　布设位置

4.2.2.1　地下水水位与水质监测井布设

对研究区地下水水位与水质开展分层监测，受水区浅层含水层主要监测 30m、50m、80m 深度；深层含水层监测 150m 深度。研究区现有地下水监测井 90 余眼，其位置分布如图 4-2 所示。

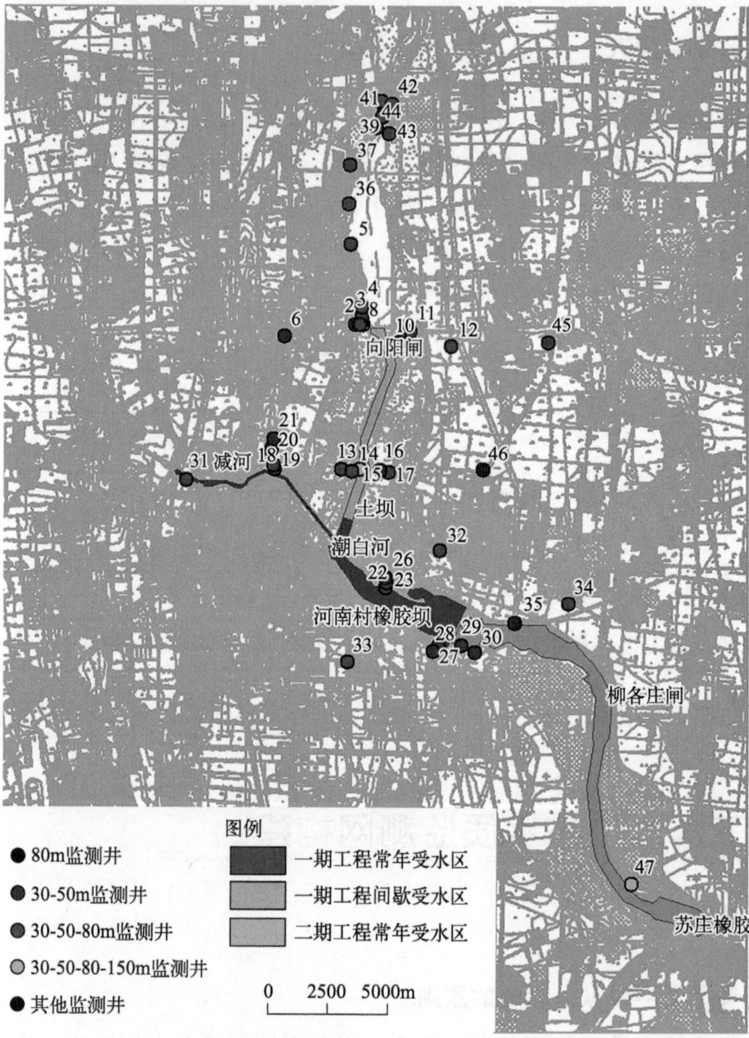

图 4-2　地下水水位与水质监测井布置

4.2.2.2　地下水水位监测井断面建设

(1) 受水区至上下游水源地监测断面

① 从向阳闸往北依次布置 1 号（浅中深）、2 号（浅中深）和 3 号（浅中深）分层监测井以及 4 号（浅中）和 5 号（浅中）监测井，至向阳闸的距离分别为 50m、100m、200m、500m 和 1500m，并结合水源地现有监测井，形成连续监测断面，以研究受水区再生水入渗对北部水源地水质水位的影响。

② 从河南村橡胶坝向东依次布置 27 号（浅中）、29 号（浅中）、30 号（浅中）监测井，至河南村橡胶坝距离分别为 50m、200m 和 500m，结合水源地监测井，形成连续监测断面，以研究受水区再生水入渗对南部燕京啤酒厂水源地水质水位的影响。

(2) 垂直于潮白河中心线方向的监测断面

① 向阳闸监测剖面：向西布置 9 号（与 1 号监测井合并）、8 号（浅中深）、7 号

（浅中深）和 6 号（浅中）四眼监测井，至向阳闸距离分别为 50m、100m、200m、1500m；以东依次布置 10 号（浅中深）、11 号（浅中）、12 号（浅中）三眼监测井，至向阳闸距离分别为 200m、500m 和 1500m，以研究受水区再生水入渗对向阳闸东西两侧地区地下水水质水位的影响。

② 潮白河（城北减河—向阳闸）监测剖面：中段向西依次布置 15 号（浅中深）、14 号（浅中深）、13 号（浅中深）分层监测井，至河道距离分别为 50m、100m、200m；向东依次布置 16 号（浅中）、17 号（浅中）分层监测井，至河道距离分别为 200m 和 500m，以研究受水区再生水入渗对周边地区地下水水质水位的影响。

③ 潮白河（城北减河—河南村橡胶坝）河道中段监测剖面：河道以南依次布置 22 号（浅中深）、23 号（浅中深）、26 号（浅中）分层监测井，至河道距离分别为 50m、100m 和 200m，以研究受水区再生水入渗对周边地区地下水水质水位的影响。

④ 河南村橡胶坝监测断面：以南依次布置 27 号（浅中）、28 号（浅中）监测井，至河道距离分别为 50m 和 200m，以研究受水区再生水入渗对周边地区地下水水质水位的影响。

(3) 垂直于城北减河方向的监测断面

双兴桥以北依次布置 18 号（浅中深）、19 号（浅中深）、20 号（浅中）、21 号（浅中）监测井，至河道距离分别为 50m、100m、200m 和 500m，形成连续监测断面，以研究受水区再生水入渗对马坡镇地区地下水水质水位的影响。

(4) 控制点

除上述监测井外，还布置了 31 号（浅中深）、32 号（浅中深）、33 号（浅中深）、34 号（浅中深）四处控制井，以反映区域地下水环境的变化，为数学建模服务。

4.2.2.3　地下水水质监测断面布设

地下水水质监测采用了分层监测，监测井深度分别为 30m、50m、80m 和 150m，共计 90 余眼监测井。地下水水质监测井分布如图 4-3 所示。

常规指标监测主要选择了 4 个平面监测断面及 1 个垂向监测断面，共计 57 眼监测井，各断面监测井如下（括号中为监测井深度，单位为 m）：

① 1＃-2＃-3＃-4＃-5＃-36＃（80）-37＃（80）断面，共 17 眼；

② 10＃-11＃（30，50）-12＃（30，50）-45＃（80）断面，共 8 眼；

③ 13＃-14＃-15＃（30，50，80，150）-16＃（30，50）-17＃-46＃（30，80）断面，共 17 眼；

④ 22＃-23＃-26＃（30，50）-32＃断面，共 11 眼；

⑤ 47＃（30，50，80，150）垂向监测断面，共 4 眼。

痕量有机指标监测选择了 3 个平面监测断面及 1 个垂向监测断面，共 32 眼监测井，各断面监测井如下：

① 1＃-2＃-3＃-5＃（80）断面，共 10 眼；

② 13＃-14＃-15＃-16＃（50）断面，共 10 眼；

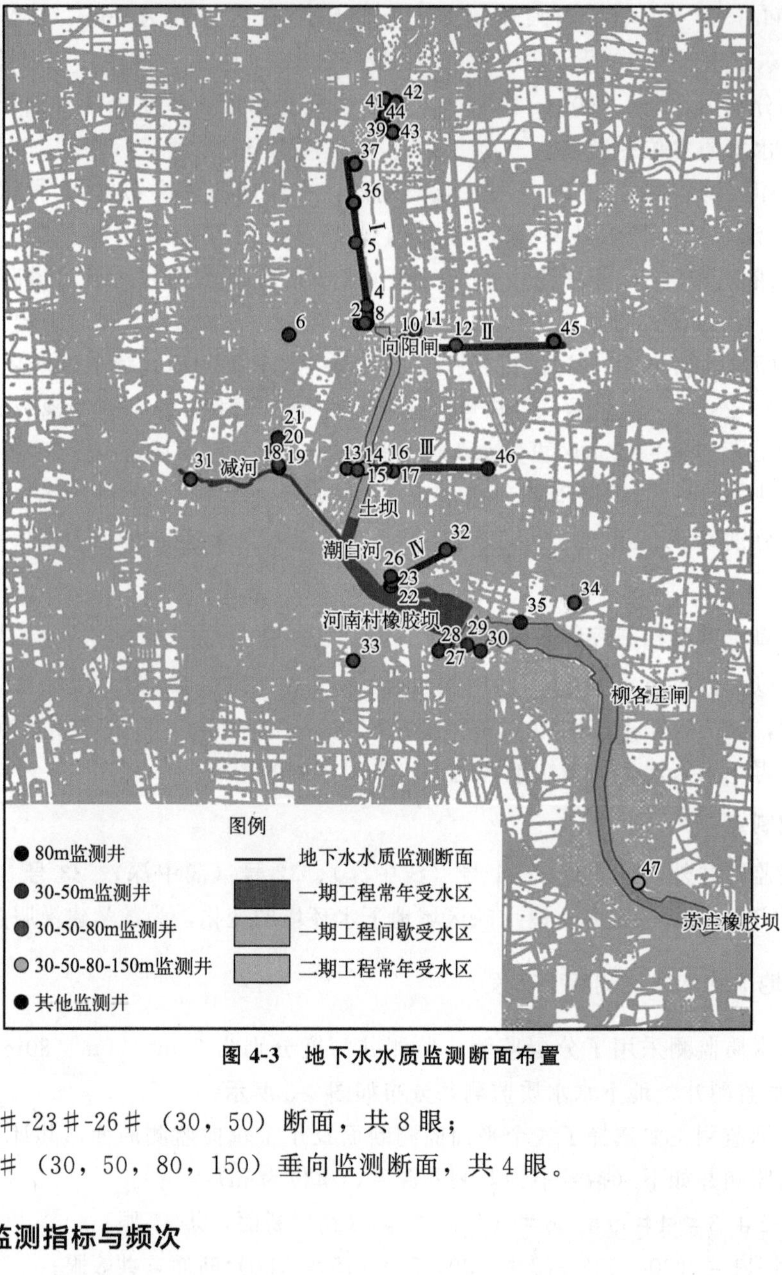

图 4-3　地下水水质监测断面布置

③ 22＃-23＃-26＃（30，50）断面，共 8 眼；

④ 47＃（30，50，80，150）垂向监测断面，共 4 眼。

4.2.3　监测指标与频次

4.2.3.1　地下水水位监测频率

地下水水位监测频率为每月 1 次，全年共监测 12 次。

4.2.3.2　地下水水质监测指标和频次

地下水常规监测指标 23 项，包括铝、钡、钙、铁、钾、镁、锰、钠、氟化物、氯化物、硝酸盐氮、硫酸盐、pH 值、氨氮、总硬度、亚硝酸盐氮、碳酸盐离子、重碳酸盐离子、溶解性总固体、耗氧量、总磷、总氮、总有机碳（TOC）。

痕量有机监测指标与地表水相同，为雌激素、酚类、邻苯二甲酸酯（PAEs）、多环芳烃（PAHs）四类。根据地下水中主要污染物的超标率统计数据及地下水水质评价结果，选择超标污染因子氨氮、硝酸盐氮、亚硝酸盐氮、耗氧量、总硬度、溶解性总固体、pH 值作为典型因子，同时选择差异因子氯化物分析地下水质的动态变化规律。

4.3 地下水水质背景特征

4.3.1 水质指标

为全面评价受水区地下水水质情况，以《地下水质量标准》（GB/T 14848）中指标为基础，并结合地下水模型所需，参考《生活饮用水卫生标准》（GB 5749）中部分地下水水质测试指标，共选取 46 项水质指标：

铅、镉、钼、钴、镍、铍、铁、锰、铜、锌、铝、钡、汞、砷、硒等微量重金属和非金属，以及氟化物、氯化物、硝酸盐氮、硫酸盐、pH 值、氨氮、六价铬、氰化物、挥发酚、总硬度、亚硝酸盐氮、三氯甲烷、四氯化碳、溶解性总固体、六六六、滴滴涕、耗氧量、阴离子表面活性剂、肉眼可见物、嗅和味、浑浊度、色度、菌落总数、总大肠菌群、钾、钠、钙、镁、电导率、碳酸根离子、碳酸氢根离子。

4.3.2 评价依据

在 46 项水质指标中，钠、铝、三氯甲烷和四氯化碳 4 项指标依据饮用水标准进行评价，如铝的含量参照《生活饮用水卫生标准》（GB 5749），低于 0.2mg/L 定为Ⅰ～Ⅲ类水，高于 0.2mg/L 定为Ⅳ、Ⅴ类水。

钾、钙、镁、电导率、碳酸根离子、碳酸氢根离子 6 个指标未有相应评价标准，在此不作评价。

其余指标均参照《地下水质量标准》（GB/T 14848）进行评价，但浑浊度、色度、肉眼可见物、嗅和味、总大肠菌群和细菌总数 6 个指标受采样时间、采样方法和采样容器影响较大，不进行评价。因此，本次重点评价的项目共计 34 项，如表 4-2 所列。

表 4-2　潮白河再生水利用受水区浅层地下水 34 个水质指标评价依据

评价指标	Ⅰ类	Ⅱ类	Ⅲ类	Ⅳ类	Ⅴ类
铅/(mg/L)	≤ 0.005	≤ 0.005	≤ 0.01	≤ 0.10	＞ 0.10
镉/(mg/L)	≤ 0.0001	≤ 0.001	≤ 0.005	≤ 0.01	＞ 0.01
钼/(mg/L)	≤ 0.001	≤ 0.01	≤ 0.7	≤ 0.15	＞ 0.15
钴/(mg/L)	≤ 0.005	≤ 0.005	≤ 0.05	≤ 0.10	＞ 0.10
镍/(mg/L)	≤ 0.002	≤ 0.002	≤ 0.02	≤ 0.10	＞ 0.10
铍/(mg/L)	≤ 0.0001	≤ 0.0001	≤ 0.002	≤ 0.06	＞ 0.06
铁/(mg/L)	≤ 0.1	≤ 0.2	≤ 0.3	≤ 2.0	＞ 2.0

续表

评价指标	Ⅰ类	Ⅱ类	Ⅲ类	Ⅳ类	Ⅴ类
锰/(mg/L)	≤ 0.05	≤ 0.05	≤ 0.10	≤ 1.50	＞ 1.50
铜/(mg/L)	≤ 0.01	≤ 0.05	≤ 1.00	≤ 1.50	＞ 1.50
锌/(mg/L)	≤ 0.05	≤ 0.5	≤ 1.00	≤ 5.00	＞ 5.00
铝/(mg/L)	≤ 0.2	≤ 0.2	≤ 0.2	＞ 0.2	＞ 0.2
钠/(mg/L)	≤ 200	≤ 200	≤ 200	＞ 200	＞ 200
钡/(mg/L)	≤ 0.01	≤ 0.10	≤ 0.70	≤ 4.00	＞ 4.00
汞/(mg/L)	≤ 0.0001	≤ 0.0001	≤ 0.001	≤ 0.002	＞ 0.002
砷/(mg/L)	≤ 0.001	≤ 0.001	≤ 0.01	≤ 0.05	＞ 0.05
硒/(mg/L)	≤ 0.01	≤ 0.01	≤ 0.01	≤ 0.1	＞ 0.1
氟化物/(mg/L)	≤ 1.0	≤ 1.0	≤ 1.0	≤ 2.0	＞ 2.0
氯化物/(mg/L)	≤ 50	≤ 150	≤ 250	≤ 350	＞ 350
硝酸盐氮/(mg/L)	≤ 2.0	≤ 5.0	≤ 20.0	≤ 30.0	＞ 30.0
硫酸盐/(mg/L)	≤ 50	≤ 150	≤ 250	≤ 350	＞ 350
pH 值	6.5～8.5	6.5～8.5	6.5～8.5	5.5～6.5,8.5～9	＜5.5,＞9
氨氮/(mg/L)	≤ 0.02	≤ 0.10	≤ 0.50	≤ 1.50	＞ 1.50
六价铬/(mg/L)	≤ 0.005	≤ 0.01	≤ 0.05	≤ 0.10	＞ 0.10
氰化物/(mg/L)	≤ 0.001	≤ 0.01	≤ 0.05	≤ 0.1	＞ 0.1
挥发酚(以苯酚计)/(mg/L)	≤ 0.001	≤ 0.001	≤ 0.002	≤ 0.01	＞ 0.01
总硬度(以 $CaCO_3$ 计)/(mg/L)	≤ 150	≤ 300	≤ 450	≤ 650	＞ 650
亚硝酸盐氮/(mg/L)	≤ 0.01	≤ 0.1	≤ 1.00	≤ 4.80	＞ 4.80
三氯甲烷/(mg/L)	≤ 0.06	≤ 0.06	≤ 0.06	＞ 0.06	＞ 0.06
四氯化碳/(mg/L)	≤ 0.002	≤ 0.002	≤ 0.002	＞ 0.002	＞ 0.002
溶解性总固体	≤ 300	≤ 500	≤ 1000	≤ 2000	＞ 2000
六六六(总量)/(μg/L)	≤ 0.01	≤ 0.50	≤ 5.00	≤ 300	＞ 300
滴滴涕(总量)/(μg/L)	≤ 0.01	≤ 0.10	≤ 1.00	≤ 2.00	＞ 2.00
耗氧量(COD_{Mn} 法，以 O_2 计)/(mg/L)	≤ 1.0	≤ 2.0	≤ 3.0	≤ 10.0	＞ 10.0
阴离子表面活性剂/(mg/L)	不得检出	≤ 0.1	≤ 0.3	≤ 0.3	＞ 0.3

4.3.3 评价方法

由于受水区周边属于水环境敏感区域，本次地下水水质评价采用单因子指标法对受水区浅层地下水进行评价，以摸清各水质指标的超标率及其平面、垂向分布规律。

4.3.4 评价结果

(1) 总体评价

浅层地下水监测结果显示，受水区内各含水层的地下水水质普遍较差。在重点评价的 34 项指标中，除铁、锰、铝、氨氮、挥发酚、耗氧量、总硬度、亚硝酸盐氮、氟化物、砷 10 项指标外，其余指标，或检出但未超标，或未检出；在超标的 10 项指标中，铁、锰、铝、氨氮、挥发酚、耗氧量、总硬度等 7 项指标为感官性状及一般化学指标，氟化物、砷和亚硝酸盐氮为毒理性指标。

根据以往研究成果，北京市平原区浅层地下水中铁、锰、氟化物、砷四项指标与天然沉积环境关系密切。平原区东南部浅层地层呈多层结构，为细砂与粉质黏土层互层，地下水处于相对还原的环境，存在富含铁、锰的必要条件。铁、锰、氟化物、砷的存在与天然沉积物有关。

按照地下水质量Ⅲ类标准，从表 4-2 看出，10 项指标的总超标率排序依次为锰、铝、氨氮、铁、总硬度、亚硝酸盐氮、挥发酚、砷、耗氧量、氟化物，其中锰的超标井数高达 54 眼，超标率高达 70.1%，铁超标井数 25 眼，超标率 32.5%，砷有 6 眼超标，氟化物仅 1 眼超标。

根据《生活饮用水卫生标准》(GB 5749)，浅层地下水作为饮用水时铝的限值为 0.2mg/L。而受水区浅层地下水中铝的超标井数仅次于锰，为 40 眼，超标率达 51.9%。

浅层地下水已遭受氨氮和亚硝酸盐氮的污染，氨氮的超标井数为 37 眼，超标率高达 48.1%，亚硝酸盐氮的超标井数有 13 眼，超标率为 16.9%。浅层地下水中的氨氮和亚硝酸盐氮主要与人类活动有关。受水区周边主要为林业区和农业区，施肥可能是浅层地下水中氨氮超标的主要原因。

(2) 平面分布规律

从 10 项超标水质指标的超标井数分布情况看，各水质指标在平面上呈现出一定的分布规律。

① 锰（地下水Ⅲ类为 0.1mg/L）、铝（饮用水限值为 0.2mg/L）的超标率较高，超标点平面分布较为普遍，未体现出某局部区域高浓度富集和低浓度贫乏的现象。

② 铁（地下水Ⅲ类为 0.3mg/L）的超标率也较高，超标点在平面上分布也较为普遍。但未超标的点相对集中分布于向阳闸以北 30m、50m 深的地下水监测井中，以及 13＃、14＃、15＃、19＃、20＃、21＃不同深度的监测井所在区域（图 4-4）。

③ 砷（地下水Ⅲ类为 0.01mg/L）的超标点相对集中于河南村橡胶坝东南的 27＃、28＃、29＃、30＃、33＃的 30m 和 50m 深的监测井，氟化物（地下水Ⅲ类为 1.0mg/L）的超标点只有 27＃50m 深的监测井。可见，砷和氟主要在河南村东南侧的局部区域呈高浓度富集。

④ 挥发酚（地下水Ⅲ类为 0.002mg/L）和耗氧量（地下水Ⅲ类为 3.0mg/L）的超标率低，超标点在平面上零星散落分布。

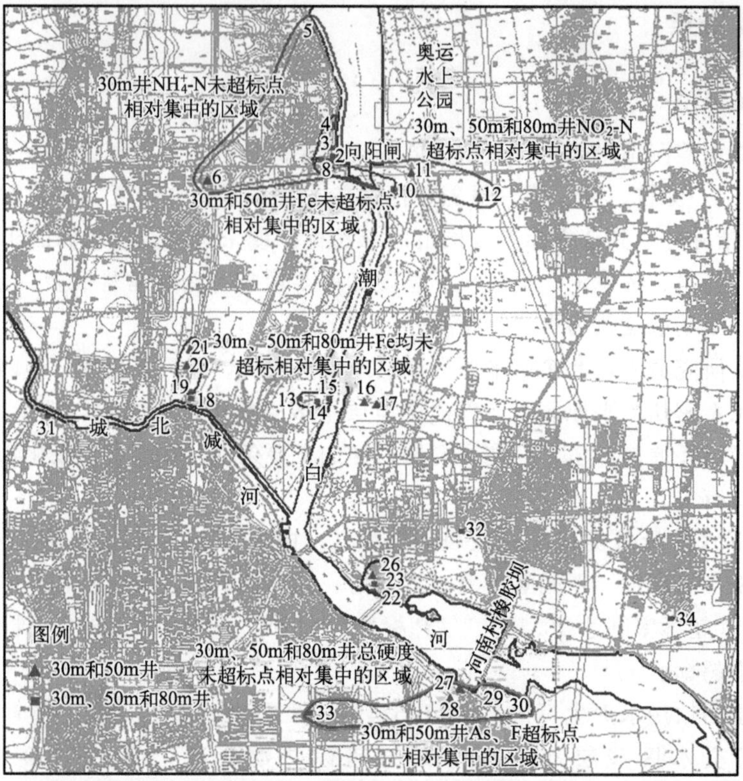

图 4-4　潮白河再生水利用受水区地下水水质部分超标和未超标点平面分布规律

⑤ 氨氮（地下水Ⅲ类为 0.5mg/L）的超标率较高，亚硝酸盐氮（地下水Ⅲ类为 1.00mg/L）的超标率较低。作为氮的不同组分，二者的平面分布呈互补状态。亚硝酸盐氮的超标点相对集中于向阳闸以北的 1＃至 12＃不同深度的监测井内。而氨氮超标点数多，超标点主要分布于向阳闸以南—河南村橡胶坝的大部地区，30m 深监测井氨氮的未超标区域则相对集中于向阳闸以北。

⑥ 总硬度（地下水Ⅲ类为 450mg/L）的超标点主要分布于受水区北部，南部地区 22＃～30＃和 33＃不同深度监测井的总硬度均未超标。

铁、锰、铝、砷、氟的广泛分布和区域高浓度富集，与天然沉积环境有着密切的联系。氨氮和亚硝酸盐氮的分布规律则又与浅层地下水的氧化还原环境有一定的关系。根据钻孔资料，在向阳闸以北地区，含水层和粉质黏土层层次较少，且含水层的岩性主要为砂卵石，浅层地下水处于相对氧化的状态；而向阳闸以南地区，粉细砂层与粉质黏土层层次较多，浅层地下水处于相对还原的环境。在向阳闸以北地区，氨氮在细菌的参与下发生硝化作用，在部分点的不同深度生成亚硝酸盐氮，致使地下水中的亚硝酸盐氮的超标率较高，而氨氮的浓度相对较低，二者呈相反的分布规律。

实际上，铁、锰的分布也受地下水氧化还原环境的影响。尽管铁、锰在研究区域内超标点广泛分布，超标率较高，但向阳闸浅层和中层含水层铁的未超标区域相对集中，这很可能是在相对氧化环境下，低价铁离子经氧化转变为高价铁沉淀物所致。

(3) 垂向分布规律

1）超标组分分布规律

在 10 项超标的化学组分中，不论是原生组分，还是人类活动的污染组分，总体呈现出浅层含水层水质浓度较高、超标点数多、超标率高，而深层含水层水质浓度较低、超标点数少、超标率低的垂向分布规律。

锰、铝、氨氮、总硬度、耗氧量等超标率自浅层含水层至深层含水层呈降低趋势。砷仅 30m 井和 50m 井的水样超标，80m 深的观测井均未超标；氟仅 27＃点 50m 井的水样超标，30m 和 80m 的观测井均未超标；挥发酚在垂向上均有超标现象，未呈现出趋势性变化；铁受原生地质环境和含水层中氧化还原环境的影响；亚硝酸盐氮也受含水层氧化还原环境的影响，其超标率自浅层含水层至深层含水层的趋势性变化规律较差。

2）常规宏量组分分布规律

常规宏量组分中的阳离子主要指钾、钠、钙、镁、氨氮，阴离子主要指碳酸氢根离子、碳酸根离子、氯离子、硫酸根离子和硝酸根离子。据水样测试结果，碳酸根离子和硝酸根离子浓度很低，有的水样浓度低于检出限。为此，不同层位含水层宏量组分浓度的垂向对比指标主要考虑钾、钠、钙、镁、氨氮、碳酸氢根离子、氯离子和硫酸根离子以及总硬度（TH）和溶解性总固体（TDS）。

经数理统计分析，不同层位含水层中各宏量组分的浓度基本符合正态分布，故此，各层各指标浓度取算术平均值可反映水质指标的总体浓度水平，计算结果见表 4-3。

表 4-3　潮白河再生水利用受水区地下水各含水层水质指标浓度平均值

单位：mg/L

水质指标	Na^+	K^+	Ca^{2+}	Mg^{2+}	NH_4^+
30m 井	44.90	2.87	138.26	35.55	0.62
50m 井	33.67	2.21	88.97	28.90	0.29
80m 井	38.61	2.15	70.56	22.93	0.14
水质指标	HCO_3^-	Cl^-	SO_4^{2-}	TH	TDS
30m 井	476.59	61.07	84.72	463.24	632.08
50m 井	391.14	32.10	49.46	335.79	446.59
80m 井	345.12	19.94	38.83	269.71	371.77

据表 4-3，除 80m 井 Na^+ 浓度稍大于 50m 井 Na^+ 浓度外，其余指标均呈现出明显的垂向变化规律，表明自浅层地下水至深层地下水，水质浓度在垂向上呈降低趋势。

(4) 水化学类型

经毫克当量计算，并按照舒卡列夫水质分类，30m 深井的水化学类型以 HCO_3-Ca 型为主，兼有 HCO_3-Ca-Mg 型；50m 井的水化学类型则以 HCO_3-Ca-Mg 型为主，并出现 HCO_3-Ca-Na 型、HCO_3-Ca-Mg-Na 型和 HCO_3-Ca-Na-Mg 型；80m 井的水化学类型中 Na^+ 毫克当量百分比超过 25％的井点数量明显增多，HCO_3-Ca-Mg 型和 HCO_3-Ca-Na 型、HCO_3-Ca-Mg-Na 型、HCO_3-Ca-Na-Mg 型的井点数量相差不大。

根据不同层位的水化学类型，从浅层（30m）至中层（50m）Mg^{2+} 的毫克当量百分数呈增加趋势，自中层（50m）至深层（80m），Na^{+} 的毫克当量百分数呈增加趋势。

受水区的水质类型可用 Piper 三线图表示，如图 4-5 所示。图中红色点为 30m 浅层水样，粉红色点为 50m 中层水样，蓝色点为 80m 深层水样。

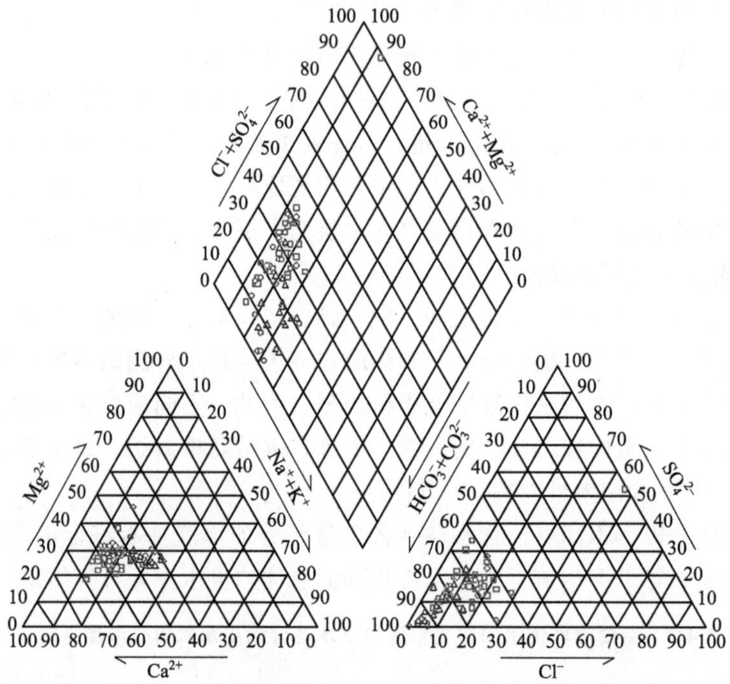

图 4-5 潮白河再生水利用受水区地下水水质 Piper 三线图

Piper 三线图直观反映出了浅层、中层至深层的水化学类型的变化趋势。浅层水样点和深层水样点的集中分布区域明显不同，中层水样点处于浅层向深层的过渡状态。浅层地下水中的 Cl^{-} 和 SO_4^{2-} 的毫克当量百分数明显高于深层地下水，表明浅层地下水受人类影响较大，已受到一定程度的污染。

第 5 章 再生水利用区地表水水质动态变化特征

5.1 地表水水质评价

5.1.1 常规指标评价

5.1.1.1 评价方法

首先采用单因子评价方法对各个断面的水质类别进行评价，之后采用断面水质类别比例法对河流整体水质进行评价。断面水质类别比例法是根据评价河流、流域（水系）中各水质类别的断面数占河流、流域（水系）所有评价断面总数的百分比来评价其水质状况。

河流、流域水质类别比例与水质定性评价分级的对应关系见表 5-1。

表 5-1 河流、流域（水系）水质定性评价分级

水质类别比例	水质状况	表征颜色
Ⅰ～Ⅲ类水质比例≥90%	优	蓝色
75%≤Ⅰ～Ⅲ类水质比例<90%	良好	绿色
Ⅰ～Ⅲ类水质比例<75%，且劣Ⅴ类比例<20%	轻度污染	黄色
Ⅰ～Ⅲ类水质比例<75%，且 20%≤劣Ⅴ类比例<40%	中度污染	橙色
Ⅰ～Ⅲ类水质比例<60%，且劣Ⅴ类比例≥40%	重度污染	红色

5.1.1.2 评价指标

根据《关于印发〈地表水环境质量评价办法（试行）〉的通知》（环办〔2011〕22 号）附件，地表水水质评价指标为《地表水环境质量标准》（GB 3838—2002）中除水温、总氮、粪大肠菌群以外的 21 项指标。水温、总氮、粪大肠菌群作为参考指标单独评价（河流总氮除外）。因此，本次评价指标确定为 pH 值、溶解氧（DO）、高锰酸盐指数、BOD_5、氨氮、总磷、氟化物 7 个指标。

5.1.1.3 评价标准

评价标准采用《地表水环境质量标准》（GB 3838—2002），各评价指标的评价值详见表 5-2。

表 5-2 各指标评价标准列表

项目		Ⅰ类	Ⅱ类	Ⅲ类	Ⅳ类	Ⅴ类
pH 值		6～9				
溶解氧/(mg/L)	≥	饱和率 90%（或 7.5）	6	5	3	2
高锰酸盐指数/(mg/L)	≤	2	4	6	10	15
BOD_5/(mg/L)	≤	3	3	4	6	10
氨氮/(mg/L)	≤	0.15	0.5	1.0	1.5	2.0
总磷/(mg/L)	≤	0.02	0.1	0.2	0.3	0.4
氟化物/(mg/L)	≤	1.0	1.0	1.0	1.5	1.5

5.1.1.4 评价结果

分别对各监测断面枯水期、丰水期和年平均的水质数据进行了评价，评价结果详见表 5-3～表 5-5。

表 5-3 枯水期地表水各监测断面水质评价结果

监测断面	pH 值	溶解氧	高锰酸盐指数	BOD_5	氨氮	总磷	氟化物	评价结果
MBR 出水	Ⅰ	Ⅰ	Ⅳ	Ⅰ	Ⅰ	Ⅲ	Ⅰ	Ⅳ
京承铁路桥	Ⅰ	Ⅰ	Ⅳ	Ⅰ	Ⅱ	Ⅲ	Ⅰ	Ⅳ
双兴桥	Ⅰ	Ⅰ	Ⅳ	Ⅰ	Ⅱ	Ⅱ	Ⅰ	Ⅳ
潮减交汇处	Ⅰ	Ⅰ	Ⅳ	Ⅰ	Ⅱ	Ⅱ	Ⅰ	Ⅳ
俸伯桥	Ⅰ	Ⅰ	Ⅳ	Ⅰ	Ⅱ	Ⅱ	Ⅰ	Ⅳ
彩虹桥	＞Ⅴ	Ⅰ	Ⅲ	Ⅰ	Ⅱ	Ⅱ	Ⅰ	＞Ⅴ
河南村橡胶坝	＞Ⅴ	Ⅰ	Ⅲ	Ⅰ	Ⅱ	Ⅱ	Ⅰ	＞Ⅴ
柳各庄橡胶坝	Ⅰ	Ⅰ	Ⅳ	Ⅰ	Ⅱ	Ⅱ	Ⅰ	Ⅳ
苏庄橡胶坝	Ⅰ	Ⅰ	Ⅳ	Ⅰ	Ⅱ	Ⅰ	Ⅰ	Ⅳ
向阳闸下	Ⅰ	Ⅰ	Ⅲ	Ⅰ	Ⅱ	Ⅱ	Ⅰ	Ⅲ
向阳闸上	Ⅰ	Ⅰ	Ⅳ	Ⅰ	Ⅰ	Ⅰ	Ⅰ	Ⅳ

表 5-4 丰水期地表水各监测断面水质评价结果

监测断面	pH 值	溶解氧	高锰酸盐指数	BOD_5	COD	氨氮	总磷	氟化物	评价结果
MBR 出水	Ⅰ	Ⅰ	Ⅲ	Ⅰ	Ⅰ	Ⅱ	Ⅰ	Ⅰ	Ⅲ
京承铁路桥	Ⅰ	Ⅰ	Ⅲ	Ⅰ	Ⅰ	Ⅱ	Ⅰ	Ⅰ	Ⅲ

续表

监测断面	pH 值	溶解氧	高锰酸盐指数	BOD_5	COD	氨氮	总磷	氟化物	评价结果
双兴桥	Ⅰ	Ⅰ	Ⅲ	Ⅰ	Ⅰ	Ⅰ	Ⅰ	Ⅰ	Ⅲ
潮减交汇处	Ⅰ	Ⅰ	Ⅲ	Ⅰ	Ⅱ	Ⅰ	Ⅰ	Ⅰ	Ⅲ
俸伯桥	Ⅰ	Ⅰ	Ⅲ	Ⅰ	Ⅰ	Ⅱ	Ⅰ	Ⅰ	Ⅲ
彩虹桥	Ⅰ	Ⅱ	Ⅲ	Ⅰ	Ⅰ	Ⅰ	Ⅰ	Ⅰ	Ⅲ
河南村橡胶坝	Ⅰ	Ⅰ	Ⅲ	Ⅰ	Ⅰ	Ⅱ	Ⅰ	Ⅰ	Ⅲ
柳各庄橡胶坝	Ⅰ	Ⅰ	Ⅲ	Ⅰ	Ⅰ	Ⅱ	Ⅰ	Ⅰ	Ⅲ
苏庄橡胶坝	Ⅰ	Ⅰ	Ⅲ	Ⅰ	Ⅰ	Ⅱ	Ⅰ	Ⅰ	Ⅲ
向阳闸下	Ⅰ	Ⅰ	Ⅲ	Ⅰ	Ⅰ	Ⅱ	Ⅰ	Ⅰ	Ⅲ
向阳闸上	Ⅰ	Ⅰ	Ⅲ	Ⅰ	Ⅰ	Ⅱ	Ⅰ	Ⅰ	Ⅲ

表 5-5　年平均地表水各监测断面水质评价结果

监测断面	pH 值	溶解氧	高锰酸盐指数	BOD_5	COD	氨氮	总磷	氟化物	评价结果
MBR 出水	Ⅰ	Ⅰ	Ⅲ	Ⅰ	Ⅰ	Ⅲ	Ⅰ	Ⅰ	Ⅲ
京承铁路桥	Ⅰ	Ⅰ	Ⅲ	Ⅰ	Ⅰ	Ⅱ	Ⅰ	Ⅰ	Ⅲ
双兴桥	Ⅰ	Ⅰ	Ⅲ	Ⅰ	Ⅰ	Ⅱ	Ⅰ	Ⅰ	Ⅲ
潮减交汇处	Ⅰ	Ⅰ	Ⅲ	Ⅰ	Ⅱ	Ⅱ	Ⅰ	Ⅰ	Ⅲ
俸伯桥	Ⅰ	Ⅰ	Ⅲ	Ⅰ	Ⅰ	Ⅱ	Ⅰ	Ⅰ	Ⅲ
彩虹桥	Ⅰ	Ⅰ	Ⅲ	Ⅰ	Ⅰ	Ⅱ	Ⅰ	Ⅰ	Ⅲ
河南村橡胶坝	Ⅰ	Ⅰ	Ⅲ	Ⅰ	Ⅰ	Ⅱ	Ⅰ	Ⅰ	Ⅲ
柳各庄橡胶坝	Ⅰ	Ⅰ	Ⅲ	Ⅰ	Ⅱ	Ⅱ	Ⅰ	Ⅰ	Ⅲ
苏庄橡胶坝	Ⅰ	Ⅰ	Ⅲ	Ⅰ	Ⅰ	Ⅱ	Ⅰ	Ⅰ	Ⅲ
向阳闸下	Ⅰ	Ⅰ	Ⅲ	Ⅰ	Ⅱ	Ⅱ	Ⅰ	Ⅰ	Ⅲ
向阳闸上	Ⅰ	Ⅰ	Ⅲ	Ⅰ	Ⅰ	Ⅱ	Ⅰ	Ⅰ	Ⅲ

从枯水期的评价结果来看，地表水的 11 个监测断面中仅有 1 个断面水质满足Ⅲ类，所占比例为 9.1%；Ⅳ类断面有 8 个，占比 72.7%；＞Ⅴ类断面有 2 个，占比 18.2%。符合表 5-1 中的“Ⅰ～Ⅲ类水质比例＜75%，且劣Ⅴ类比例＜20%”分级，因此，引温济潮再生水利用河道 2021 年枯水期水质为轻度污染，其表征颜色为黄色。枯水期的主要污染因子为 pH 值和高锰酸盐指数，其中高锰酸盐指数有 8 个断面出现了超标现象，超标率 72.7%，pH 值超标率 18.2%。

从丰水期的评价结果来看，地表水的 11 个监测断面水质全部满足Ⅲ类，符合表 5-1 中的“Ⅰ～Ⅲ类水质比例≥90%”分级，可见，引温济潮再生水利用河道 2021 年丰水期水质为优，其表征颜色为蓝色。从丰水期和枯水期的评价对比情况来看，丰水期水质远远好于枯水期，这主要与 2021 年度开展的潮白河生态补水密切相关。

采用年平均值对地表水各监测断面进行了评价，2021 年共采样 2 次，从监测数据年平均值的评价结果来看，Ⅰ～Ⅲ类水质所占比例为 100%，符合表 5-1 中的“Ⅰ～Ⅲ

类水质比例≥90%”分级，因此2021年河水总体水质类别为优，表征颜色为蓝色。

5.1.1.5 超标倍数计算

项目受水区河道水体为景观水体，应该执行《地表水环境质量标准》（GB 3838—2002）中的Ⅳ类标准，但由于该区域周边分布有大量地下水源地，因此本次评价标准采用Ⅲ类标准。

2021年度仅枯水期水质有超出Ⅲ类标准现象，因此仅对枯水期地表水中超标因子的超标倍数进行了计算，超标因子为pH值和高锰酸盐指数，计算结果详见表5-6。

表5-6 地表水水质超标因子超标倍数计算结果

序号	监测断面	pH值	高锰酸盐指数
1	MBR出水		0.13
2	京承铁路桥		0.12
3	双兴桥		0.15
4	潮减交汇处		0.33
5	俸伯桥		0.33
6	彩虹桥	0.07	
7	河南村橡胶坝	0.09	
8	柳各庄橡胶坝		0.13
9	苏庄橡胶坝		0.10
10	向阳闸下		
11	向阳闸上		0.40

从超标因子的计算结果来看，各因子超标倍数均较小，最大超标倍数为0.4倍，最小超标倍数只有0.07倍，总体来说，引温济潮受水区河水水质虽然相比地表水Ⅲ类标准存在一定的超标情况，但总体水质指标超标情况较轻。

5.1.1.6 典型常规指标沿水流方向的变化

绘制了2021年4月和9月典型常规指标随河水流动的浓度变化曲线（图5-1）。

从图5-1可以看出，2021年9月大部分指标浓度小于4月，这主要是受潮白河生态补水影响，9月份潮白河补水工作持续开展，各监测断面水质浓度差异较小，因此主要分析枯水期的水质变化。

再生水在进入河道后，随着河水的向前流动，枯水期pH值没有发生明显变化，溶解氧呈现出城北减河沿水流方向上升，但潮白河沿水流方向下降的趋势；BOD_5、COD_{Mn}浓度在城北减河呈现出逐渐升高趋势，但进入潮白河后转变为下降趋势；硝酸盐氮、总氮、总磷浓度呈现出明显的下降趋势，尤其在城北减河表现更为明显；氨氮、总有机碳则表现出较为明显的上升趋势。

典型常规指标随水流的变化规律，与河道排污、藻类光合作用、反硝化作用等因素有关。

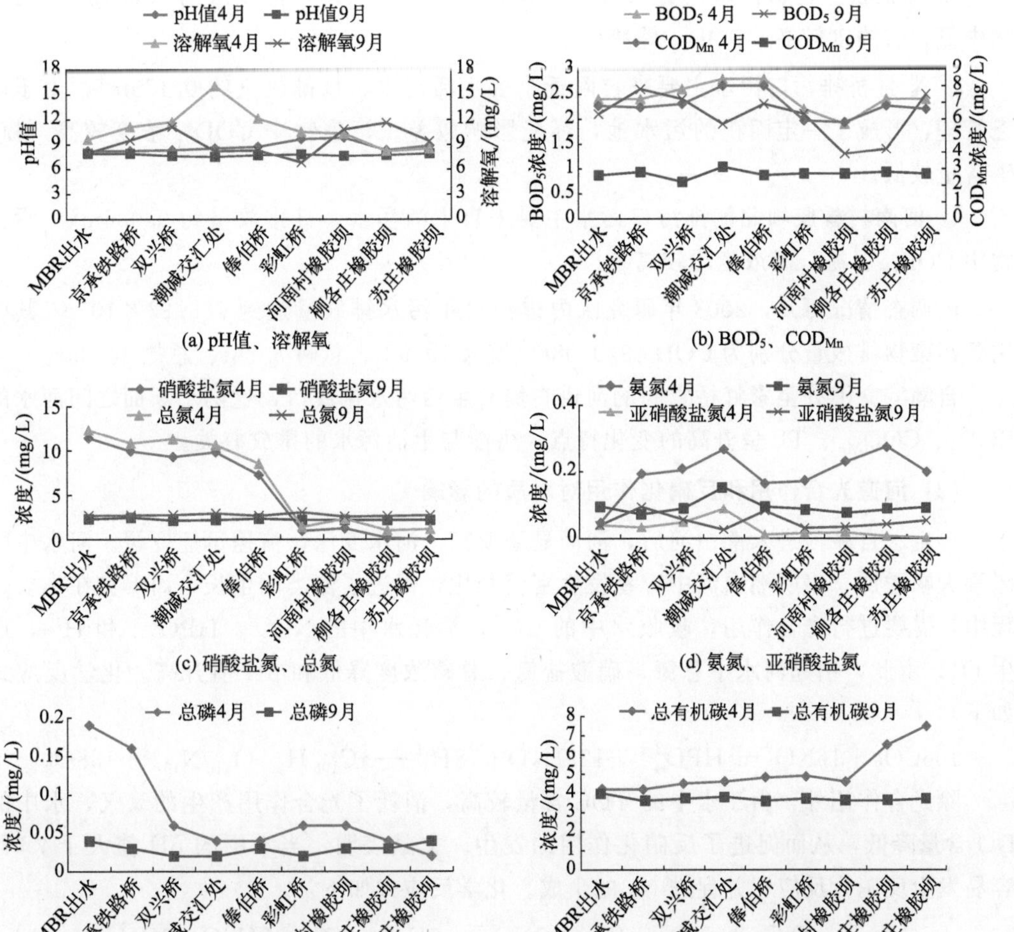

图 5-1 典型常规指标随河水流动的浓度变化曲线

(1) 河流排污口对水质的影响

根据 2003 年的排污口调查情况（表 5-7），受水河道有 3 个较大的排污口。

表 5-7 研究区 2003 年排污口主要污染物排放情况

排污口	位置	污水性质	主要污染物排放浓度/(mg/L)				污水排放量/($\times10^4$ t/a)	排污主要来源
			COD_{Cr}	总氮	氨氮	总磷		
俸伯桥	俸伯桥西侧桥北	生活	33.50	19.00	5.11	32.62	94.61	顺义城区
彩虹桥	彩虹桥西北侧	生活	320.00	1.48	0.23	3.84	63.07	裕龙、滨河小区
河南村橡胶坝	河南村橡胶坝西北侧	生活	303.00	3.40	2.53	3.52	31.54	农行培训中心、河南村

① 俸伯桥排污口污水主要来自顺义老城区生活污水，日排放量约 0.259m^3。污染物中氮、磷浓度较高，COD_{Cr} 略高。

② 彩虹桥排污口污水主要来自附近小区生活污水，日排放量约 0.173m^3，由于缺乏管理，形成了一定面积的污水池，环境影响较差。污染物中 COD_{Cr} 浓度较高，氮、磷含量较低。

③ 河南村橡胶坝北侧排污口污水主要来自生活污水，日排放量约 0.086m^3。污染物中 COD_{Cr}、氮、磷浓度均较高。

由调查情况可知，2003 年研究区内排污口年污水排放量达到 189.22×10^4t，其中主要污染物排放量分别为 COD_{Cr}329.08t、氨氮 19.98t、总磷 5.78t、总氮 34.39t。

自潮减交汇处至彩虹桥之间的河道右堤有生活污水排放口，这两个断面之间河水的 BOD_5、COD_{Mn}、TP 呈升高的变化特点，可能与生活污水的排放有关。

(2) 河道光合作用和反硝化作用对水质的影响

再生水自减河进入潮白河后，河面显著变宽，河水变深，流速迅速变缓。河水中叶绿素大幅增加，表明潮白河中容易发生富营养化，促进了藻类的生长，而藻类在生长过程中，需要进行光合作用，吸收水中的 CO_2，消耗水中的 NO_3^-、HPO_4^{2-} 和 H^+，产生 O_2。由此，引起河水中总氮、硝酸盐氮、总磷浓度降低和 pH 值升高。化学反应式如下：

$$106CO_2+16NO_3^-+HPO_4^{2-}+122H_2O+18H^+\longrightarrow C_{106}H_{263}O_{110}N_{16}P+138O_2$$

除光合作用外，由于水中的 TOC 含量较高，消耗了光合作用产生的氧气，水中的 DO 含量降低，从而促进了反硝化作用的发生。文献表明：当水中的 pH 值大于 7 时，容易发生反硝化反应，并促进 N_2 的生成。化学反应式如下：

$$NO_3^-+2H^+\longrightarrow NO_2^-+H_2O,2NO_2^-+6H^+\longrightarrow N_2+2H_2O+2OH^-$$

由此可见，藻类生长过程中的光合作用和反硝化作用，均能导致水中的 pH 值升高和氮、磷浓度的降低。

由于水中 CO_2 被吸收消耗，pH 值升高，促使水中的碳酸钙和磷酸钙发生沉淀，从而引起水中的钙离子浓度、总硬度、碳酸氢根和总磷浓度显著降低，而钙离子浓度的大幅降低又使得水中的溶解性总固体降低。化学反应式如下：

$$Ca^{2+}+2HCO_3^-\longrightarrow CaCO_3\downarrow+CO_2\uparrow+H_2O$$

$$3Ca^{2+}+2HPO_4^{2-}+2OH^-\longrightarrow Ca_3(PO_4)_2\downarrow+2H_2O$$

可见，藻类生长过程中的光合作用和反硝化作用对河水水质的影响是同向的。因此，河道污水口的排污以及藻类生长的光合作用和水中的反硝化作用，引起了河道沿程各种化学组分之间的连锁反应，从而导致了河道沿程的水质呈现出上述变化特征。

藻类等光合作用微生物主要来自底泥表层或浅层，由于光在水中的透射能力很强，容易照射到底泥表层或浅层，底泥表层的藻类微生物开始活跃。光合作用产生大量氧气，使得其他微生物也活跃起来，产生大量气体，底泥中的有机质被气浮或扰动到水中，引起水中 BOD_5 和 COD_{Mn} 升高；此外，光合作用产生的氧气也会引起浮游植物大量生长，作为水体浮游植物存量重要表征指标之一的叶绿素 a 也随之升高。

5.1.2　痕量有机指标评价

5.1.2.1　评价指标及标准

根据北京市地表水功能区划方案，受水河道的水体功能为“人体非直接接触的娱乐用水区”，河水水质应执行《地表水环境质量标准》（GB 3838—2002）的Ⅳ类标准。由于受水区周边分布有多个大型地下水源地，因此本次对地表水痕量有机指标的评价，采用《地表水环境质量标准》（GB 3838—2002）中的集中式生活饮用水地表水源地特定项目标准限值和《生活饮用水卫生标准》（GB 5749—2022），同时参考美国 EPA《饮用水水质标准》（2018）和 WHO《饮用水水质准则》（第四版）标准。

《地表水环境质量标准》（GB 3838—2002）中痕量有机指标包括苯并［a］芘、邻苯二甲酸二丁酯和邻苯二甲酸二（2-乙基己基）酯，其标准限值见表 5-8。《生活饮用水卫生标准》（GB 5749—2022）中的痕量有机指标有苯并［a］芘、多环芳烃（总量）、邻苯二甲酸二丁酯、邻苯二甲酸二（2-乙基己基）酯、邻苯二甲酸二乙酯和双酚 A，其标准限值见表 5-8。EPA《饮用水水质标准》（2018）和 WHO《饮用水水质准则》（第四版）中的痕量有机指标有苯并［a］芘和邻苯二甲酸二（2-乙基己基）酯，其指标限值见表 5-8。

表 5-8　痕量有机指标评价标准限值　　单位：ng/L

序号	指标	地表水标准	饮用水标准	EPA 标准	WHO 标准	评价标准
1	苯并[a]芘	2.8	10	200	700	2.8
2	多环芳烃(总量)		2000			2000
3	邻苯二甲酸二丁酯	3000	3000			3000
4	邻苯二甲酸二(2-乙基己基)酯	8000	8000	6000	8000	6000
5	邻苯二甲酸二乙酯		300000			300000
6	双酚 A		10000			10000

因此，确定本次评价的痕量有机指标为苯并［a］芘、多环芳烃（总量）、邻苯二甲酸二丁酯、邻苯二甲酸二（2-乙基己基）酯、邻苯二甲酸二乙酯和双酚 A，共 6 项。按照最严标准，确定了各指标标准值，详见表 5-8。

5.1.2.2　评价方法及结果

分别将枯水期和丰水期监测到的痕量有机指标（表 5-9、表 5-10），与各标准限值进行对比，分析痕量有机指标的超标情况，并计算超标指标的超标倍数。

表 5-9　枯水期地表水中痕量有机指标监测结果　　单位：ng/L

采样地点	苯并[a]芘	多环芳烃(总量)	邻苯二甲酸二乙酯	邻苯二甲酸二丁酯	邻苯二甲酸二(2-乙基己基)酯	双酚 A
MBR 出水	0.55	55.1	107.9	1035	494	26.69

续表

采样地点	苯并[a]芘	多环芳烃（总量）	邻苯二甲酸二乙酯	邻苯二甲酸二丁酯	邻苯二甲酸二(2-乙基己基)酯	双酚 A
潮减交汇处	0.19	51.4	122.9	1075	681	4.80
彩虹桥		44.1	108.4	8596	2976	1.87
苏庄橡胶坝	0.25	51.7	149.9	2251	965	0.88
向阳闸下	0.13	62.5	175.5	2346	812	43.97
评价标准	2.8	2000	300000	3000	6000	10000

表 5-10　丰水期地表水中痕量有机指标监测结果　　单位：ng/L

采样地点	苯并[a]芘	多环芳烃（总量）	邻苯二甲酸二乙酯	邻苯二甲酸二丁酯	邻苯二甲酸二(2-乙基己基)酯	双酚 A
MBR 出水	0.23	41.7	114.9	1851	1298	48.70
潮减交汇处	0.20	26.7	71.6	580	1227	48.70
彩虹桥	0.22	30.4	95.9	1061	1683	49.78
苏庄橡胶坝	0.30	33.0	94.6	1699	1808	36.64
向阳闸下	0.34	40.3	104.6	1109	2040	59.37
评价标准	2.8	2000	300000	3000	6000	10000

从枯水期的评价结果来看，只有彩虹桥的邻苯二甲酸二丁酯出现了超标现象，其他指标均没有超标。

丰水期各监测断面的痕量有机监测指标浓度均满足相关标准，没有出现超标现象。从丰水期和枯水期的评价结果对比情况可以看到，不同时期的有机监测指标相差较大，这主要是因为有机组分不稳定，因此，进一步计算了各监测断面痕量有机指标的年均值，对年均值进行评价，评价结果详见表 5-11。

表 5-11　年平均地表水中痕量有机指标监测结果　　单位：ng/L

采样地点	苯并[a]芘	多环芳烃（总量）	邻苯二甲酸二乙酯	邻苯二甲酸二丁酯	邻苯二甲酸二(2-乙基己基)酯	双酚 A
MBR 出水	0.39	48.4	111.5	1443	896	37.70
潮减交汇处	0.20	39.1	97.3	827	954	26.75
彩虹桥	0.11	37.2	102.2	4829	2329	25.83
苏庄橡胶坝	0.28	42.4	122.3	1975	1387	18.76
向阳闸下	0.24	51.4	140.1	1728	1426	51.67
评价标准	2.8	2000	300000	3000	6000	10000

从年平均值的评价结果来看，只有彩虹桥的邻苯二甲酸二丁酯出现了超标现象，其余监测断面痕量有机指标均满足相关标准，没有超标现象。由于有机指标的不稳定性，因此项目对有机组分的评价结果仅用于参考，实际地表水中的有机污染情况还需要更多的监测数据来支撑。

5.1.3 水体营养状态评价

选择总磷、总氮、COD_{Mn}、叶绿素 a 和透明度等作为评价指标，采用综合营养状态指数法来评价受水河道水体的营养状态，计算公式如下：

$$TLI(\Sigma)=\sum_{j=1}^{m}W_j\, TLI(j) \tag{5-1}$$

式中，TLI(Σ) 为综合营养状态指数；TLI(j) 为第 j 种参数的营养状态指数；W_j 为第 j 种参数的营养状态指数的相关权重，计算公式如下：

$$W_j=\frac{r_{\mathrm{I}j}^2}{\sum_{j=1}^{m}r_{\mathrm{I}j}^2} \tag{5-2}$$

式中，$r_{\mathrm{I}j}$ 为第 j 种参数与基准参数 Chla 的相关关系；m 为评价参数的个数。叶绿素 Chla 与其他参数之间的关系采用文献检索到的经验值，见表 5-12。

表 5-12 中国湖泊部分参数与 Chla 的相关关系经验值

参数	Chla	总磷	总氮	透明度	COD_{Mn}
$r_{\mathrm{I}j}$	1	0.84	0.82	−0.83	0.83
$r_{\mathrm{I}j}^2$	1	0.7056	0.6724	0.6889	0.6889

注：数据来源于金相灿等著《中国湖泊环境》，海洋出版社，1995 年。

根据以上方法，计算出各监测断面丰水期、枯水期的综合营养状态指数 TLI(Σ)，计算结果详见图 5-2。

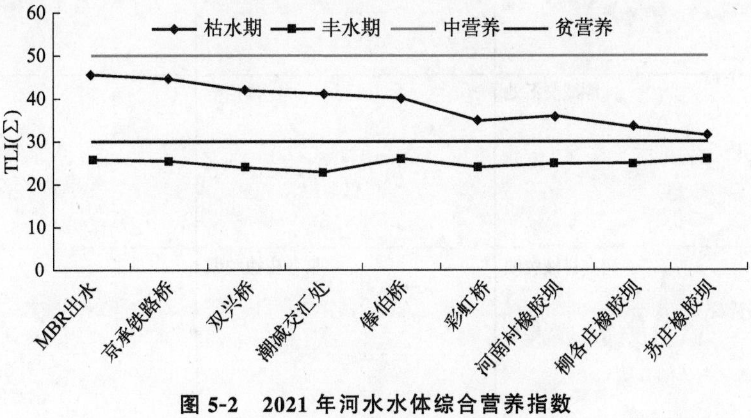

图 5-2 2021 年河水水体综合营养指数

表 5-13 水体营养状态分级标准

评分值	营养状态
TLI(Σ)<30	贫营养
30≤TLI(Σ)≤50	中营养
TLI(Σ)>50	富营养
50<TLI(Σ)≤60	轻度富营养
60<TLI(Σ)≤70	中度富营养
TLI(Σ)>70	重度富营养

将计算出的水体综合营养状态 TLI(Σ) 值，参照表 5-13 中的分级标准，确定河水的水体营养状态。可以看到，受水河道水体监测断面的 TLI(Σ) 值均小于 50，其中丰水期 TLI(Σ) 值均小于 30，属于贫营养。枯水期水质稍差，属于中营养。

5.2 地表水典型水质指标时空变化规律分析

根据地表水环境质量评价结果，以及污染物的历史超标率统计分析结果，确定地表水中的典型常规指标为氨氮、BOD_5、高锰酸盐指数、pH 值、溶解氧、硝酸盐氮、总磷。另外从三氮转化角度增加总氮和亚硝酸盐氮，增加总有机碳指标。因此确定分析的典型常规指标为 pH 值、氨氮、BOD_5、高锰酸盐指数、溶解氧、硝酸盐氮、亚硝酸盐氮、总氮、总磷和总有机碳。典型痕量有机指标选择苯并［*a*］芘、邻苯二甲酸二丁酯、邻苯二甲酸二（2－乙基己基）酯进行分析。

5.2.1 典型常规指标随时间的变化规律分析

绘制了各监测断面典型常规指标随时间的变化曲线，如图 5-3～图 5-11 所示。

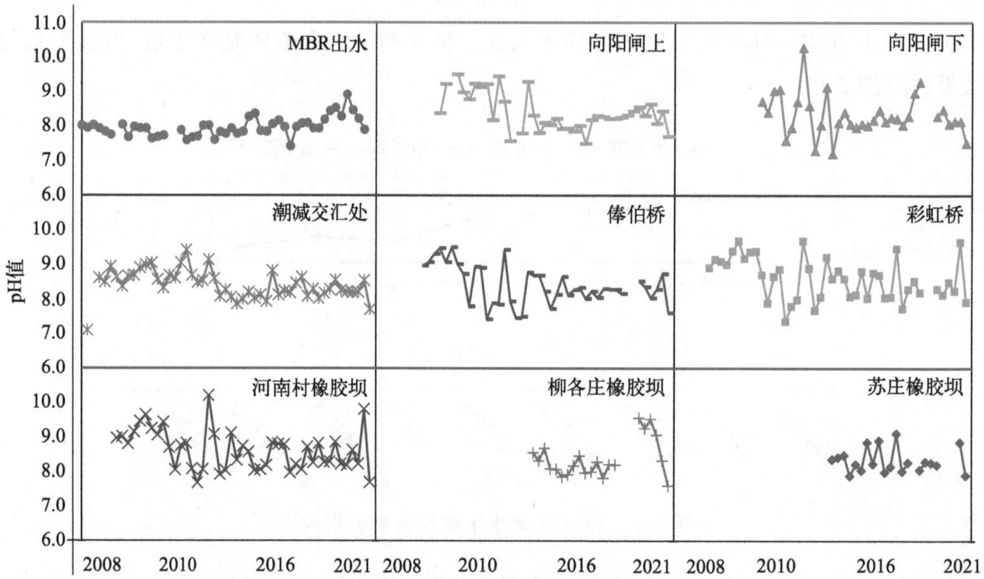

图 5-3 pH 值随时间的变化曲线

从图 5-3～图 5-11 可以看出，随着时间的变化，氨氮、硝酸盐氮、亚硝酸盐氮、总氮、总磷和 BOD_5 基本呈现下降趋势，其中总磷呈明显下降趋势，这与 MBR 工艺的不断改进有关。pH 值在调水初期基本呈下降趋势；溶解氧主要表现出夏季低，冬季高的特点。

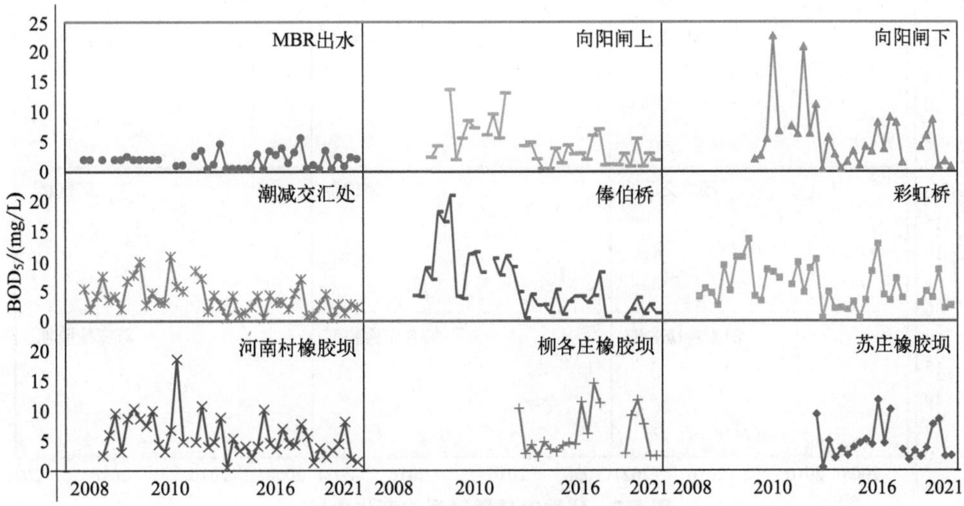

图 5-4　BOD$_5$ 随时间的变化曲线

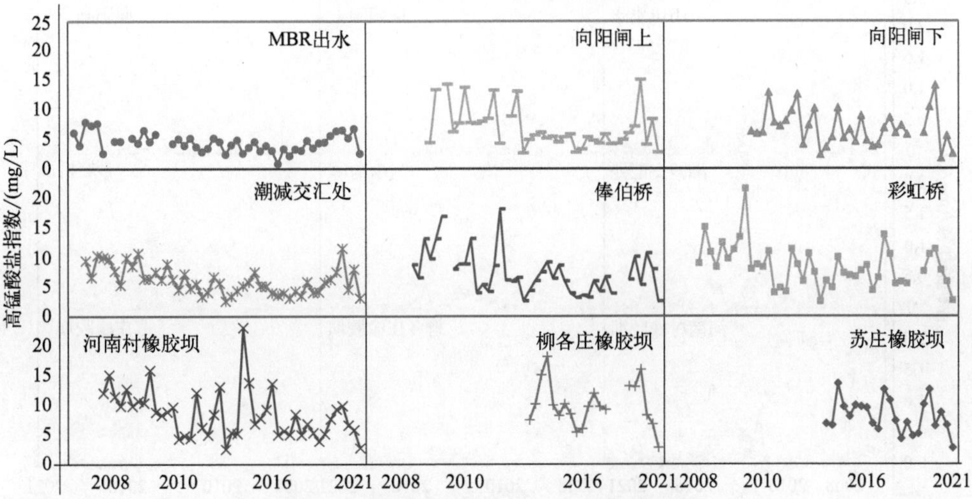

图 5-5　高锰酸盐指数随时间的变化曲线

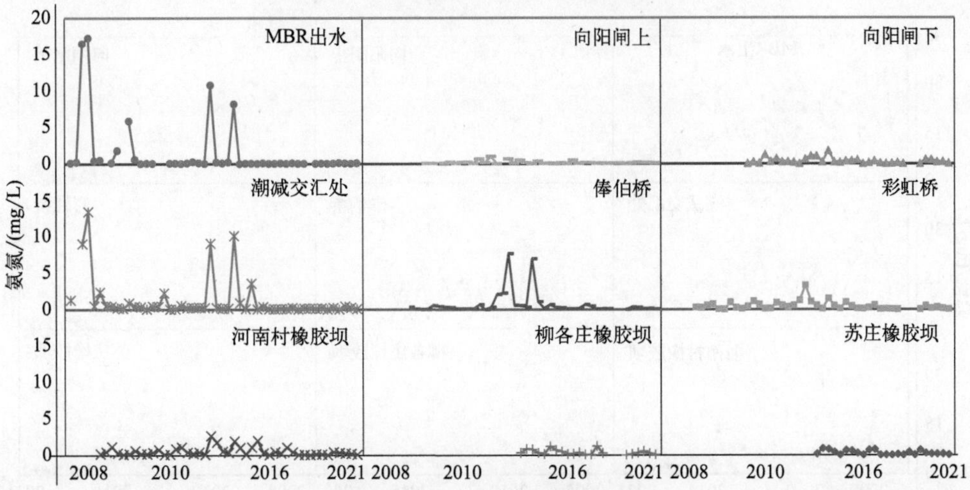

图 5-6　氨氮随时间的变化曲线

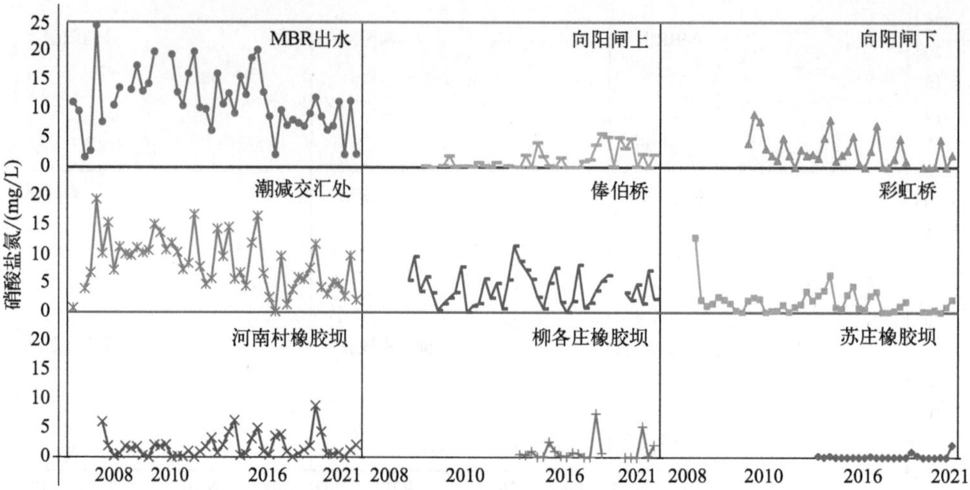

图 5-7 硝酸盐氮随时间的变化曲线

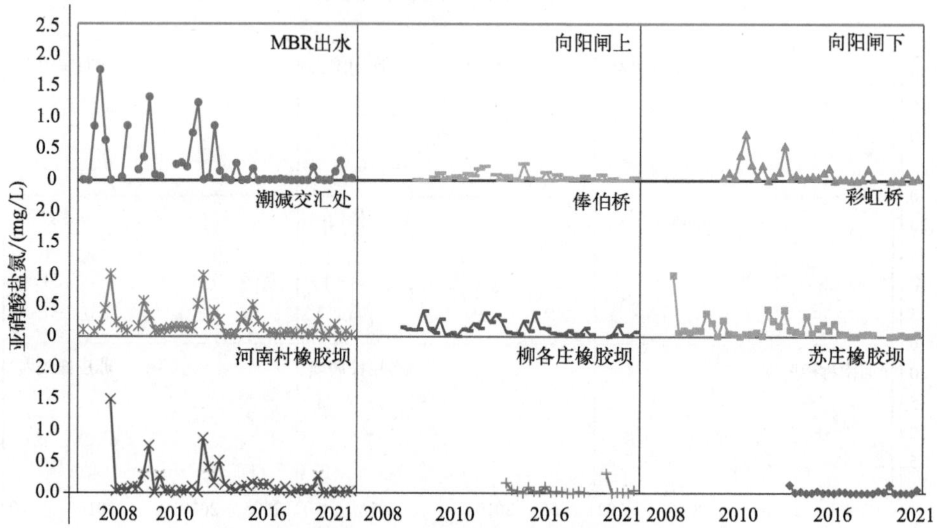

图 5-8 亚硝酸盐氮随时间的变化曲线

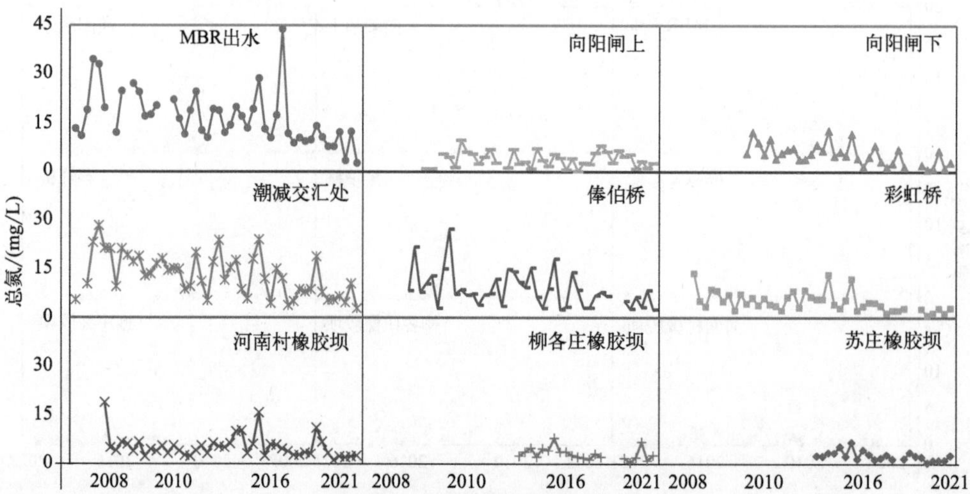

图 5-9 总氮随时间的变化曲线

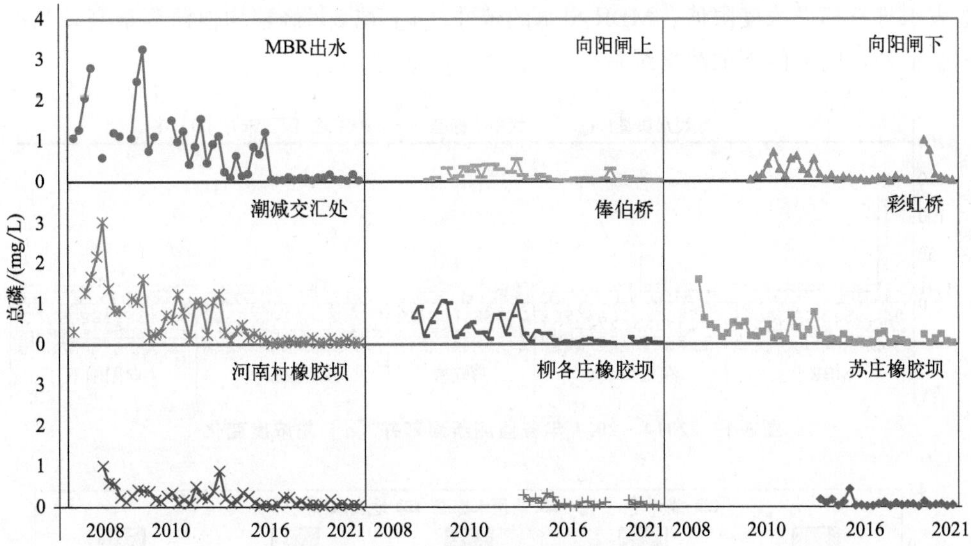

图 5-10　总磷随时间的变化曲线

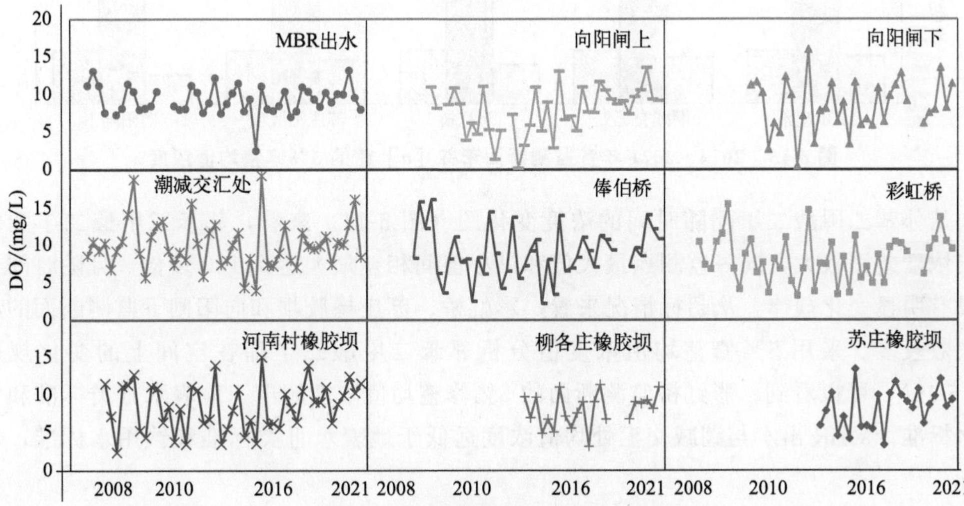

图 5-11　溶解氧随时间的变化曲线

5.2.2　典型痕量有机指标的变化规律分析

采用 2014～2021 年地表水痕量有机监测数据，绘制了典型有机组分苯并［a］芘、邻苯二甲酸二丁酯、邻苯二甲酸二（2-乙基己基）酯随时间及空间的浓度变化图和 5%修整均值浓度柱状图，如图 5-12～图 5-17 所示。

从苯并［a］芘浓度随时间及空间的变化图（图 5-12）来看，苯并［a］芘浓度在时间及空间上均没有明显的分布规律，部分监测数据超出地表水Ⅲ类标准，小部分监测数据超出饮用水标准，不过与美国 EPA 标准相比则均没有超标。采用 SPSS 软件，计算了苯并［a］芘浓度在各监测断面 5%修整均值，对修整均值浓度进行分析，如图 5-13 所示。从图 5-13 可以看到，各监测断面苯并［a］芘的 5%修整均值浓度均未超过地表水Ⅲ类标准浓度限值。MBR 出水的苯并［a］芘 5%修整均值浓度最高，其次是潮减交汇处，向阳闸下的浓度最低。

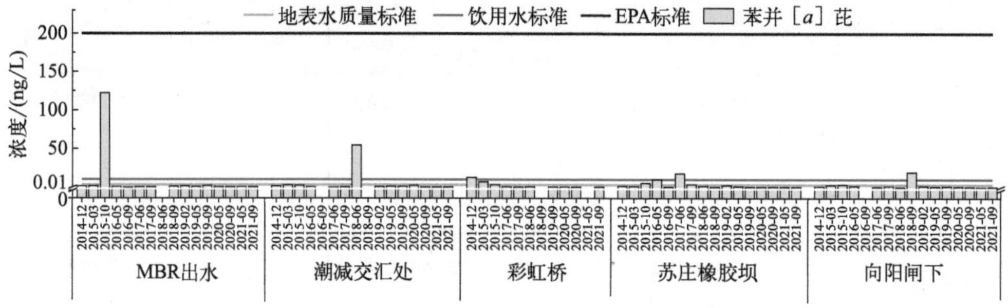

图 5-12　2014～2021 年各监测断面苯并［a］芘浓度变化

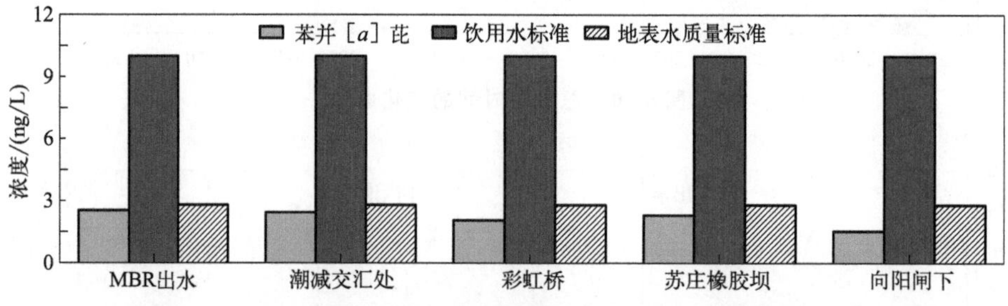

图 5-13　2014～2021 年各监测断面苯并［a］芘的 5%修整均值浓度

从邻苯二甲酸二丁酯随时间的浓度变化图（图 5-14）来看，邻苯二甲酸二丁酯的检出浓度差别较大，同一监测点最大值和最小值间相差最大达到 100 多倍，且随时间发展没有明显变化规律。从超标情况来看，彩虹桥、苏庄橡胶坝和向阳闸下监测断面的超标次数较多。采用 5%修整均值浓度值分析邻苯二甲酸二丁酯在空间上的变化规律（图 5-15），可以看到，彩虹桥监测断面的 5%修整均值浓度超出了地表水Ⅲ类标准和饮用水标准，MBR 出水与潮减交汇处均值浓度远低于地表水Ⅲ类标准和饮用水标准，未超标。

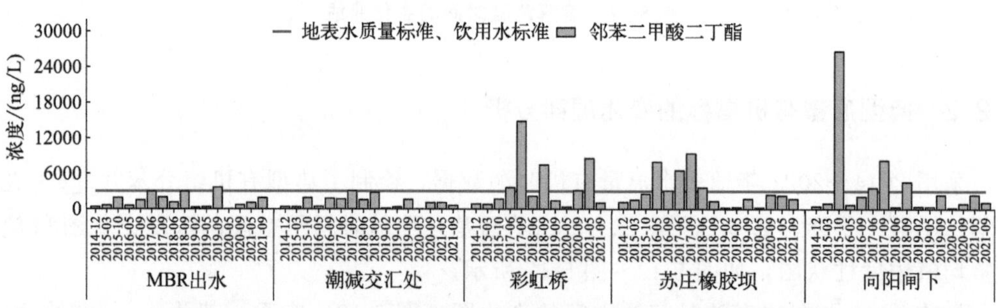

图 5-14　2014～2021 年各监测断面邻苯二甲酸二丁酯浓度变化

从邻苯二甲酸二（2-乙基己基）酯随时间的浓度变化图（图 5-16）来看，邻苯二甲酸二（2-乙基己基）酯超标次数少于邻苯二甲酸二丁酯，多于苯并［a］芘。从邻苯二甲酸二（2-乙基己基）酯的 5%修整均值浓度图（图 5-17）来看，5 个监测断面的浓度均值均没有超过地表水Ⅲ类标准、饮用水标准，以及美国 EPA 标准的浓度限值。

邻苯二甲酸酯类由于其不稳定性，同一监测点不同时间的监测结果存在较大差异，因此本次监测评价结果仅供参考，实际污染情况需要更多的监测数据来支撑。

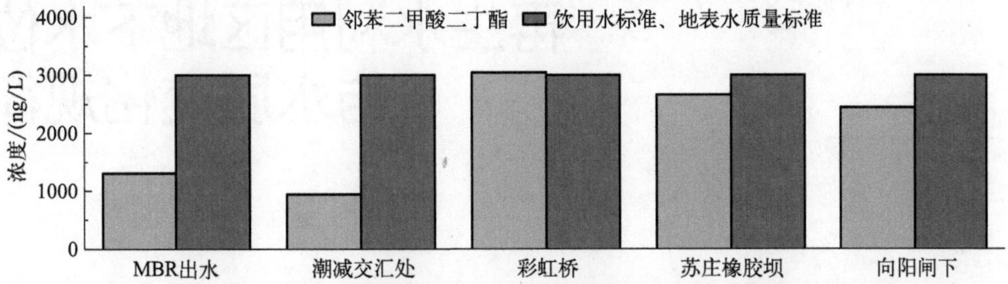

图 5-15　2014～2021 年各监测断面邻苯二甲酸二丁酯的 5%修整均值浓度

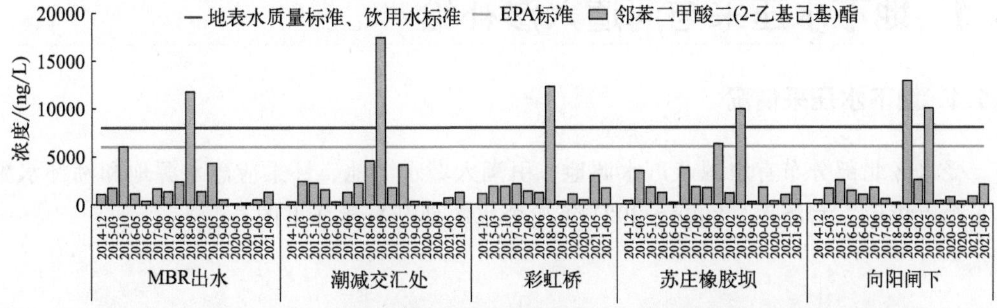

图 5-16　2014～2021 年各监测断面邻苯二甲酸二（2-乙基己基）酯浓度变化

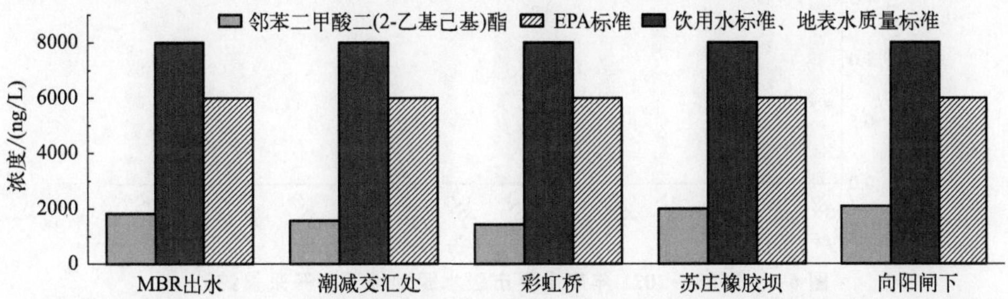

图 5-17　2014～2021 年各监测断面邻苯二甲酸二（2-乙基己基）酯的 5%修整均值浓度

第 6 章 再生水利用区地下水位与水质变化规律

6.1 地下水压采与河道入渗补给

6.1.1 地下水压采情况

受水区北部分布有水源八厂水源地、引潮入城水源地、怀柔应急水源地和潮怀水源地 4 个市级地下水源地，2008～2021 年 4 个水源地开采量详见图 6-1。

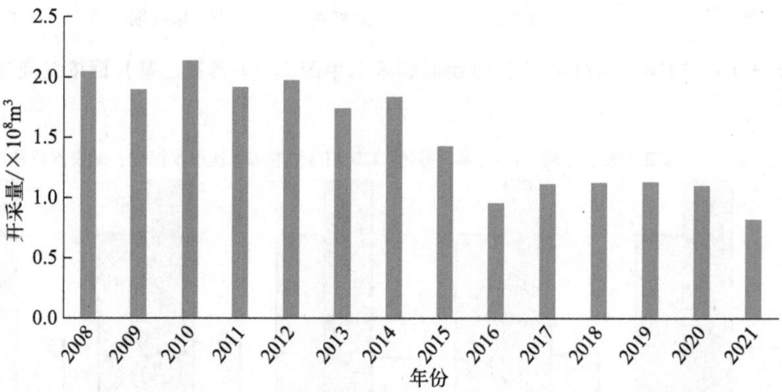

图 6-1 2008～2021 年度主要市级水源地地下水开采量统计

2008～2014 年 4 个水源地年均开采量 $1.9\times10^8\mathrm{m}^3$，2010 年开采量最大，约 $2.1\times10^8\mathrm{m}^3$。2015 年后潮怀水源地停止开采，进入热备状态，水源八厂水源地、引潮入城水源地、怀柔应急水源地陆续采取了地下水压采政策，2015～2021 年 3 个水源地年均开采量 $1.1\times10^8\mathrm{m}^3$，较 2008～2014 年年均开采量减少 $0.8\times10^8\mathrm{m}^3$，其中 2021 年开采量总计 $0.8\times10^8\mathrm{m}^3$，较最大开采年 2010 年少 $1.32\times10^8\mathrm{m}^3$。

6.1.2 河道入渗补给

采用水均衡法估算河道入渗量。MBR 出水进入受水区后，根据水的去向可分为滞留于河道形成地表景观水、入渗到地下、蒸发、引到向阳闸、流向下游五部分。计算公式如下：

$$Q_{渗漏}=Q_{MBR}-Q_{蓄水}-Q_{蒸发}-Q_{引水}-Q_{流走} \tag{6-1}$$

式中，$Q_{渗漏}$ 为河道入渗量；Q_{MBR} 为 MBR 出水量；$Q_{蓄水}$ 为河道蓄水量；$Q_{蒸发}$ 为通过河道的蒸发量；$Q_{引水}$ 为引到向阳闸的水量；$Q_{流走}$ 为向下游流出的水量。

引温入潮一期工程自 2007 年 10 月底开始运行，日设计处理能力为 $10\times10^4m^3$。二期工程 2012 年 2 月开始调试运行，日设计处理能力达到 $20\times10^4m^3$。自工程实施至 2021 年底，实际调水量累计 $4.14\times10^8m^3$。

受水河道包括城北减河、潮白河一期和二期调水工程受水河道，河道蓄水量 $1109\times10^4m^3$，其中城北减河水面面积 $34\times10^4m^2$，蓄水 $51\times10^4m^3$；一期调水工程受水河段为向阳闸至河南村橡胶坝，水面面积约 $167\times10^4m^2$，蓄水 $334\times10^4m^3$；二期调水工程受水河道为河南村橡胶坝至苏庄橡胶坝，水面面积约 $362\times10^4m^2$，蓄水 $724\times10^4m^3$。

根据顺义的多年水面蒸发量资料，近年来顺义的水面蒸发量年均 1107.5mm，经计算，引温济潮工程自实施到 2021 年底，受水区总蒸发量为 $7218\times10^4m^3$。

自 2008 年 4 月底至 2008 年 9 月底，为保证奥运期间向阳闸上游的水面，每天向向阳闸上游引水 $1\times10^4m^3$，该期间引水约 $310\times10^4m^3$。2009～2020 年每年向向阳闸上游引水 $1\times10^4m^3$，累计引水 $11\times10^4m^3$。2021 年后潮白河实施生态补水，未向向阳闸引水，但实施生态补水期间，潮白河上闸阀均处于开启状态，约 $1000\times10^4m^3$ 再生水流向下游。

据此，计算出河道入渗总量为 $2.76\times10^8m^3$，占总调水量的 67%。

6.2 地下水位动态变化规律分析

6.2.1 重点监测井地下水位年内变化规律

选择了 1#、15# 和 22# 监测井，分析重点监测井 2021 年度的地下水位动态变化规律。

(1) 1# 监测井

1# 监测井在 2021 年潮白河春季补水之前地下水位平稳，3 月 16 日南水北调水开始通过小中河调水路线向潮白河牛栏山橡胶坝补水，4 月 30 日密云水库开始通过潮河、白河放水，之后又增加了怀河、雁栖河，补水时间持续到 12 月 31 日，密云水库及南水北调累计补水量 $10.48\times10^8m^3$。2021 年度仍然执行地下水压采政策，与 2020 年相比，水源八厂水源地和引潮入城水源地开采量减少 $0.1\times10^8m^3$，2021 年度 4 月份开采量最大，4～10 月开采量基本为持续下降状态，11～12 月开采量略有上升，但仍小于 4 月份开采量（图 6-2）。

1# 不同深度监测井地下水位（图 6-3）在 5 月份后均表现出了快速上升趋势，其中 30m 含水层上升幅度最大，约 21.1m；50m 和 80m 监测井水位变化相近，上升幅度均小于 30m 含水层，分别为 16.3m、15.3m。补水对 1# 不同深度监测井水位均有较大影响，50m 和 80m 含水层受潮白河补水及地下水压采共同影响。

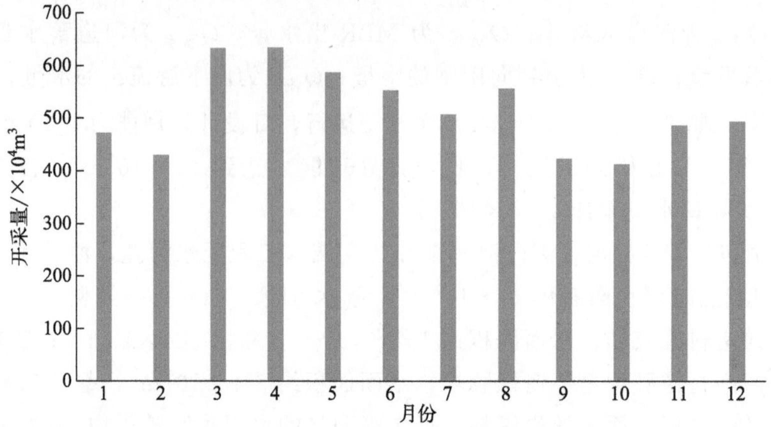

图 6-2　2021 年度上游市级水源地开采量统计

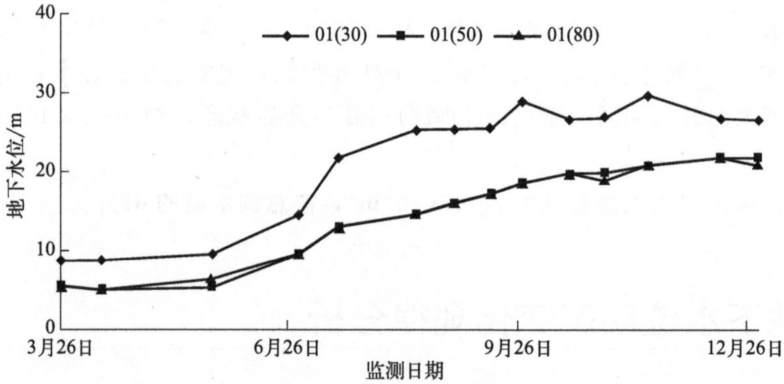

图 6-3　2021 年度 1＃不同深度监测井的地下水位变化

（2）15＃监测井

潮白河生态补水对 30m 含水层地下水位有一定影响，15＃监测井 30m 含水层在补水后水位有上升现象，7 月后基本保持平稳，30m 含水层地下水位最大升幅 5.6m。50m 和 80m 含水层水位 6 月之前仍呈下降趋势，之后开始持续上升，2021 年度水位最大升幅分别为 11.3m、10.1m，明显大于 30m 含水层水位升幅，说明 50m 和 80m 含水层水位上升主要受上游水源地地下水压采及地下水回补影响，受潮白河生态补水影响较小（图 6-4）。

（3）22＃监测井

22＃监测井所在区域为常年有水河段，30m 含水层地下水位保持平稳，受潮白河生态补水影响较小，年度水位升幅 1.45m。50m 和 80m 含水层水位升幅较大，2021 年度水位升幅分别为 8.96m、9.12m，含水层越深水位升幅越大，说明 50m 和 80m 含水层水位变化主要受地下水压采及上游侧向补给影响（图 6-5）。

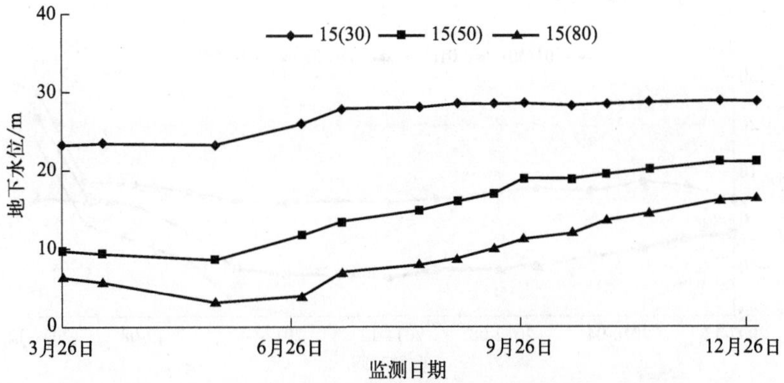

图 6-4　2021 年度 15＃不同深度监测井的地下水位变化

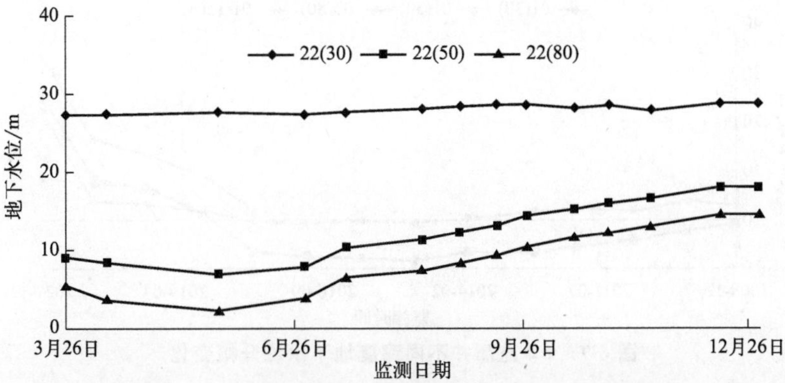

图 6-5　2021 年度 22＃不同深度监测井的地下水位变化

6.2.2　重点监测井地下水位年际变化规律

选择了 1＃、15＃、22＃和 47＃监测井，分析重点监测井的地下水位年际变化规律。

(1) 1＃监测井

1＃监测井位于向阳闸附近，为常年无水区域，该区域渗透性良好，各含水层间水力联系紧密。1＃监测井在 2015 年前不同深度的地下水位均处于持续下降状态，2015～2020 年，不同深度的地下水位出现明显上升现象，地下水位上升幅度为 150m＞80m≈50m＞30m，含水层越深，地下水位的上升幅度越大。2021 年由于潮白河地区大规模补水的影响，各深度地下水位上升明显，平均上升 20m 左右（图 6-6）。

分析该区域地下水位上升的影响因素，一方面受上游开展的地下水回补及潮白河生态补水影响，南水北调水或密云水库水调入潮白河后通过河道入渗，由于牛栏山橡胶坝各含水层间良好的水力联系，深层地下水位迅速抬升，从而使得向阳闸区域深层的地下水位也迅速抬升；另一方面，受近年来地下水压采的影响，深层地下水位在不断回升，地下水位的回升改变了区域地下水流场，因此向阳闸区域的深层地下水位抬升明显，抬升幅度大于浅层（图 6-7）。

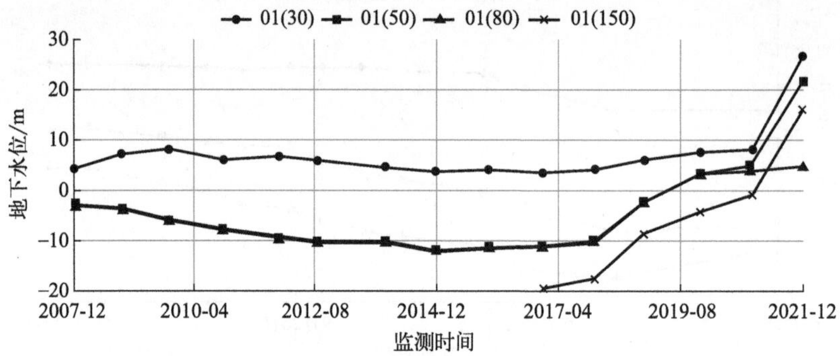

图 6-6　1＃监测井不同深度地下水位变化曲线

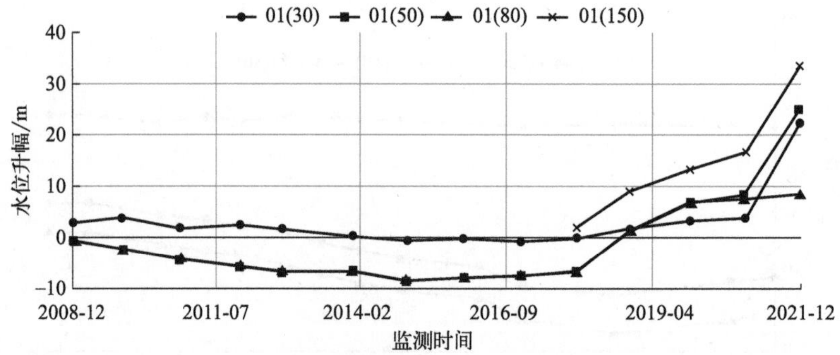

图 6-7　1＃监测井不同深度地下水位升幅变化

（2）15＃监测井

15＃监测井位于向阳闸下游的土坝附近，该区域在调水量大时有一定水面，平时保持河道干涸状态。从不同深度监测井的地下水位及升幅来看（图 6-8、图 6-9），30m 含水层在调水初期有上升现象，之后持续保持平稳，2021 年潮白河生态补水后又呈现上升趋势，50m、80m 和 150m 含水层则在 2018 年后上升明显，2021 年上升幅度尤为显著。其中含水层越深，水位的上升幅度越大，说明该区域地下水位的上升与再生水入渗关系不紧密，主要是受地下水压采及侧向补给影响。

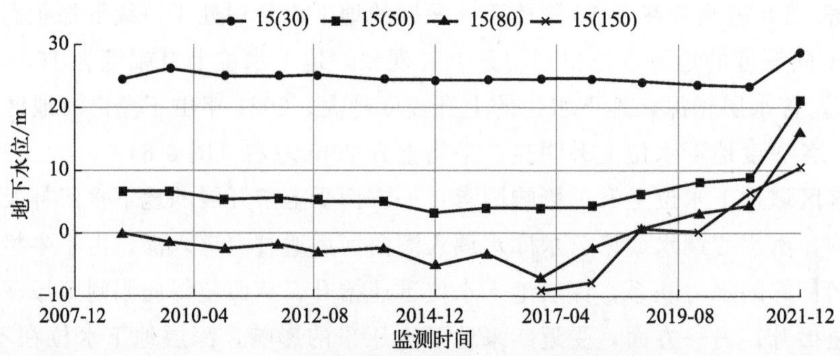

图 6-8　15＃监测井不同深度地下水位变化曲线

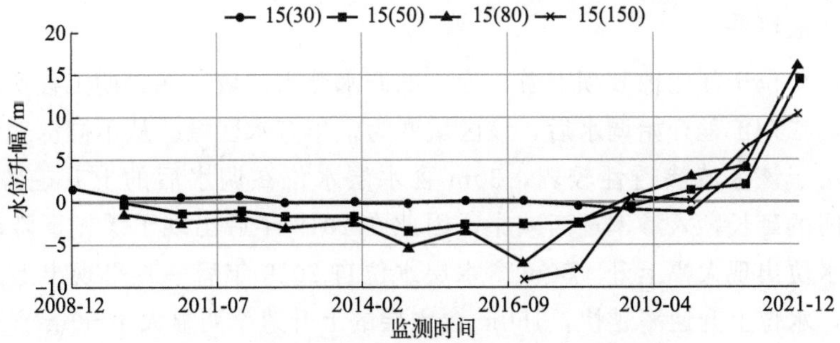

图 6-9　15＃监测井不同深度地下水位升幅变化

(3) 22＃监测井

22＃监测井位于潮减交汇处与河南村橡胶坝之间的彩虹桥附近，为一期常年受水区域，该区域自 2007 年调水后常年有水。30m 含水层在受水初期地下水位表现出了明显的上升趋势，之后较长时间处于稳定状态，2018 年后，随着入渗时间的延长，入渗率逐渐减小，30m 含水层地下水位出现了下降趋势，但 2021 年受潮白河补水影响，地下水位略有上升。50m 含水层在受水后，随着 30m 含水层水位的上升，水位也出现了缓慢上升现象，之后也保持了一段时间较为稳定状态，2015 年后开始逐步上升，2021 年上升幅度显著。80m 含水层水位在受水初期仍然保持持续下降，受上部含水层入渗影响，2010～2013 年水位保持了基本稳定状态，但 2015 年后开始出现了明显上升趋势。深层含水层地下水位上升速率明显大于浅层含水层，说明深层含水层地下水位的上升主要受地下水压采及侧向补给的影响（图 6-10、图 6-11）。

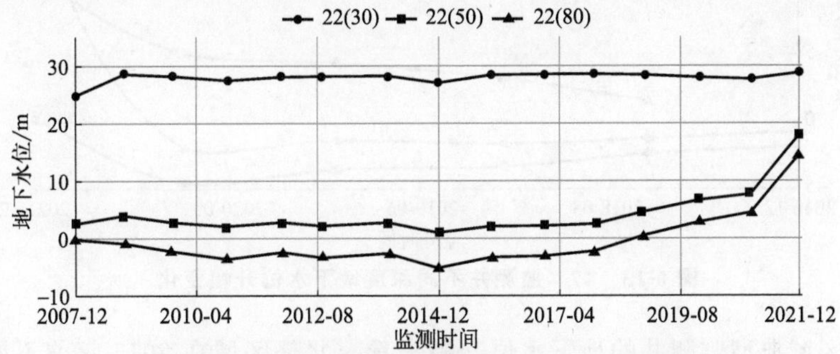

图 6-10　22＃监测井不同深度地下水位变化曲线

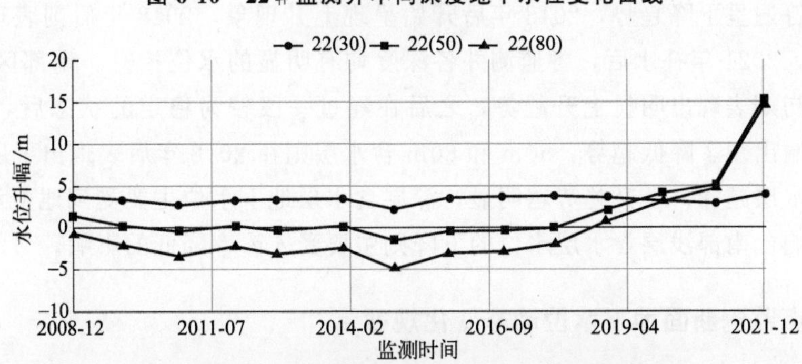

图 6-11　22＃监测井不同深度地下水位升幅变化

(4) 47#监测井

47#监测井位于苏庄橡胶坝上游，为二期调水受水区域，在二期工程实施前，该区域常年干旱，二期工程开始调水后，该区域变为常年有水区域。从不同深度地下水位的变化来看，由于该区域渗透性较弱，30m 含水层水位在调水后的上升趋势较为缓慢，随着入渗时间的延长，入渗率逐渐减小，因此在 2019 年后出现了缓慢下降趋势。2021 年补水后，水位出现大幅上升。50m 含水层水位自 2019 年后一直呈现出上升趋势，且含水层越深，水位上升速率越快，150m 含水层的上升速率明显大于 50m 含水层。该区域深层地下水位的上升主要也是受地下水压采及侧向补给影响（图 6-12、图 6-13）。

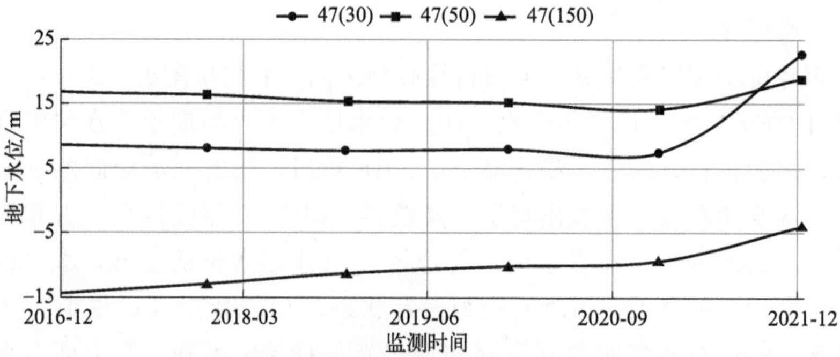

图 6-12　47#监测井不同深度地下水位变化曲线

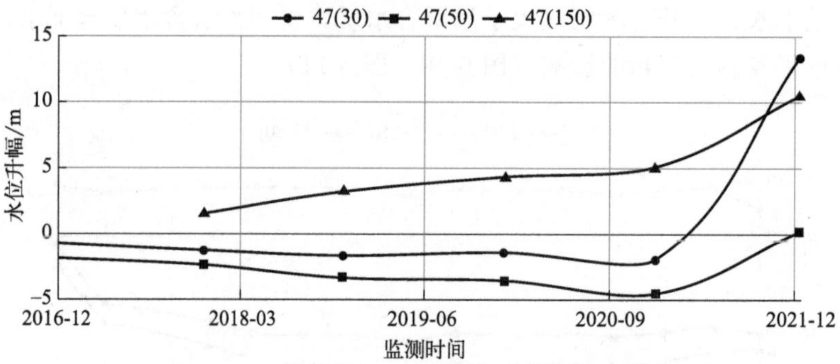

图 6-13　47#监测井不同深度地下水位升幅变化

从不同区域典型监测井的地下水位升幅来看，北部区域在 2015 年前不同深度含水层地下水位普遍呈下降趋势，2015 年后开始呈现上升现象，2018 年后则表现出了明显的上升趋势，2021 年补水后，各监测井各深度均有明显的水位抬升。南部区域 30m 含水层在补水初期表现出明显上升趋势，之后在经过一段较为稳定的状态后，2018 年后地下水位普遍出现了降低趋势，50m 和 80m 含水层则在 2018 年后表现出了明显的上升趋势，且含水层越深，上升趋势越明显，深层含水层地下水位主要受到地下水压采及侧向补给的影响。南部浅层含水层水位的下降则主要受入渗率降低的影响。

6.2.3 重点监测断面地下水位动态变化规律

根据研究区水文地质条件及河道调水情况的不同，选择 1 个平行于河道的监测断面

(5♯-4♯-3♯-1♯-15♯-22♯-35♯-47♯)，4个垂直于河道的监测断面（表6-1、图6-14），对地下水位的动态变化规律进行分析。

表6-1 重点监测断面列表

监测断面		布设位置	含水层介质	河道情况
平行断面		沿河道布设	不同地层	—
垂直断面	Ⅰ	向阳闸	砂卵砾石	河道无水
	Ⅱ	向阳闸下	砂卵砾石、粗砂	河道间隙有水
	Ⅲ	彩虹桥	粗砂、细砂	一期调水水面
	Ⅳ	河南村橡胶坝下游	细砂	一期、二期调水水面交接

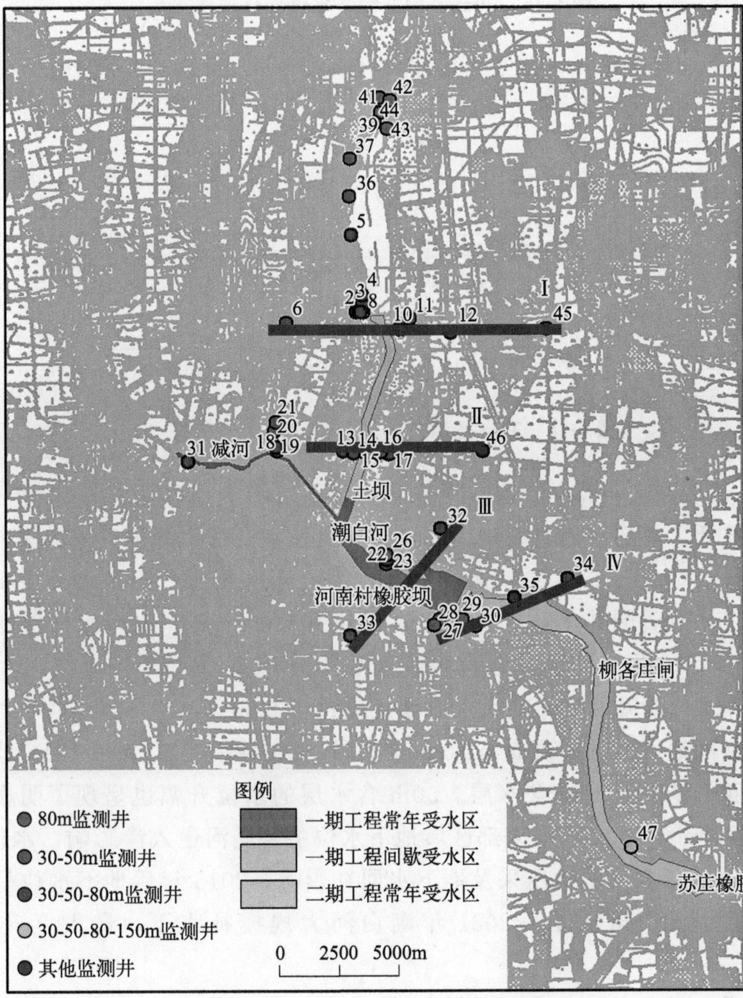

图6-14 受水区地下水位监测断面分布

6.2.3.1 平行河道监测断面地下水水位动态变化

选择平行于河道的4♯-1♯-15♯-22♯-35♯-47♯监测井，分析不同水文地质条件下河道入渗时的地下水水位动态变化，详见图 6-15、图 6-16。

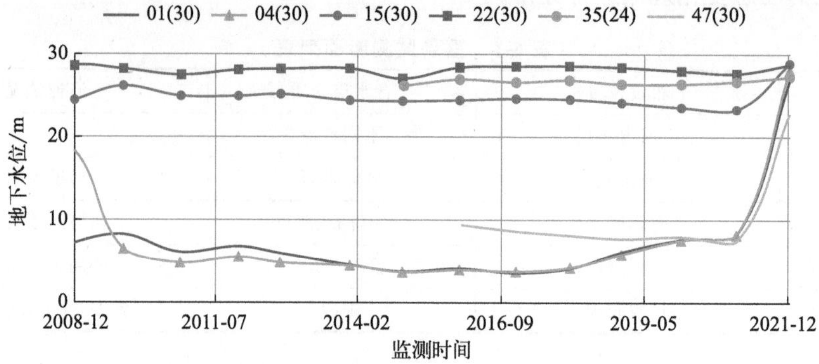

图 6-15　30m 监测井地下水位变化曲线

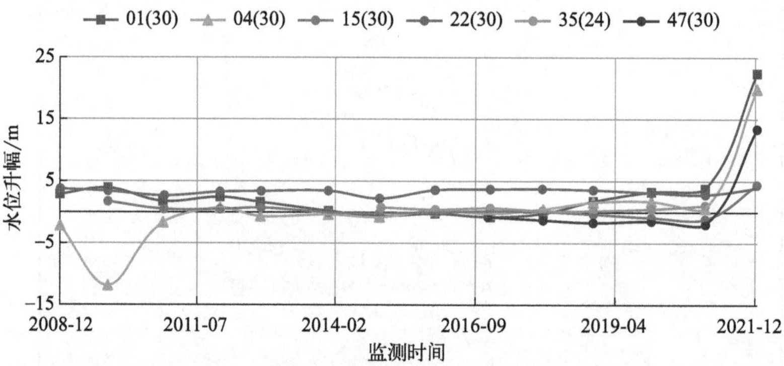

图 6-16　30m 监测井地下水位升幅变化曲线

从 30m 监测井的地下水位监测数据来看，地下水流向总体为从南向北，北部监测井的地下水位值低，南部水位值高。北部监测井水位主要受水源地开采的影响，长期处于较低状态。补水对 30m 含水层的水位影响较大，补水最初 2 年除北部距离水源地较近的监测井外，其他监测井水位上升明显，水位升幅 3～5m，之后水位保持基本稳定状态。但 2015 年后，北部监测井水位出现明显上升现象。2021 年潮白河大规模补水下，北部监测井水位抬升明显，最大上升幅度超过了 22m。

50m 含水层的地下水总体流向与 30m 含水层一致（图 6-17、图 6-18），也是从南向北，但水力坡度明显小于 30m 含水层。50m 含水层的水位升幅也呈现了明显的上升趋势，但变化幅度小于 30m，其中南部区域地下水位主要受河道入渗影响，水位升幅 0～3m；北部区域受近年来水源地压采及地下水回补影响，2015 年后地下水位呈快速上升趋势，上升幅度达到 8m 左右，2021 年潮白河大规模补水下，最大上升幅度超过了 25m。

80m 含水层地下水流向在 2018 年前也基本为从南向北（图 6-19、图 6-20），水力坡度低于 30m 和 50m，但随着水源地压采及南水的回补，2018 年后北部区域地下水位上升明显，地下水流向已没有明显的从南向北走势。2015 年前，各监测井水位均呈现了下降趋势，降幅 0～10m，2015 年在牛栏山橡胶坝上游开始开展地下水回补工程，北部区域地下水位出现明显上升，最大上升幅度超过了 15m。

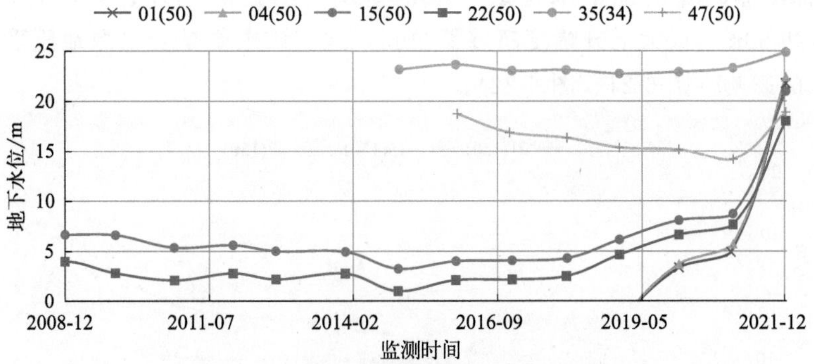

图 6-17　50m 监测井地下水位变化曲线

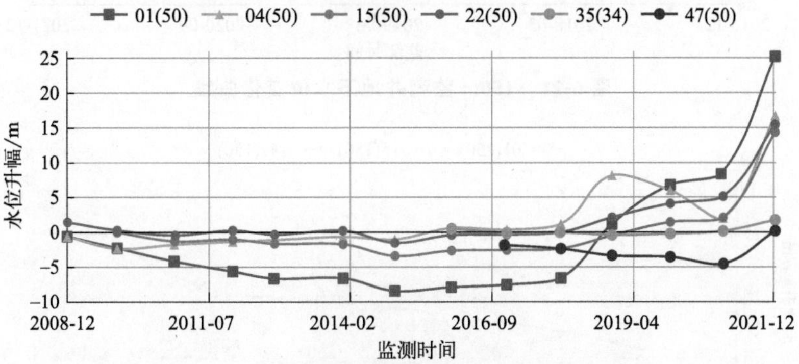

图 6-18　50m 监测井地下水位升幅变化曲线

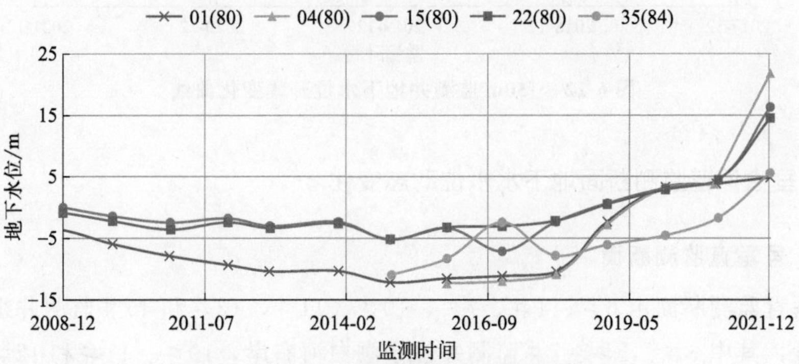

图 6-19　80m 监测井地下水位变化曲线

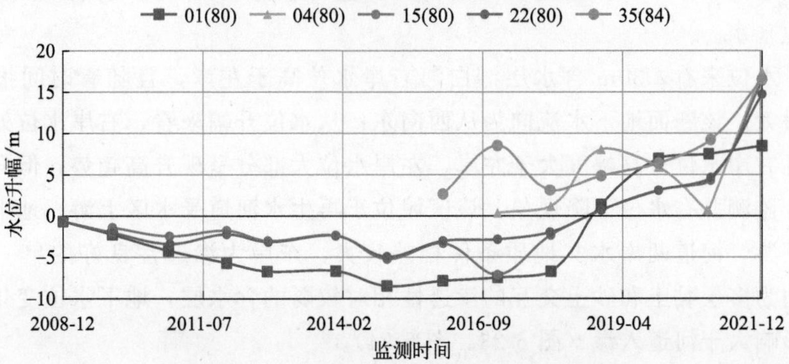

图 6-20　80m 监测井地下水位升幅变化曲线

150m 深度监测井的地下水位近年来也呈现了明显的上升趋势，上升幅度大于 30m、50m 和 80m，最大上升幅度超过了 30m，这应该主要是受水源地压采和 2021 年大规模补水的影响（图 6-21、图 6-22）。

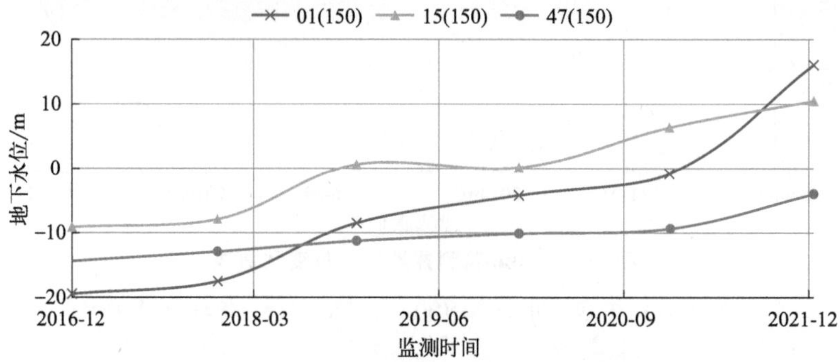

图 6-21　150m 监测井地下水位变化曲线

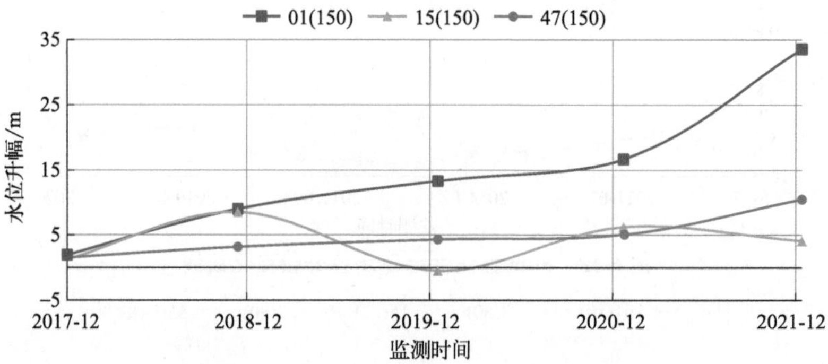

图 6-22　150m 监测井地下水位升幅变化曲线

6.2.3.2　垂直河道监测断面地下水水位动态变化

(1) Ⅰ号垂直监测断面

Ⅰ号垂直监测断面由 6＃、1＃、7＃、10＃、11＃、12＃和 45＃监测井组成，位于向阳闸附近，其中 6＃、1＃、7＃监测井位于潮白河右岸，10＃、11＃和 12＃监测井位于左岸。该断面常年干涸，附近历史上曾有少量污水排放，研究期间除汛期少量雨水外，无其他来水。

从地下水位来看，30m 含水层潮白河右岸水位高于左岸，且随着时间推移，地下水位差在增大，该断面地下水流向为从西向东；从水位升幅来看，右岸水位处于明显上升状态，且右岸水位升高幅度大于左岸，左岸水位大部分呈现升高趋势，但升高幅度较小，且部分监测井有水位下降现象。该区域位于再生水河道受水区上游、地下水回补区及水源地下游，河道两岸水文地质条件相差较大，东岸为渗透性良好的单一砂卵砾石层，西岸则为多层黏土和砂土交互的渗透性相对较弱的含水层，地下水位变化受侧向补给及排泄影响大于河道入渗（图 6-23、图 6-24）。

50m 含水层的右岸的地下水位也明显高于左岸，地下水流方向与 30m 含水层相同，

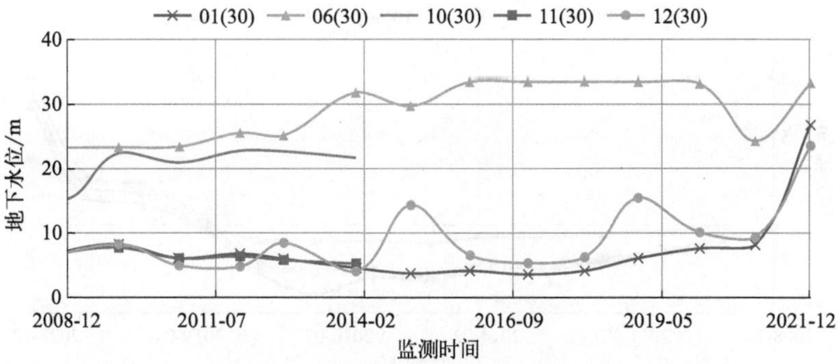

图 6-23　30m 监测井地下水位变化曲线

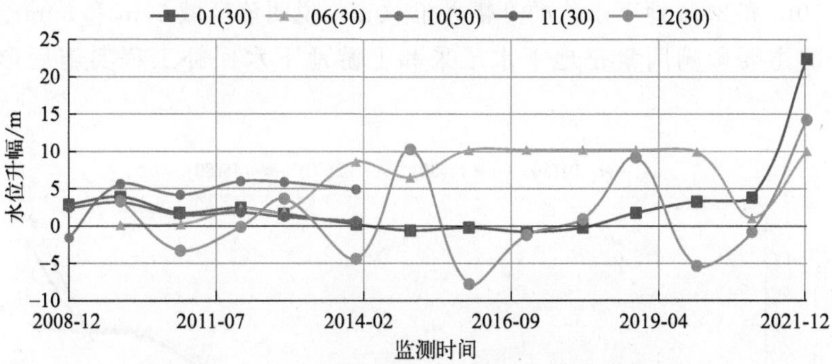

图 6-24　30m 监测井地下水位升幅变化曲线

也是从西向东。在引温济潮一期工程实施后，该区域地下水位仍然呈现下降趋势，这可能是受农业灌溉及水源地地下水开采的影响。随着 2015 年后地下水压采政策及地下水回补工程的实施，地下水位呈现出明显上升趋势，2021 年的潮白河生态补水使地下水位上升幅度更显著，其中左岸上升速率大于右岸（图 6-25、图 6-26）。

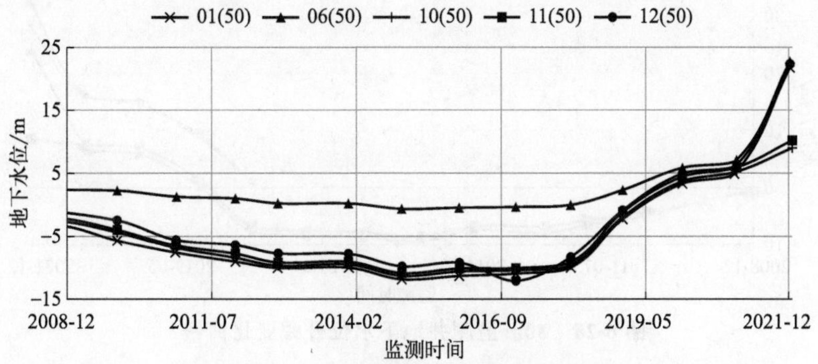

图 6-25　50m 监测井地下水位变化曲线

80m 含水层的地下水位变化趋势与 50m 含水层相近，也是先降后升，但 80m 含水层水位上升时间滞后于 50m 含水层，从 2017 年才呈现出明显的上升趋势（图 6-27、图 6-28）。该区域地下水位变化的主要影响因素为地下水压采、上游地下水回补工程的实施，以及下游的引温济潮调水工程。从 30m、50m 和 80m 含水层地下水位升幅变化

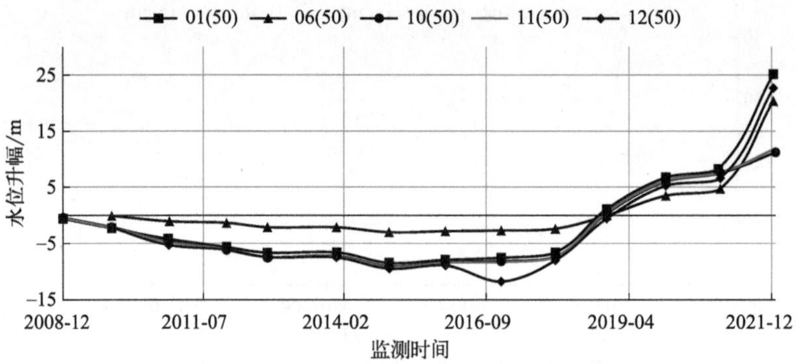

图 6-26　50m 监测井地下水位升幅变化曲线

比较来看，50m 和 80m 地下水位的升幅大于 30m，说明该区域 50m 和 80m 含水层的地下水位上升的主要影响因素是地下水压采和上游地下水回补工程实施后形成的侧向补给。

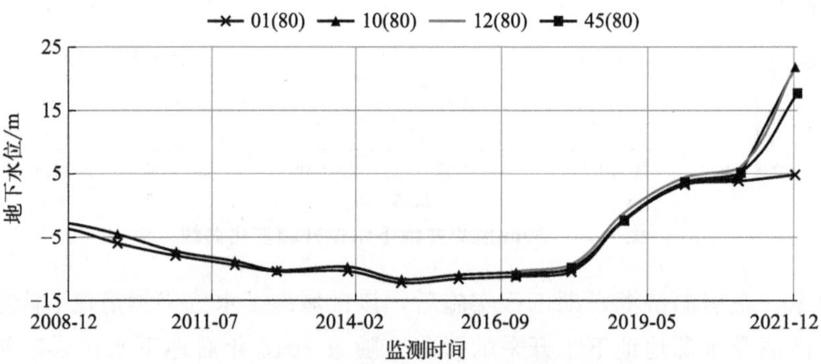

图 6-27　80m 监测井地下水位变化曲线

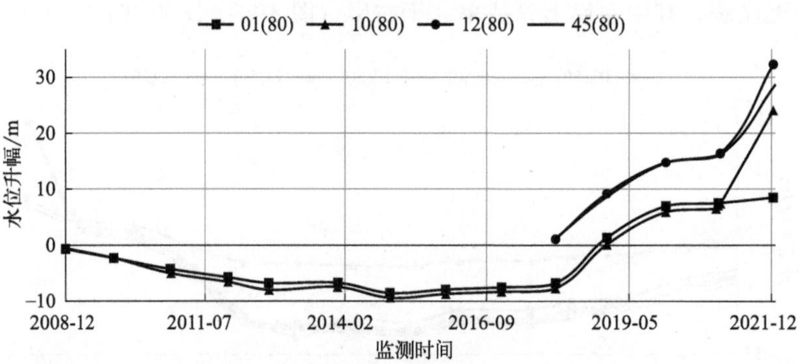

图 6-28　80m 监测井地下水位升幅变化曲线

（2）Ⅱ号监测断面

Ⅱ号垂直监测断面由 13＃、14＃、15＃、16＃、17＃和 46＃监测井组成，位于土坝附近，其中 13＃和 14＃位于潮白河右岸，15＃、16＃、17＃和 46＃监测井位于潮白河左岸。该断面仅在夏季水量大时有水，其他时段均处于无水状态。

从地下水位变化曲线来看，该区域 30m 含水层的左右岸地下水位相差不大，水位值基本均在 20～25m 范围内，水位升幅也基本一致，基本在 1～5m，水位升幅与河道距离成反比，距离河道近的监测井地下水位升幅大于远河道监测井。在时间上，再生水在调入河道初期，干涸多年的河道入渗率较大，水位升幅也很明显，随着入渗时间的延长，入渗率逐渐减小，水位升幅也逐渐降低，2018 年后水位已呈微弱下降，但 2021 年后随着潮白河大规模的生态补水，水位升幅出现明显上升。该监测断面 30m 含水层地下水位受河道入渗影响明显（图 6-29、图 6-30）。

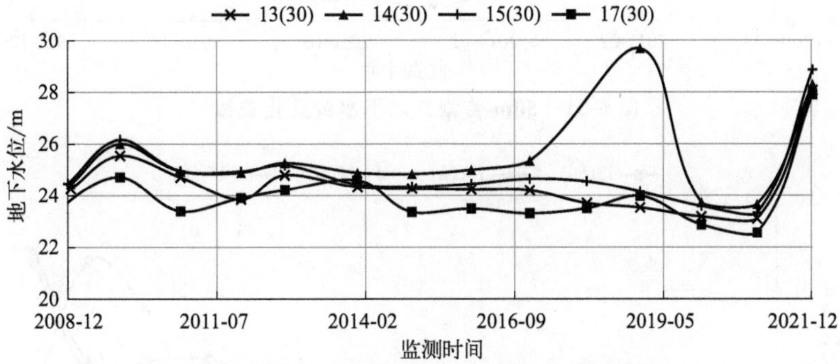

图 6-29 30m 监测井地下水位变化曲线

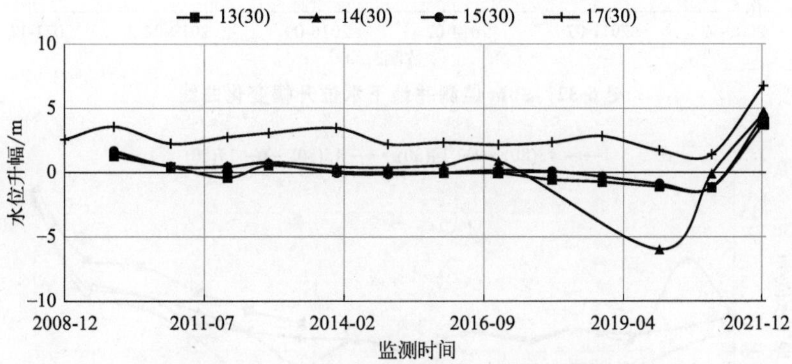

图 6-30 30m 监测井地下水位升幅变化曲线

50m 含水层中不同监测井的地下水位也很接近，2020 年前地下水位基本在 2～8m，地下水位值明显小于 30m。受地下水开采影响，2018 年前该监测断面地下水位基本呈下降趋势，随着上游地下水压采及回补的实施，地下水位开始上升，2021 年在潮白河大规模生态补水及地下水压采影响下，地下水位出现迅速上升，最大上升幅度超过 14m（图 6-31、图 6-32）。

80m 监测井的地下水位小于 30m 和 50m，2021 年前地下水位值在－8～8m，各监测井的水位差也大于 30m 和 50m，地下水流向则与 30m 和 50m 含水层相同，仍为从河道向两侧流动。从水位升幅来看，在引温济潮调水工程初期，地下水位呈下降趋势，一直到 2016 年后，地下水位才呈现出了明显上升趋势，一方面浅层地下水经过长时间的入渗，部分水量补给入渗到了深层，另一方面，随着南水的进京，当地采取了地下水压采政策，这也是地下水位上升的主要因素（图 6-33、图 6-34）。

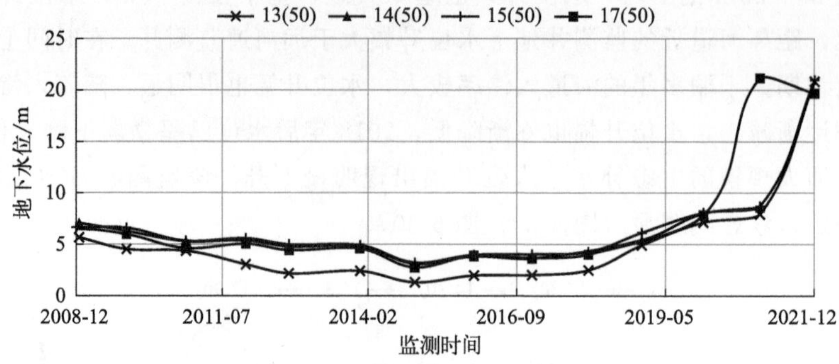

图 6-31 50m 监测井地下水位变化曲线

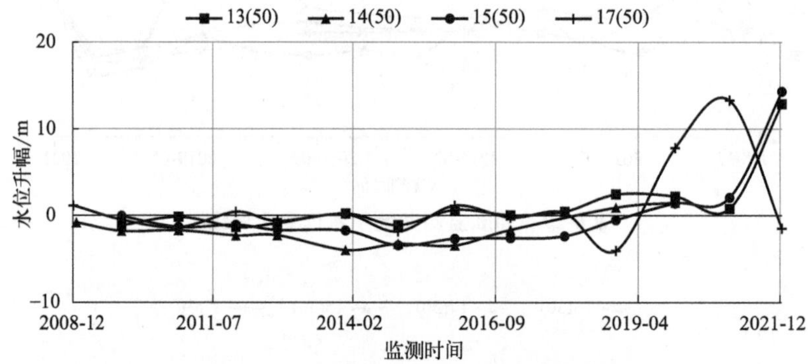

图 6-32 50m 监测井地下水位升幅变化曲线

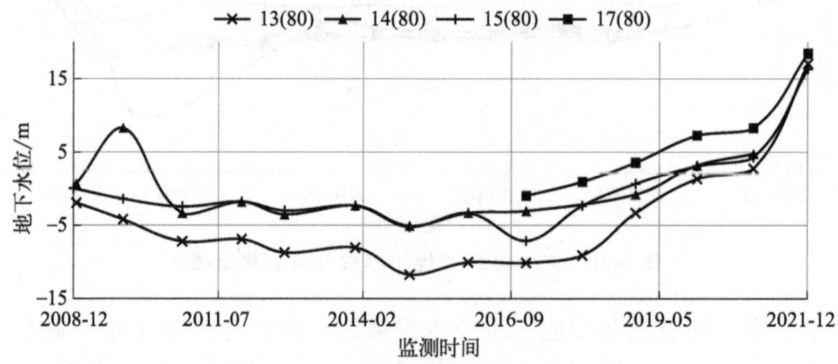

图 6-33 80m 监测井地下水位变化曲线

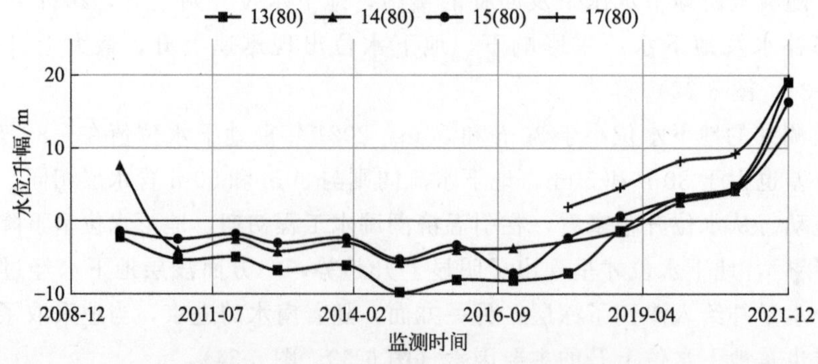

图 6-34 80m 监测井地下水位升幅变化曲线

(3) Ⅲ号监测断面

Ⅲ号监测断面由 33＃、22＃、23＃、26＃和 32＃监测井组成，位于河南村橡胶坝和潮减交汇处的中间，为引温济潮一期工程河道受水区域，自调水工程实施后常年有水。从地下水位变化来看，调水工程实施后，该区域 30m 含水层的地下水位出现了明显上升（图 6-35、图 6-36）。

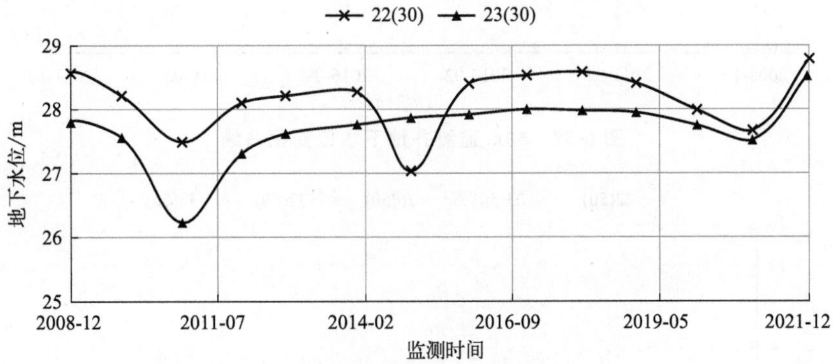

图 6-35　30m 监测井地下水位变化曲线

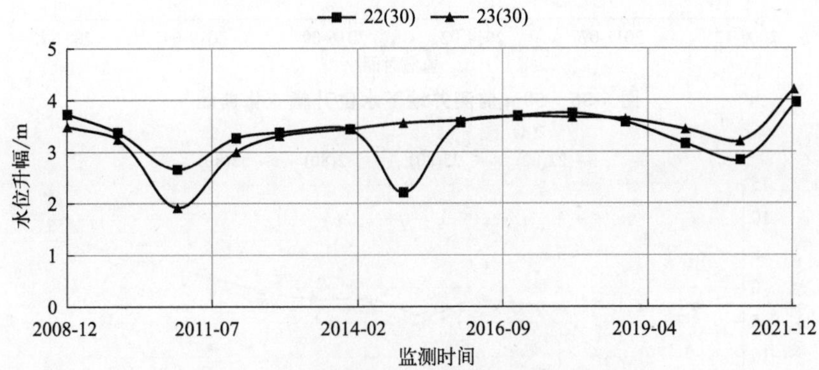

图 6-36　30m 监测井地下水位升幅变化曲线

50m 含水层在引温济潮工程实施初期，地下水位在长时间内仍呈现下降趋势，一直到 2015 年后，地下水位才逐渐呈现出上升趋势，地下水流向为从周边汇向河道方向。从不同监测井地下水位变幅看，2008～2014 年，22（50)、26（50)、32（50）监测井地下水位降幅相对较小，而 23（50）和 33（50）监测井地下水位降幅相对较大；总体上看，补水对距离较远的地下水影响较小。但 2015 年后，大部分监测井地下水位出现了明显的上升趋势，且上升速率大于 30m 含水层，说明 50m 含水层水位上升的主要影响因素不是河水入渗，应与当时采取的地下水压采政策及潮白河大规模生态补水有关（图 6-37、图 6-38）。

80m 含水层的地下水位变化规律与 50m 相似，也呈现出了先下降后上升的趋势，且近年来的上升趋势与 50m 颇为相似，说明地下水压采也是 80m 含水层水位上升的主要影响因素（图 6-39、图 6-40）。

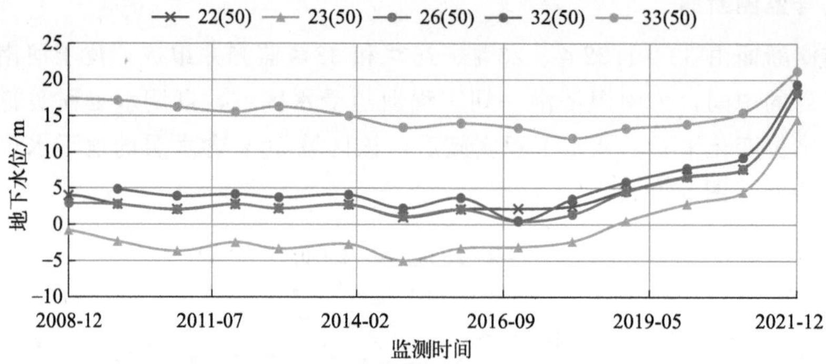

图 6-37　50m 监测井地下水位变化曲线

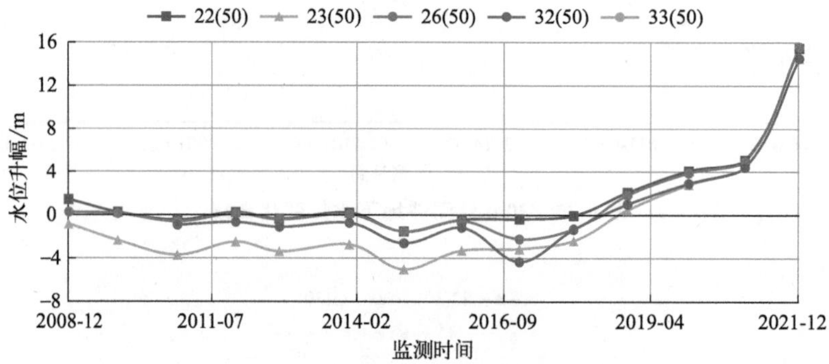

图 6-38　50m 监测井地下水位升幅变化曲线

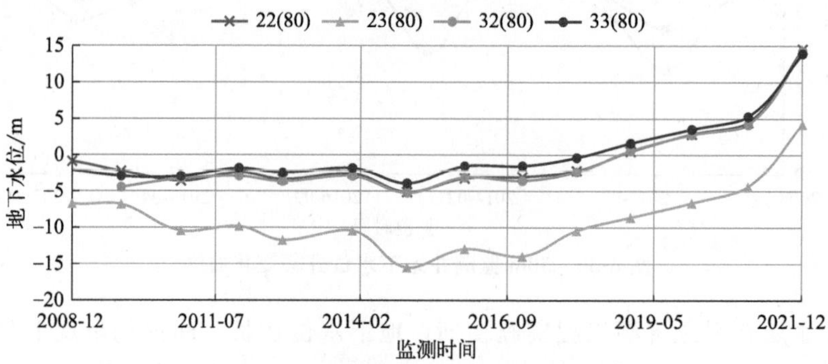

图 6-39　80m 监测井地下水位变化曲线

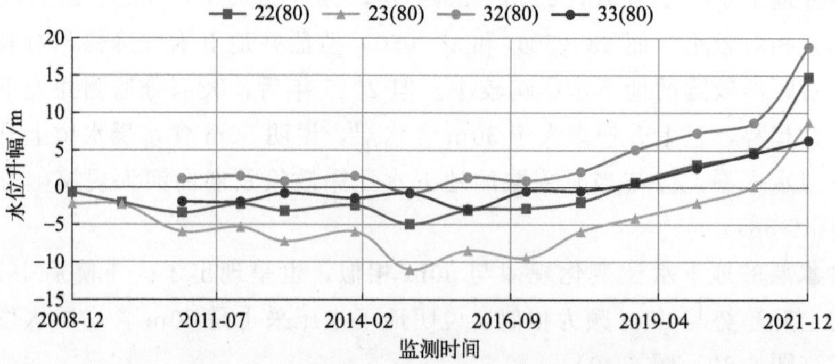

图 6-40　80m 监测井地下水位升幅变化曲线

(4) Ⅳ号监测断面

Ⅳ号监测井断面由 27＃、29＃、30＃、35＃和 34＃（2015 年钻探完成）监测井组成，位于河南村橡胶坝下游，该断面为引温济潮二期工程受水河面，在二期工程实施前，在调水量大时才有水面，自 2012 年二期工程实施后为常年有水河段。

从地下水位变化曲线来看，30m 含水层水位在引温济潮一期工程实施后即呈现了上升趋势，这主要是受上游一期调水工程的影响，随着二期调水工程的实施，水位上升趋势明显，之后逐渐进入了平稳阶段，2021 年潮白河补水后，又出现上升趋势。由于监测井距离河道均较近，各监测井的水位变化均较大（图 6-41、图 6-42）。

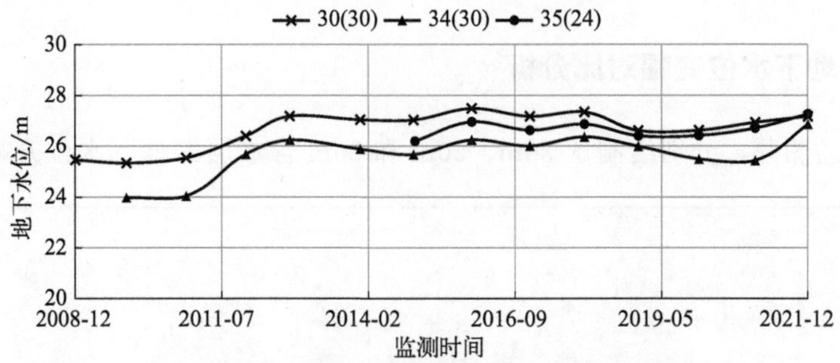

图 6-41　30m 监测井地下水位变化曲线

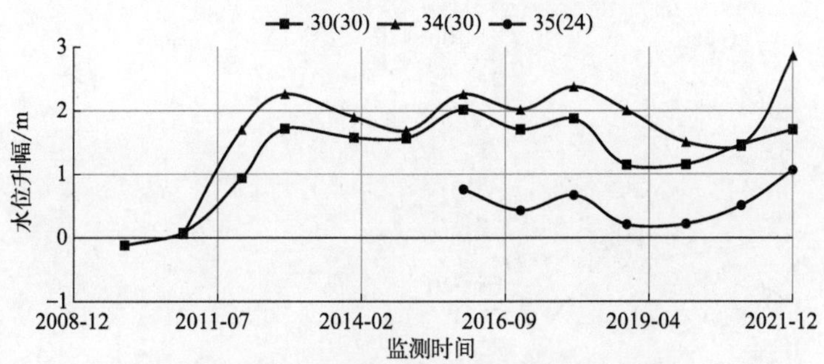

图 6-42　30m 监测井地下水位升幅变化曲线

50m 含水层的地下水流向基本为从右岸向左岸，距离河道近的监测井在调水后，水位呈现了缓慢的上升趋势，2015 年后，水位上升幅度加大，2015～2021 年监测断面河段水面常年有水，入渗率没有明显变化，因此水位上升速率加快应该与当时采取的地下水压采政策有关（图 6-43、图 6-44）。

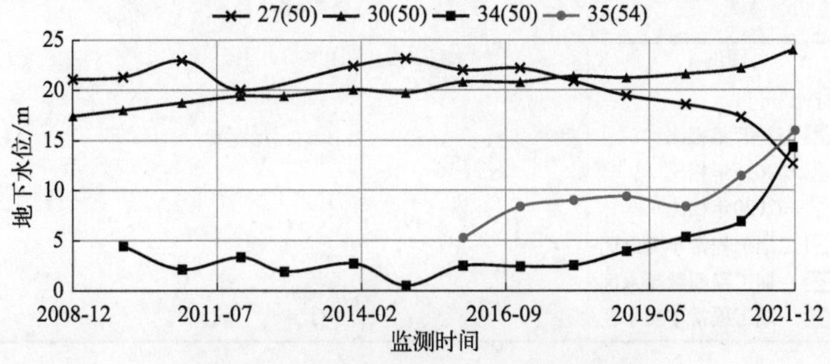

图 6-43　50m 监测井地下水位变化曲线

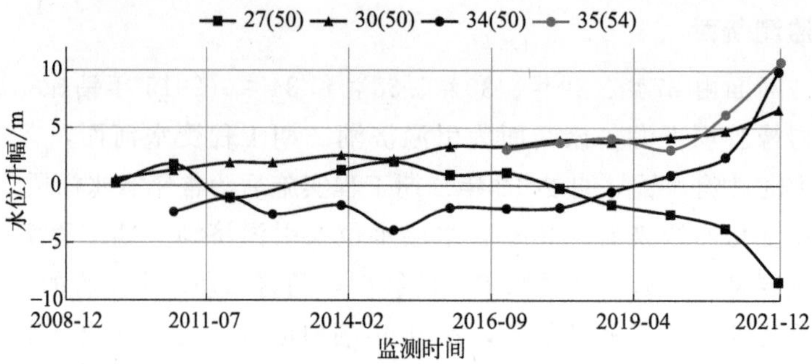

图 6-44　50m 监测井地下水位升幅变化曲线

6.2.4　区域地下水位变幅对比分析

选择典型监测井，分别绘制了 30m、50m 和 80m 含水层的地下水位升幅，如图 6-45

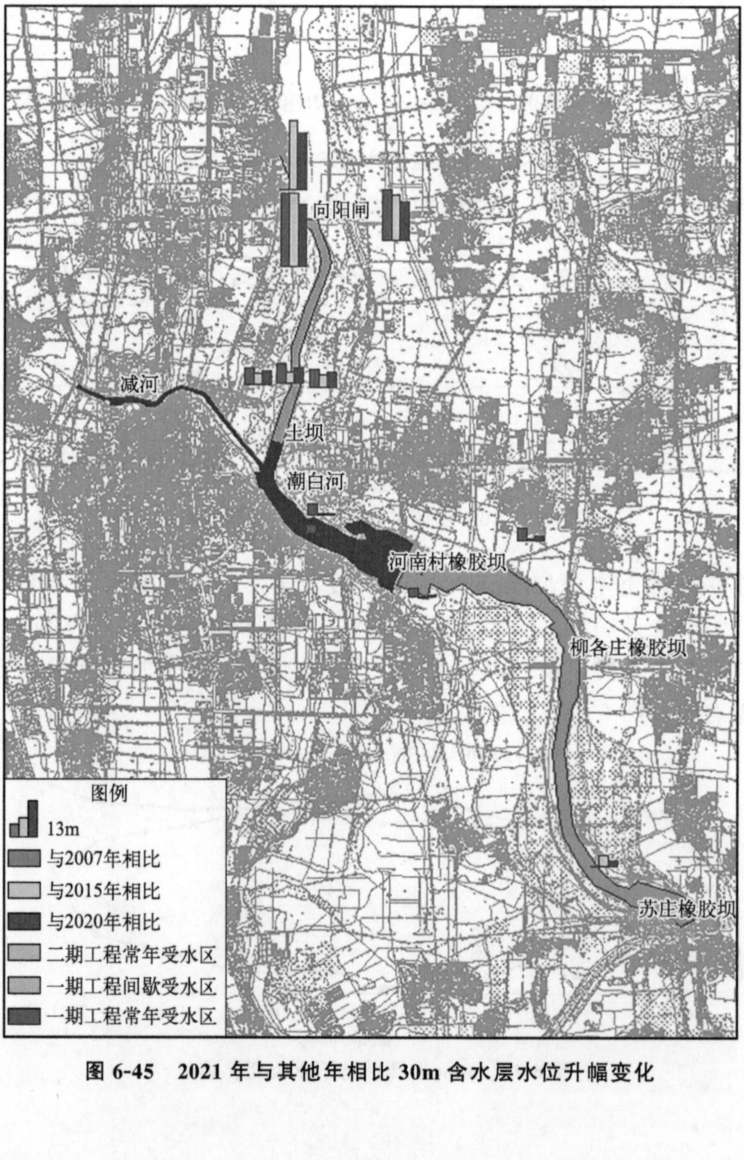

图 6-45　2021 年与其他年相比 30m 含水层水位升幅变化

所示，从图中可以明显看到，2007～2021 年，各含水层地下水位均有明显的上升。30m 含水层水位上升幅度 2.93～25.43m，其中 2021 年受潮白河生态补水影响水位上升明显，与 2020 年相比，30m 含水层上升幅度 0.09～21.63m。30m 含水层北部区域地下水位上升明显，由北向南，水位升幅逐渐减小。北部区域地下水位上升主要从 2015 年开始，主要受益于潮白河牛栏山橡胶坝的地下水回补工程和潮白河生态补水工程。受水区中部地下水位在 2015～2020 年间出现了下降，说明随着河水的入渗，入渗率逐渐减小，但 2021 年潮白河生态补水增加了水面面积，地下水位又出现上升现象。

50m 含水层和 80m 含水层（图 6-46、图 6-47）的地下水位出现了明显上升，尤其是北部区域。50m 含水层和 80m 含水层的地下水位上升的主要影响因素不是河水入渗，而是与地下水压采及上游的生态补水实施有关。2015 年前，向阳闸东北区域受附近引潮入城水源地和水源八厂水源地的地下水持续超采影响，地下水位一直在持续不断地下

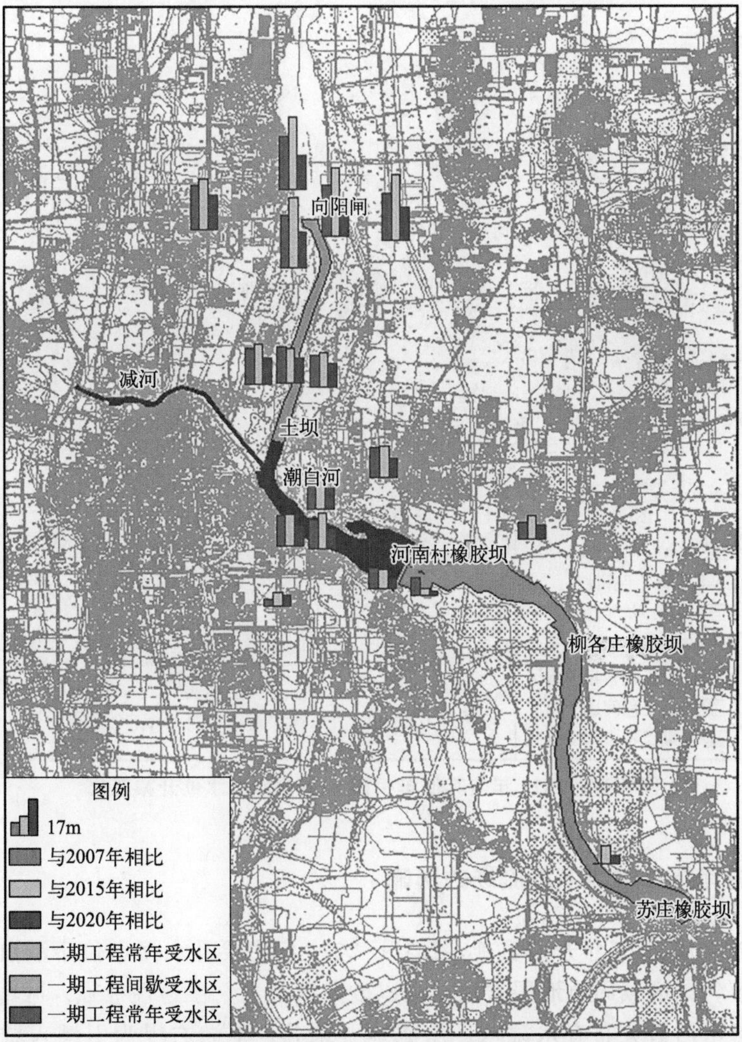

图 6-46 2021 年与其他年相比 50m 含水层水位升幅变化

降，但在2015年南水北调水回补工程的影响下，向阳闸东部区域地下水位开始出现明显的上升现象；2021年潮白河实施了3次补水，补水量$10.48\times10^8m^3$，地下水开采也采取了加大力度的压采制度，地下水位出现显著上升。与2007年受水前地下水水位相比，50m含水层监测井水位升幅2.96～24.82m，80m含水层监测井水位升幅11.58～23.80m；与2020年相比，50m含水层监测井水位升幅1.58～15.86m，80m含水层监测井水位升幅2.87～17.1m。

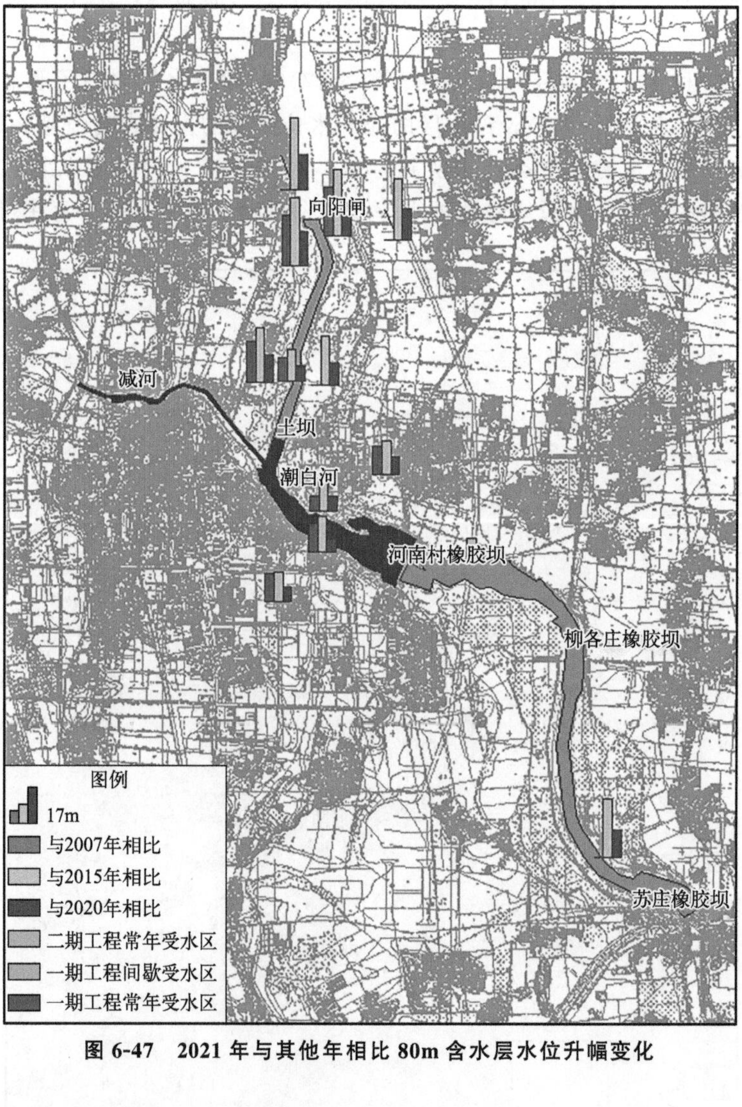

图 6-47　2021年与其他年相比80m含水层水位升幅变化

6.2.5　潮白河补水对地下水流场的影响

潮白河补水从2015年开始实施，2015～2020年主要补水河道位于潮白河牛栏山橡胶坝以上河道，该区域周边地层岩性结构以砂卵石为主，渗透性极强。区域内牛栏山橡胶坝上游左堤沿河道分布有水源八厂水源地开采井，下游右堤为引潮入城水源地开采井，此外还有顺义第二水源地，以及当地的农业开采井。受水源地地下水长期超采的影响，该区域在南水北调回补之前，地下水位持续下降，已经形成了地下水漏斗，漏斗区地下水埋深最大达到 50m。

随着 2015 年开始实施南水北调水源回补工程，该区域地下水水位开始回升。2015～2020 年南水北调水调入潮白河水量 $3.25\times10^8 m^3$，2021 年密云水库及南水北调水源共向潮白河补水 $10.48\times10^8 m^3$。随着河道地表水环境的恢复，地下水位迅速上升，与 2015 年补水前相比，2021 年河道两侧监测井水位最大升幅超过了 40m。

根据南水北调水源补水河道及引温济潮工程受水河道周边 80m 层位的地下水监测水位，可绘制出 2021 年研究区域的地下水位等值线图。从图 6-48 可以看出，研究区域地下水流向为从北向南，而在 2007 年，该区域的地下水流向为从东南向西北流动。地下水流场的改变，主要是受南水北调水源回补、潮白河生态补水及地下水压采影响，随着大量河水的入渗补给，该区域地下水位迅速上升，上升速率远远超过南部引温济潮再生水入渗区域，因此地下水流向改变，这也在一定程度上阻滞了再生水向北部水源地的扩散，对于水源地水环境的保护具有积极意义。

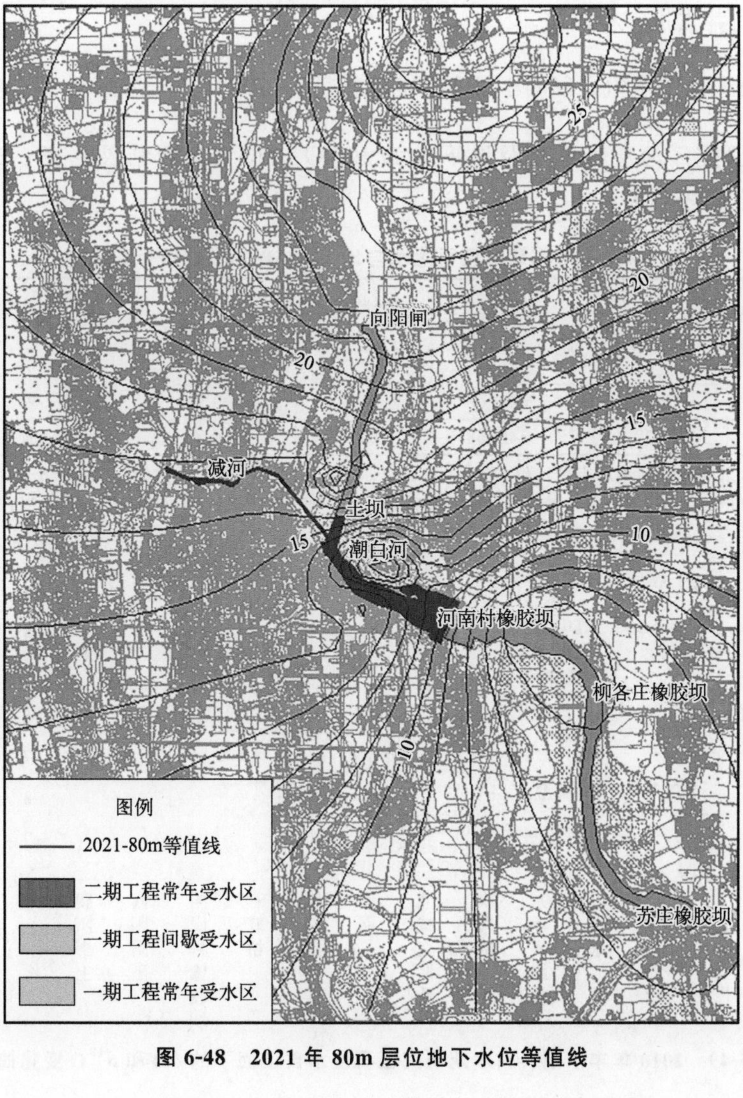

图 6-48　2021 年 80m 层位地下水位等值线

6.3 再生水利用对地下水影响范围确定

利用环境同位素可定量描述流域水循环过程及地下水的补给关系。为深入研究潮白河再生水利用对地下水环境的影响程度，揭示河水与地下水之间的水力联系，本书结合水质监测，采用氘、氧-18 环境同位素揭示了潮白河再生水利用对地下水的补给作用及其变化规律。

6.3.1 基于氘、氧-18 同位素的再生水利用对地下水影响范围分析

2010 年，集中采集了氘、氧同位素样品，样品采集与水质采样同步进行。采样月份分别为 3 月、5 月、7 月、9 月和 11 月。其中 3 月和 9 月对研究区周边 78 眼地下水监测井进行了全部采样，分别代表枯水期和丰水期采样。其余月份则主要针对近河道井点和土坝以北的井点进行样品采集。

6.3.1.1 河道再生水氘、氧-18 同位素统计特征

2010 年研究区河道再生水及地下水 D 和 ^{18}O 同位素测定结果见表 6-2 和图 6-49，其统计特征主要表现为：

表 6-2 2010 年研究区再生水与地下水 δD、$\delta^{18}O$ 统计特征值 单位：‰

样品来源	δD_Min	δD_Max	δD_Ave	δ^{18}O_Min	δ^{18}O_Max	δ^{18}O_Ave
河道再生水	−63.64	−37.66	−52.85	−8.64	−3.37	−6.70
30m 含水层	−63.16	−41.06	−53.13	−9.28	−4.25	−6.93
50m 含水层	−67.16	−49.08	−57.25	−9.72	−5.79	−7.69
80m 含水层	−72.12	−48.68	−62.01	−10.61	−5.61	−8.49

注：δD 表示氘同位素的相对丰度比值；δ^{18}O 表示氧-18 同位素的相对丰度比值；δD_Min 表示 δD 的最小值；δD_Max 表示 δD 的最大值；δD_Ave 表示 δD 的平均值；δ^{18}O_Min 表示 δ^{18}O 的最小值；δ^{18}O_Max 表示 δ^{18}O 的最大值；δ^{18}O_Ave 表示 δ^{18}O 的平均值。

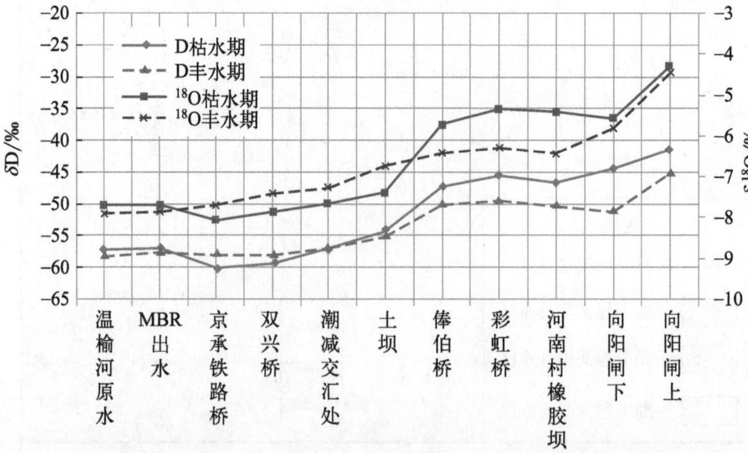

图 6-49 2010 年丰水期、枯水期研究区再生水自上而下的 δD 和 $\delta^{18}O$ 变化曲线

(1) 河道再生水 δD 和 $\delta^{18}O$ 值远高于 50m 和 80m 含水层地下水

从表 6-2 可知，河道再生水 δD 和 $\delta^{18}O$ 的最大值、最小值和平均值接近于 30m 含水层地下水相应同位素值，而远高于 50m 和 80m 含水层地下水相应同位素值。

(2) 河道再生水在沿程方向上氘、氧-18 同位素具有逐步升高的趋势

自 MBR 出水进入减河向下游流动至潮白河河南村橡胶坝的过程中，δD 和 $\delta^{18}O$ 的数值不断升高，见图 6-49。根据文献资料，北京市大河流域（大清河、北运河）自上游至下游具有 δD、$\delta^{18}O$ 大尺度上升高的规律。究其原因，可能与蒸发使得河道水体逐步浓缩有关。

(3) 研究区北部河道再生水具有较高的 δD 和 $\delta^{18}O$ 值

从图 6-49 可知，由于研究区北部再生水补给为间歇式补给，且时间间隔较长，故土坝与向阳闸之间河道河水强烈的蒸发作用使得其 δD、$\delta^{18}O$ 数值高于研究区的中部和南部。

(4) 枯水期 δD、$\delta^{18}O$ 值高于丰水期相应值

从图 6-49 可知，河道沿程除减河京承铁路桥、双兴桥和潮减交汇处 3 个点处枯水期的 δD、$\delta^{18}O$ 值低于丰水期外，其余监测点均表现为枯水期 δD、$\delta^{18}O$ 值高于丰水期，体现出了枯水期河水蒸发使得 δD、$\delta^{18}O$ 值较高的特征。推断减河 3 个点 δD、$\delta^{18}O$ 值高的原因可能与沿岸有生活污水进入有关。

6.3.1.2 地下水氘、氧-18 同位素变化特征

根据 2010 年不同月份不同含水层地下水中的 D 和 ^{18}O 同位素监测结果，30m、50m 和 80m 含水层地下水中 δD 和 $\delta^{18}O$ 的范围及其均值见表 6-2。从表中可知，不同深度含水层自上而下呈现了 δD、$\delta^{18}O$ 由大变小的规律。

为进一步摸清地下水氘、氧-18 同位素空间分布特征，根据 2010 年 3 月份（代表枯水期）和 9 月份（代表丰水期）78 眼井不同层位地下水的 δD、$\delta^{18}O$ 值，绘制出不同深度地下水的 δD 和 $\delta^{18}O$ 等值线，详见图 6-50～图 6-61。

(1) 地下水氘、氧-18 同位素垂向分布特征

从 δD、$\delta^{18}O$ 等值线图上可以看出，30m 含水层地下水的 δD、$\delta^{18}O$ 数值显著高于 50m 含水层，50m 含水层地下水的 δD、$\delta^{18}O$ 数值又明显高于 80m 含水层，进一步验证了垂向上自上而下 δD、$\delta^{18}O$ 由大变小的规律。

在垂向上，自 30m 含水层—50m 含水层—80m 含水层，在同一含水层层位上，向阳闸附近区域地下水的 δD、$\delta^{18}O$ 数值明显大于土坝北侧区域，而土坝北侧区域地下水的 δD、$\delta^{18}O$ 数值明显大于俸伯桥至河南村橡胶坝区域。这进一步表明了受水河道自北向南各含水层之间水力联系由强变弱的客观事实。

(2) 地下水氘、氧-18 同位素平面分布特征

从 δD、$\delta^{18}O$ 等值线图上可以看出，距受水河道越近，地下水中的 δD、$\delta^{18}O$ 值越

大，越远离河道，δD、δ^{18}O 值越小。此分布特征在 30m 含水层和 50m 含水层中表现更为突出。

图 6-50　研究区 2010 年 3 月 30m 地下含水层 δD 等值线

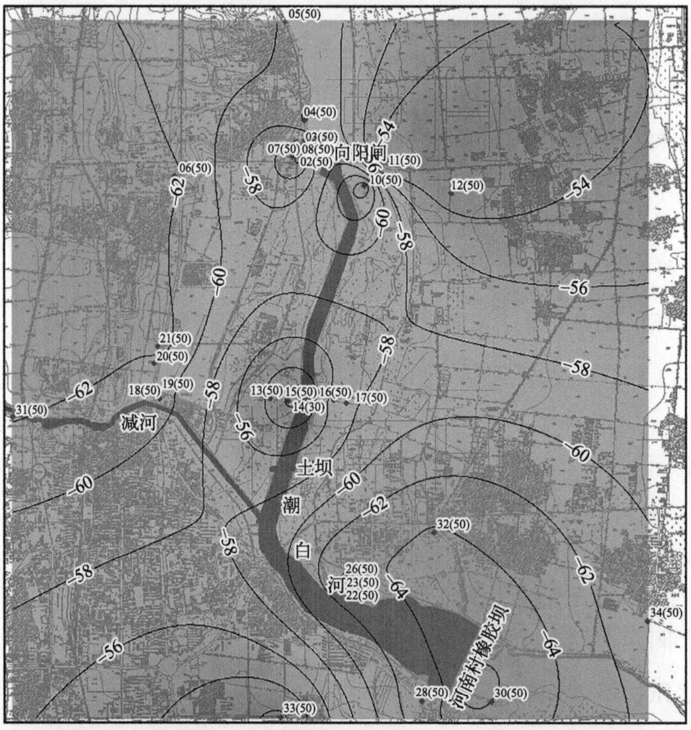

图 6-51　研究区 2010 年 3 月 50m 地下含水层 δD 等值线

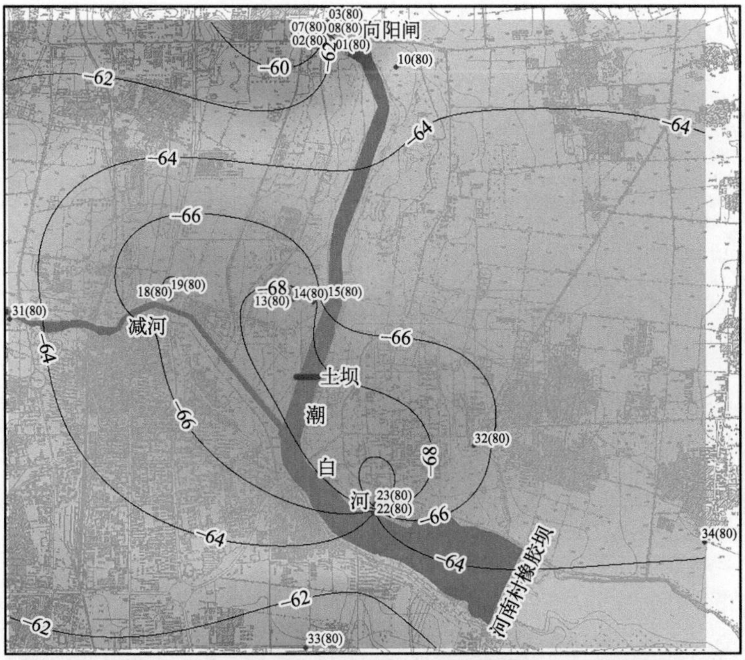

图 6-52 研究区 2010 年 3 月 80m 地下含水层 δD 等值线

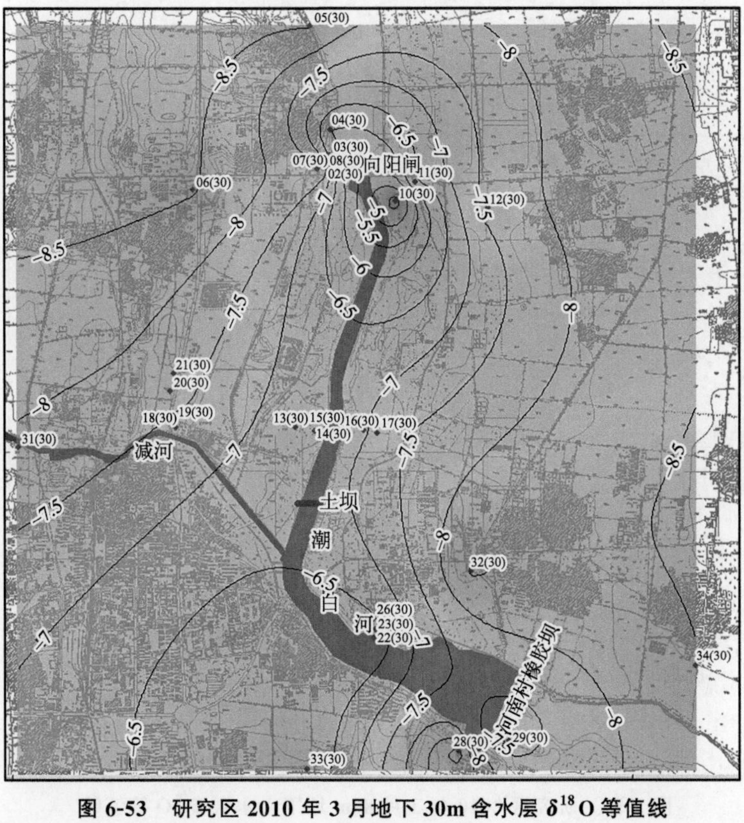

图 6-53 研究区 2010 年 3 月地下 30m 含水层 δ^{18}O 等值线

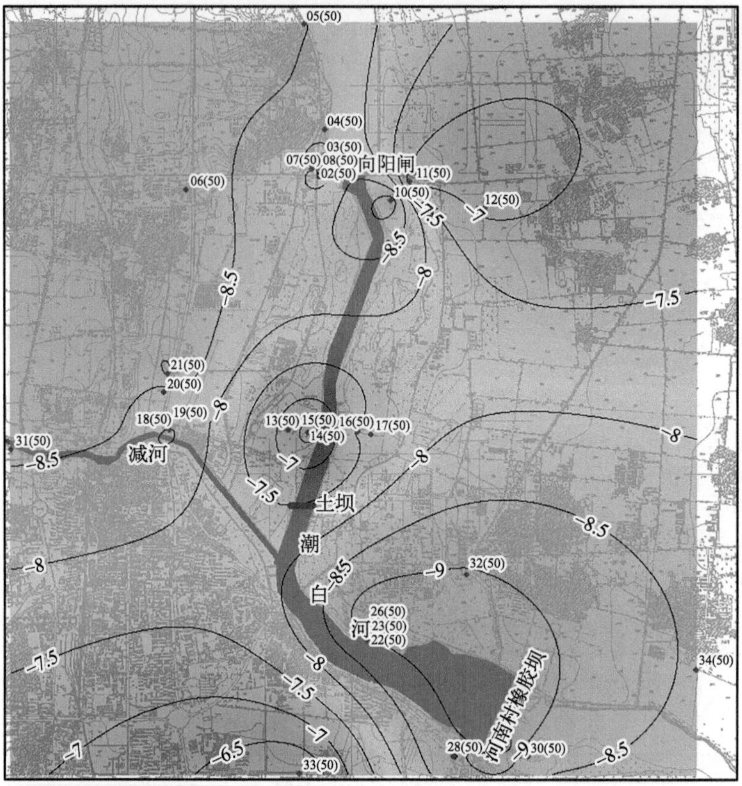

图 6-54　研究区 2010 年 3 月 50m 地下含水层 $\delta^{18}O$ 等值线

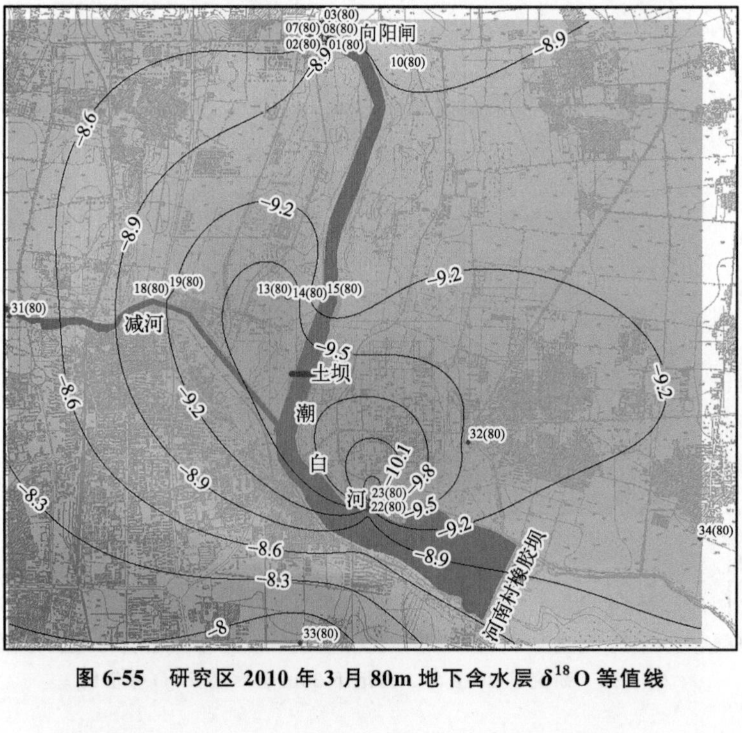

图 6-55　研究区 2010 年 3 月 80m 地下含水层 $\delta^{18}O$ 等值线

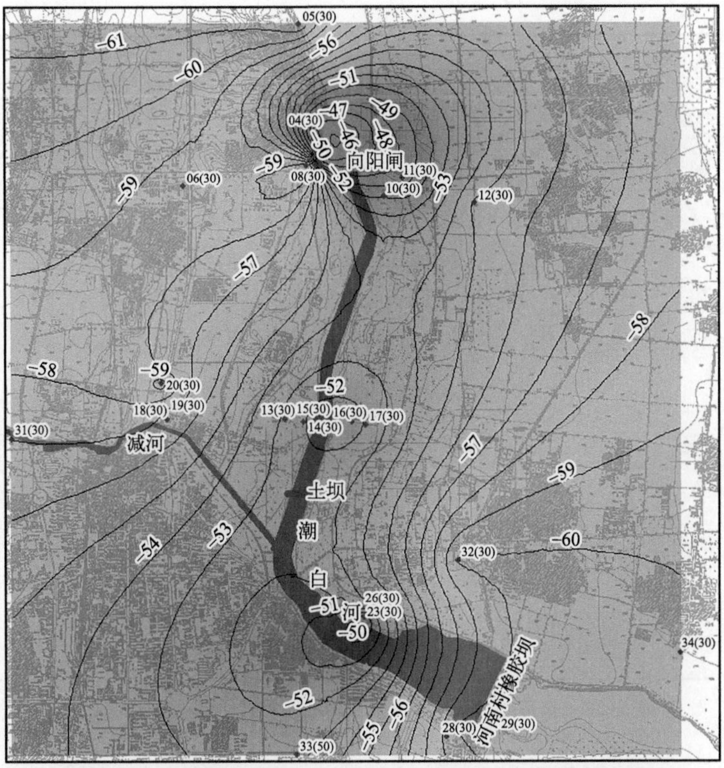

图 6-56　研究区 2010 年 9 月 30m 地下含水层 δD 等值线

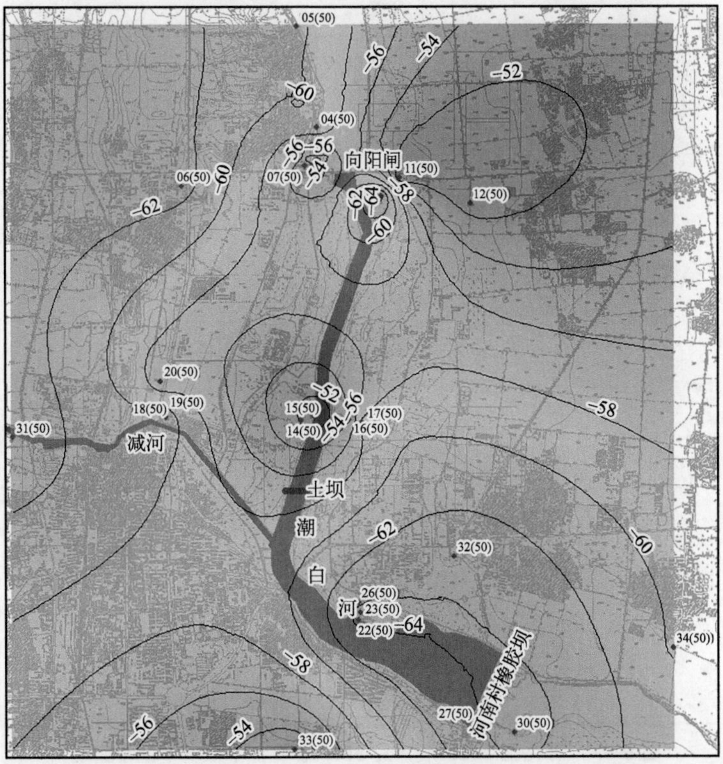

图 6-57　研究区 2010 年 9 月 50m 地下含水层 δD 等值线

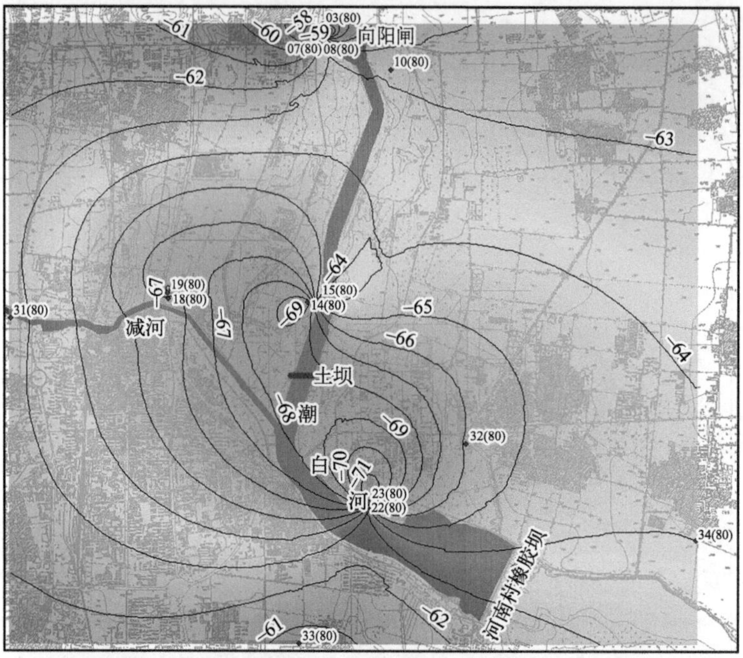

图 6-58　研究区 2010 年 9 月 80m 地下含水层 δD 等值线

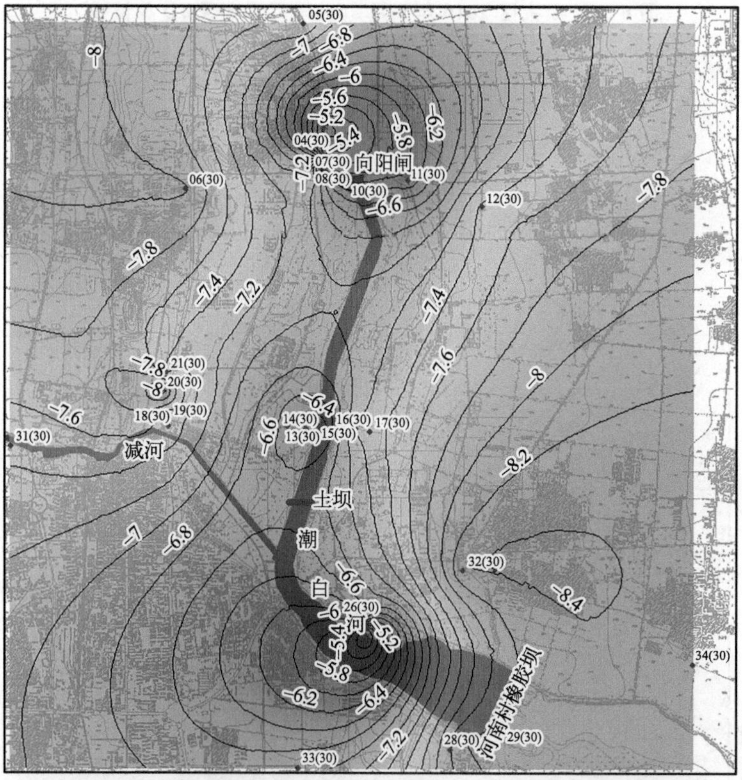

图 6-59　研究区 2010 年 9 月 30m 地下含水层 δ^{18}O 等值线

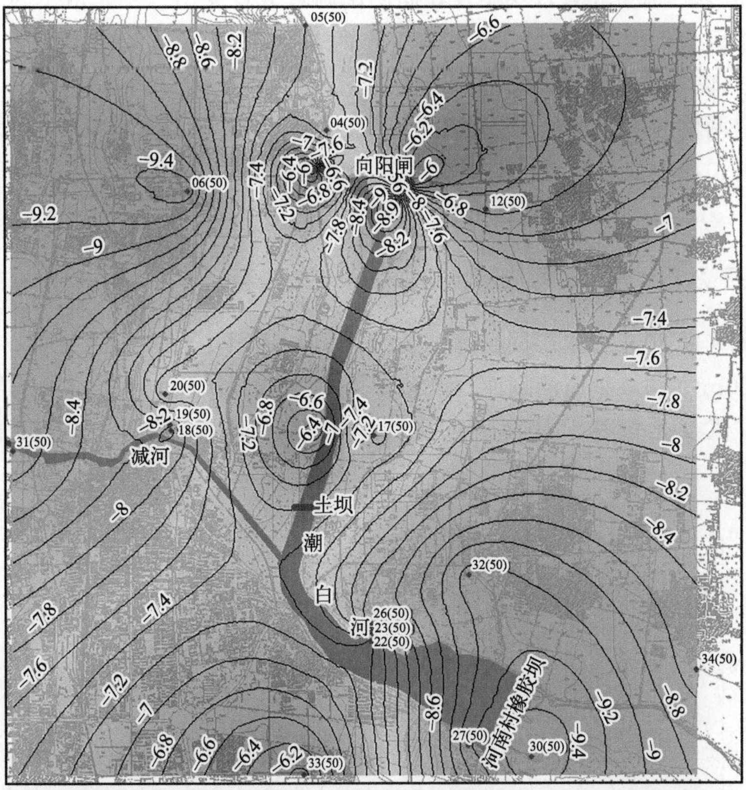

图 6-60　研究区 2010 年 9 月 50m 地下含水层 $\delta^{18}O$ 等值线

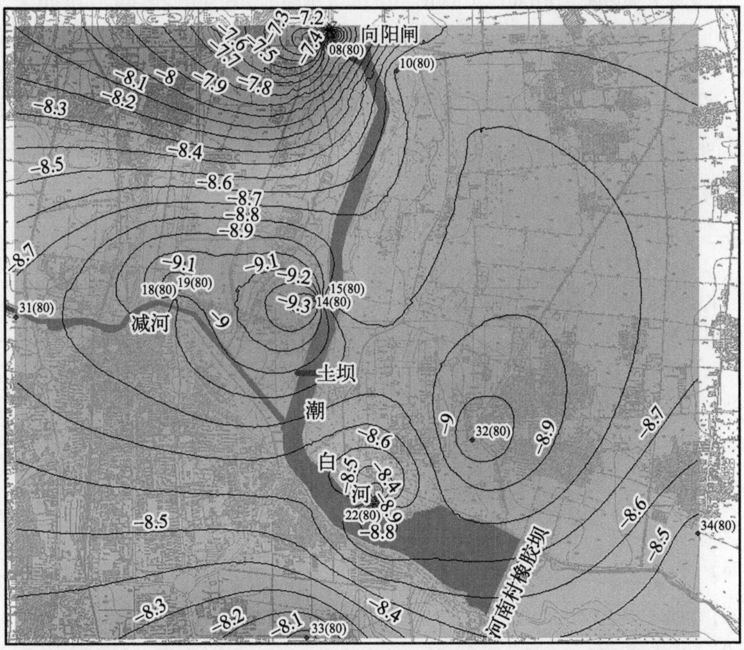

图 6-61　研究区 2010 年 9 月 80m 地下含水层 $\delta^{18}O$ 等值线

上述分布特征在 80m 含水层中仅在向阳闸附近表现突出。一是由于 80m 含水层井点较少，二是因为外围 31（80）和 33（80）两井点的 δD、$\delta^{18}O$ 值较高。而向阳闸附近 80m 深井点较多，因此可以表现该特征。

在近河道两侧区域，各含水层地下水的 δD、$\delta^{18}O$ 表现为土坝以北，尤其是向阳闸附近数值最高，而土坝至河南村橡胶坝河道两侧地下水的 δD、$\delta^{18}O$ 数值相对较低，与河道再生水的 δD、$\delta^{18}O$ 值监测结果相一致。

6.3.1.3 地下水氘、氧-18 同位素与再生水入渗的关系

为摸清研究区 30m 含水层同位素的变化与潮白河再生水入渗的关系。选择沿垂直于潮白河的 30m 井的 3 个监测剖面，以此分析距潮白河由近及远 30m 含水层地下水 δD 和 $\delta^{18}O$ 的数值变化规律，从而说明潮白河再生水利用对地下水环境的影响，详见图 6-62。

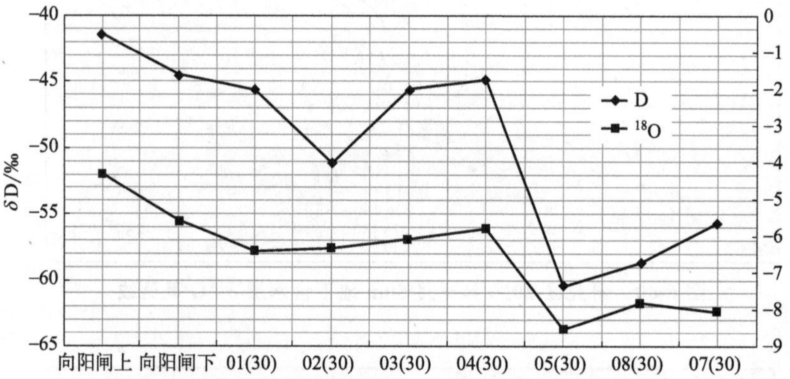

图 6-62　剖面Ⅰ河水与地下水的 δD 和 $\delta^{18}O$ 变化曲线

图 6-62～图 6-64 体现出距离潮白河由近及远地下水 δD、$\delta^{18}O$ 数值降低的变化趋势，在潮白河河道的Ⅱ、Ⅲ剖面上这种变化趋势较为显著，充分说明了潮白河再生水入渗对地下水环境的影响。

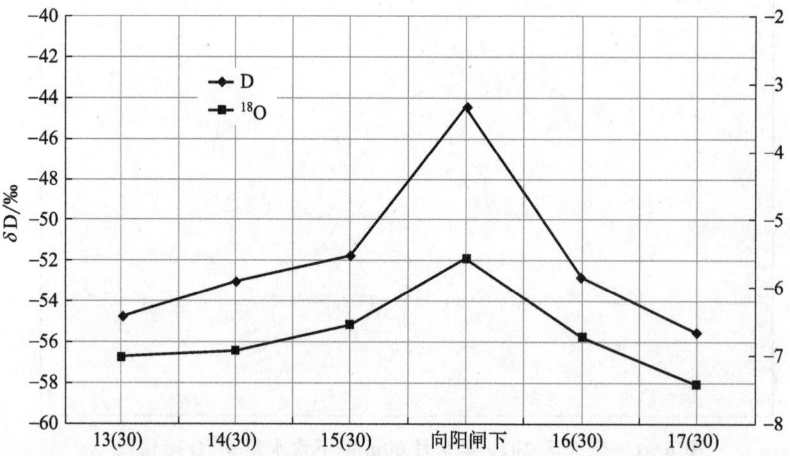

图 6-63　剖面Ⅱ河水与地下水的 δD 和 $\delta^{18}O$ 变化曲线

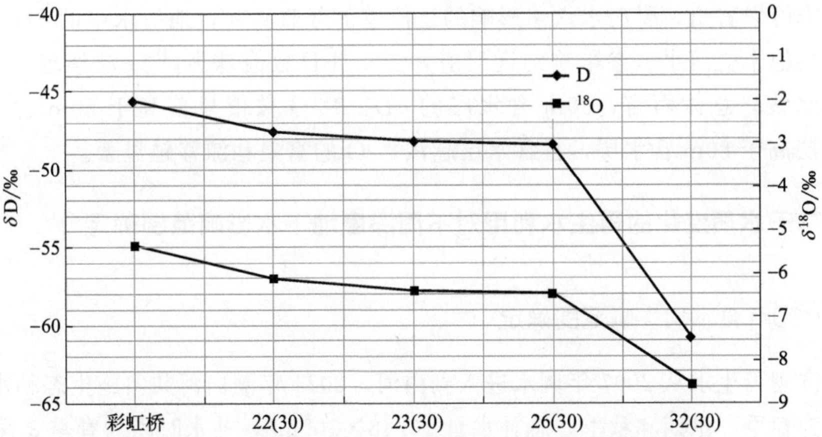

图 6-64　剖面Ⅲ河水与地下水的 δD 和 δ^{18}O 变化曲线

6.3.1.4　地下水氘、氧-18 同位素与大气降水的差异分析

为进一步确认潮白河再生水入渗对地下水环境的影响，本书还分析了大气降水的同位素监测值与地下水同位素监测值的差异性，从另一个角度上验证了再生水入渗的影响。

根据 2010 年大气降水的氘、氧-18 稳定同位素监测数据，绘制出顺义地区氘、氧-18 同位素的大气降水线 $\delta D=8.081\delta^{18}O+9.956$（$n=18$，$R^2=0.873$），与全球大气降水线$\delta D=8\delta^{18}O+10$ 相近。虽然该降水线与有关文献中北京地区的大气降水线不太一致，比文献中大气降水线的斜率和截距均大。翟远征研究得到的北京地区的大气降水线为 $\delta D=6.931\delta^{18}O+3.927$（2010 年），卫克勤研究得到的大气降水线为 $\delta D=7.38\delta^{18}O+7.9$（1979 年和 1980 年）。推测这种差异与区域地质环境、人类活动等密切相关。

将大气降水线与 2010 年各监测井的丰水期和枯水期的 δD、δ^{18}O 数值平均值进行叠加分析，见图 6-65。

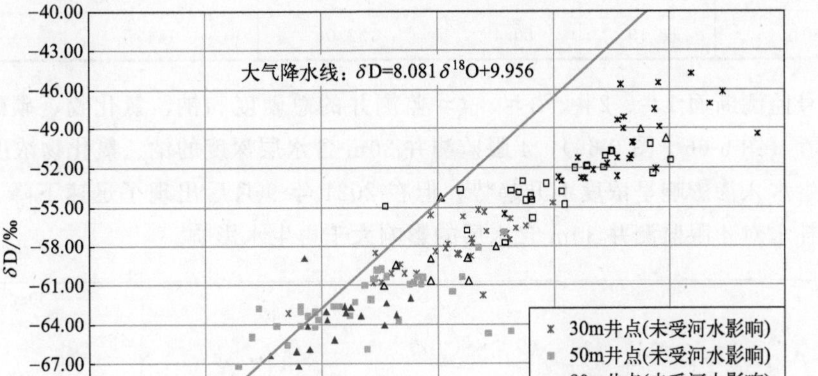

图 6-65　研究区地下水 δD、δ^{18}O 与大气降水之间的关系

从图中可以看出，受河水入渗影响的近河道部分监测井，地下水中的δD、$\delta^{18}O$值明显高于其他未受河水入渗影响的远河道井点，并且数值越高，^{18}O漂移越显著，越偏离大气降水线。总体而言，30m 含水层的δD、$\delta^{18}O$数值显著高于 50m 含水层，而 50m 含水层高于 80m 含水层，且含水层越浅，^{18}O的富集和漂移越显著。

6.3.2 基于水质变化的再生水利用对不同深度地下水影响范围确定

6.3.2.1 30m 含水层影响范围确定

引温济潮再生水从 2007 年调水进入潮白河。2021 年潮白河共实施生态补水/放水 3 次，分别为春季、汛期和秋季，总补水量 $10.48\times10^8m^3$，补水时间为春季 3 月 16 日至 5 月 31 日，秋季 8 月 24 日至 12 月 31 日，汛期 6 月 1 日至 8 月 23 日。补水水源主要为密云水库水和南水北调水。

表 6-3 为再生水、密云水库水、南水北调水中典型因子与本地地下水的差异情况，从比较结果可以看到，再生水中的钠、氯化物浓度高于地下水、密云水库水和南水北调水。密云水库水中的钠、氯化物、碳酸氢根浓度低于本地地下水和再生水，因此主要用钠、氯化物和碳酸氢根的变化来确定再生水入渗对地下水的影响范围。

表 6-3 再生水、密云水库水、南水北调水与 30m 含水层地下水背景水质差异

分类	pH 值	钠/(mg/L)	氯化物/(mg/L)	碳酸氢根/(mg/L)	总硬度/(mg/L)
再生水	8.22	135	160	300	244
密云水库水	7.70	12.7	20.5	165	153
南水北调水	8.15	5.3	5.5	125	146
1(30)	7.46	51.0	63.8	349	365
15(30)	8.50	95.8	98.2	298	252
22(30)	8.19	80.4	132.0	144	120

从Ⅰ号监测断面 1#、2#、3#、4#监测井的总硬度和钠、氯化物、碳酸氢根浓度变化来看（图 6-66～图 6-69），4 眼监测井 30m 含水层深度的钠、氯化物浓度在 2020 年前受再生水入渗影响呈浓度上升趋势，但在 2021 年 9 月后出现了迅速下降，说明潮白河生态补水对 4 眼监测井 30m 含水层的影响大于再生水影响。

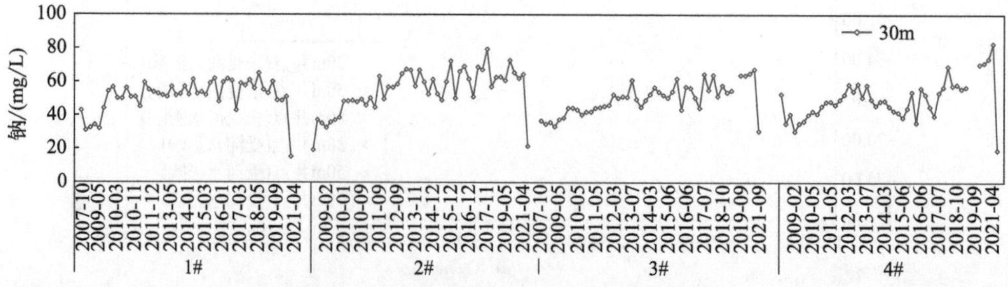

图 6-66 Ⅰ号监测断面钠浓度变化曲线

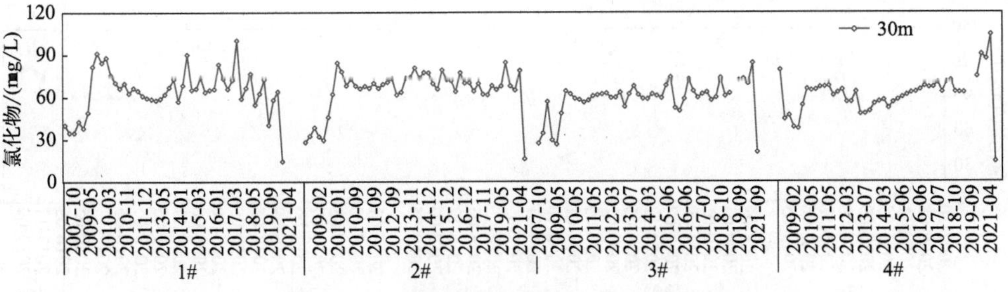

图 6-67　Ⅰ号监测断面氯化物浓度变化曲线

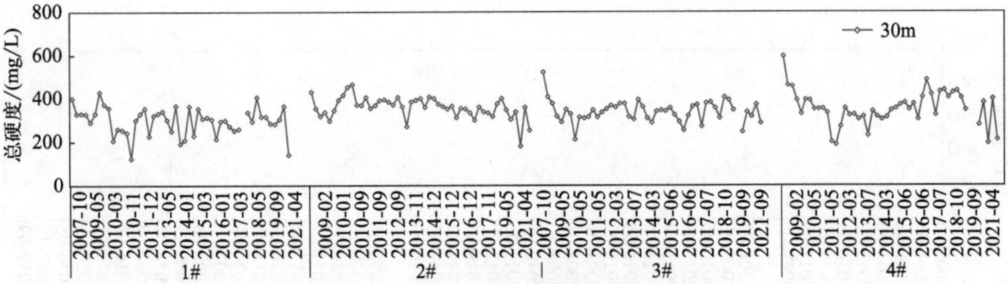

图 6-68　Ⅰ号监测断面总硬度变化曲线

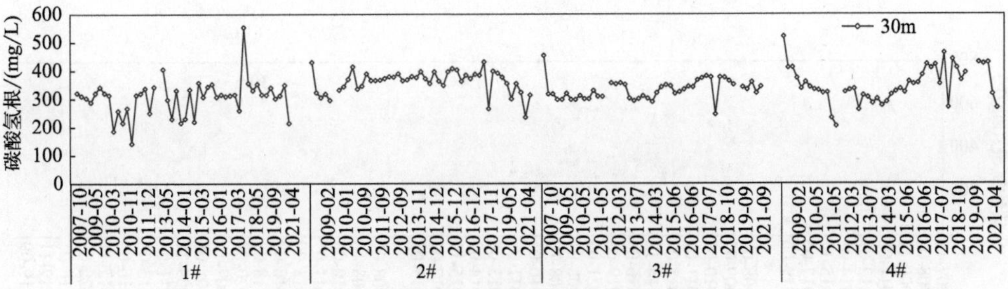

图 6-69　Ⅰ号监测断面碳酸氢根浓度变化曲线

从Ⅱ号监测断面13＃、14＃、15＃、16＃、17＃、46＃监测井总硬度和钠、氯化物、碳酸氢根浓度变化来看（图6-70～图6-73），在2020年前监测井中的钠、氯化物受再生水入渗影响持续上升，潮白河补水后，13＃、14＃、15＃、16＃、17＃监测井钠、氯化物、总硬度均有下降现象，距离河道较近的15＃、14＃监测井碳酸氢根也出现了微弱下降趋势，说明潮白河生态补水对该区域地下水的影响大于再生水。

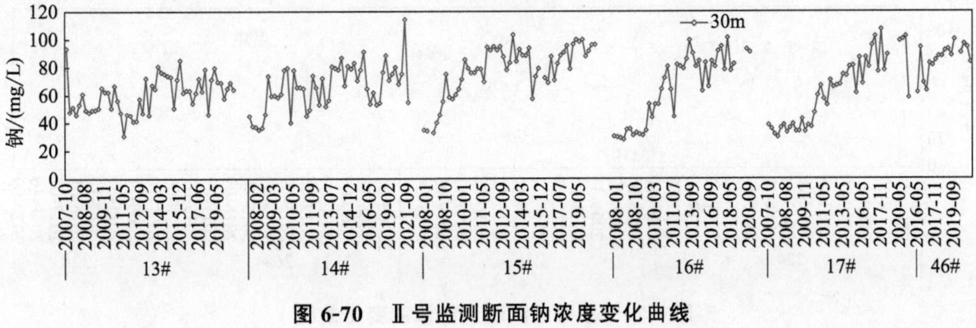

图 6-70　Ⅱ号监测断面钠浓度变化曲线

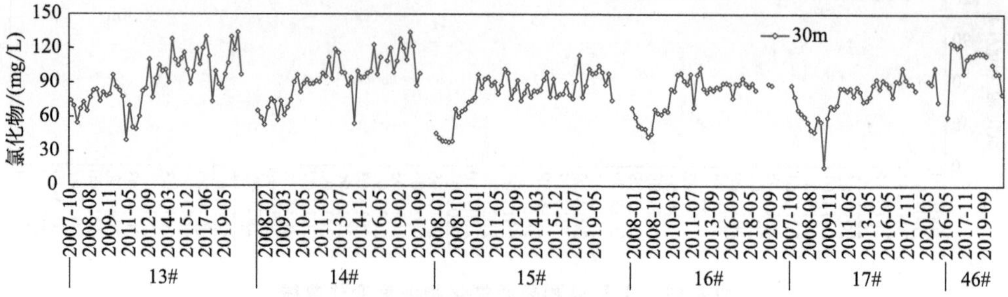

图 6-71　Ⅱ号监测断面氯化物浓度变化曲线

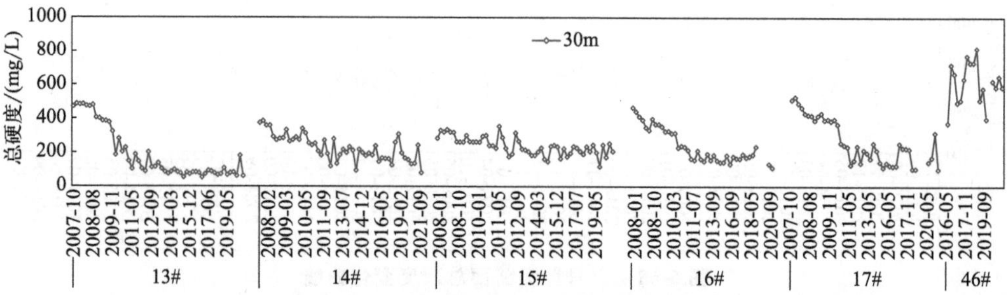

图 6-72　Ⅱ号监测断面总硬度变化曲线

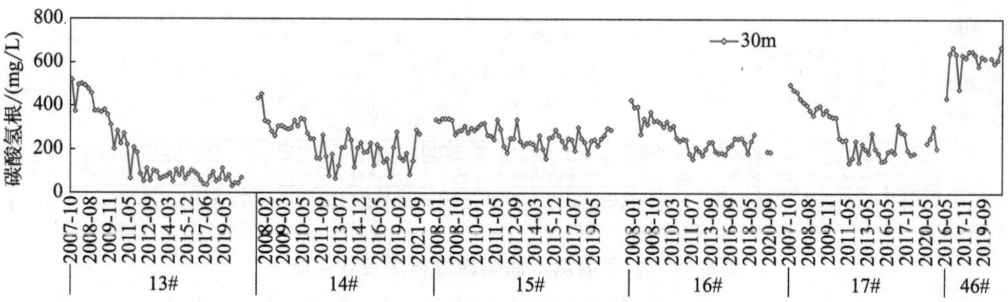

图 6-73　Ⅱ号监测断面碳酸氢根浓度变化曲线

从Ⅲ号监测断面22＃、23＃、26＃、32＃监测井的典型因子浓度变化来看（图6-74～图6-77），22＃、23＃、26＃监测井中钠、氯化物在2020年前受再生水入渗影响浓度呈上升趋势。潮白河补水后22＃、23＃监测井中钠、氯化物浓度出现略微下降，总硬度

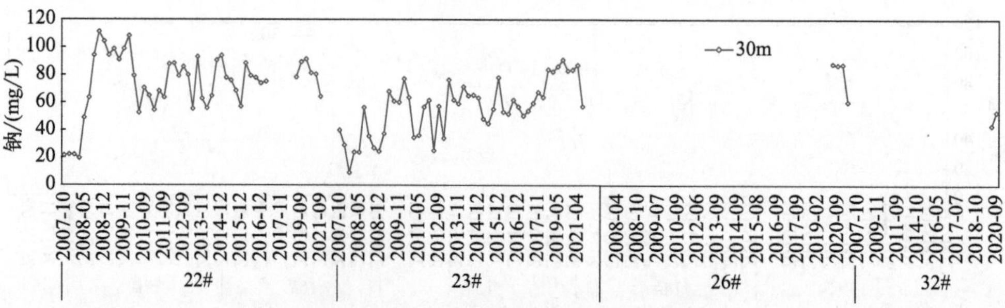

图 6-74　Ⅲ号监测断面钠浓度变化曲线

没有明显变化趋势，碳酸氢根浓度则出现了上升，说明潮白河生态补水对 4 眼监测井略有影响，但再生水影响仍然存在，该区域仍属于再生水入渗影响范围。

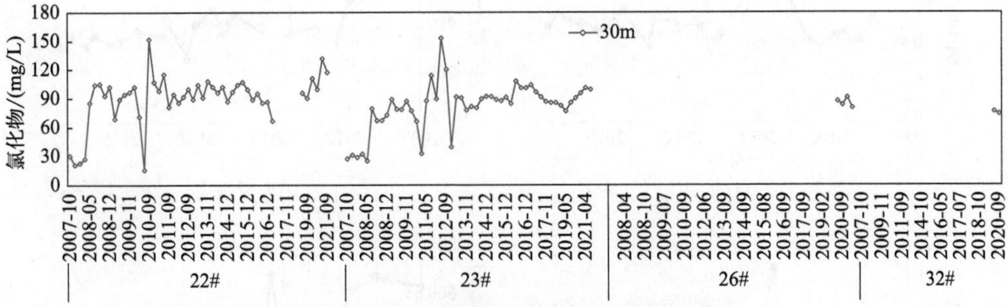

图 6-75　Ⅲ号监测断面氯化物浓度变化曲线

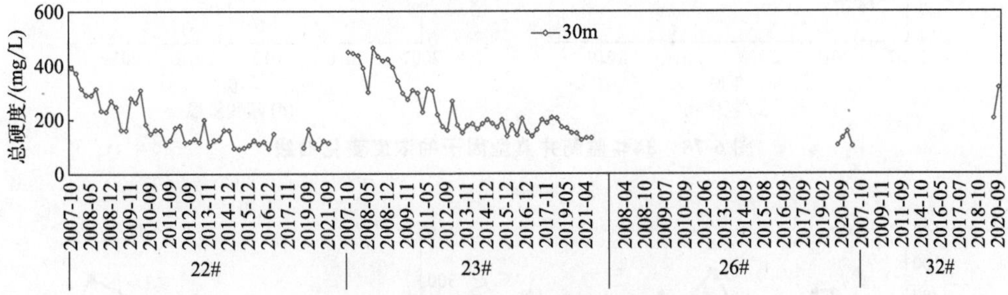

图 6-76　Ⅲ号监测断面总硬度变化曲线

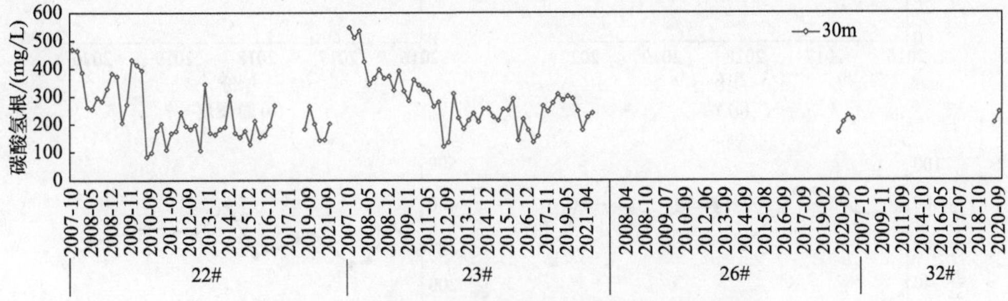

图 6-77　Ⅲ号监测断面碳酸氢根浓度变化曲线

选择了 34＃、47＃、35＃的 30m 深度监测井，分析典型因子的浓度变化，确定再生水入渗影响范围。

从 34＃监测井典型因子的浓度变化曲线来看（图 6-78），34＃监测井在实施潮白河生态补水后除碳酸氢根浓度有显著下降外，其他因子没有明显下降趋势，说明该监测井仍然受再生水入渗影响较大，潮白河生态补水对该监测井影响较小。

47＃监测井的水质浓度变化曲线结果显示（图 6-79），实施潮白河生态补水后氯化物、总硬度、碳酸氢根有下降趋势，但钠出现了上升。密云水库水质中钠浓度远低于本地地下水，说明该区域 30m 监测井地下水受到潮白河生态补水影响，但影响程度小于再生水入渗。

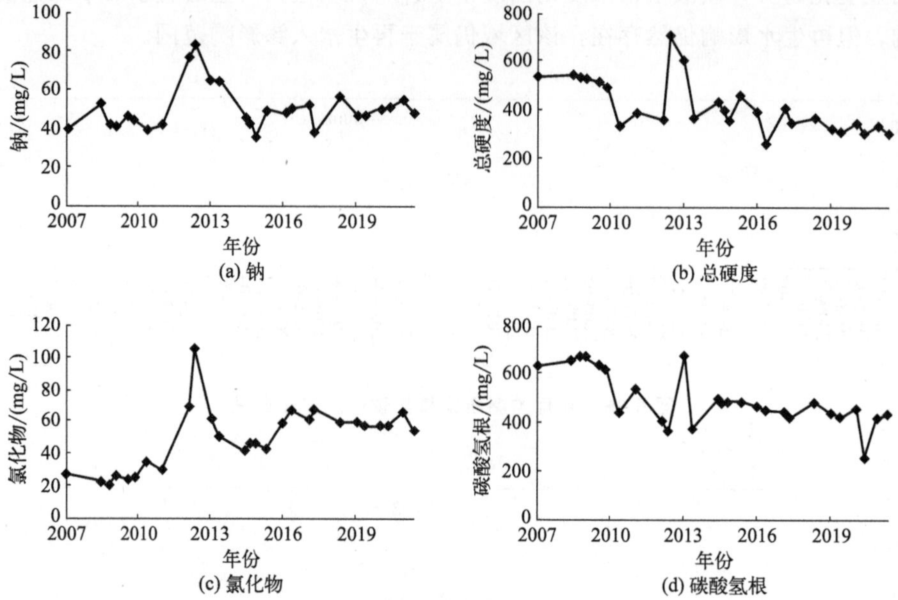

图 6-78　34＃监测井典型因子的浓度变化曲线

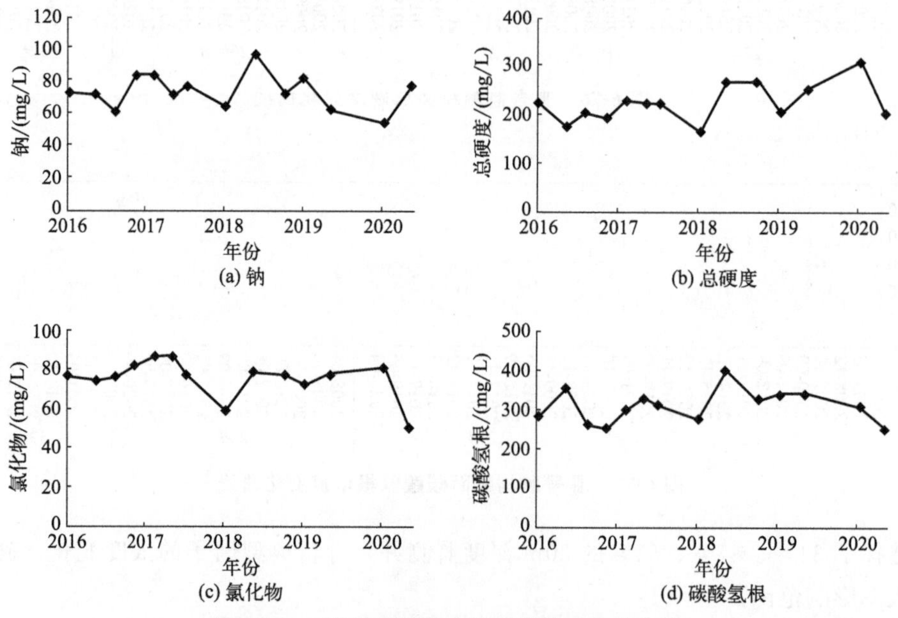

图 6-79　47＃监测井典型因子的浓度变化曲线

35＃监测井中的钠基本属于波动升高态势；氯化物则持续处于升高趋势；总硬度和碳酸氢根基本属于持续降低趋势（图 6-80）。说明该区域 30m 含水层仍主要受再生水入渗影响。

综上，确定 30m 含水层地下水影响面积为 44km^2，影响范围如图 6-81 所示，与 2020 年相比增长了 5%。

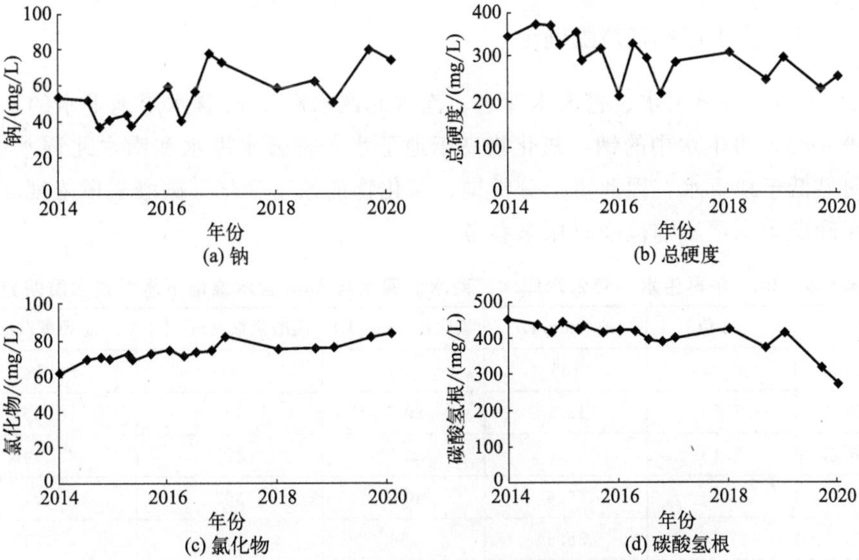

图 6-80　35＃监测井典型因子的浓度变化曲线

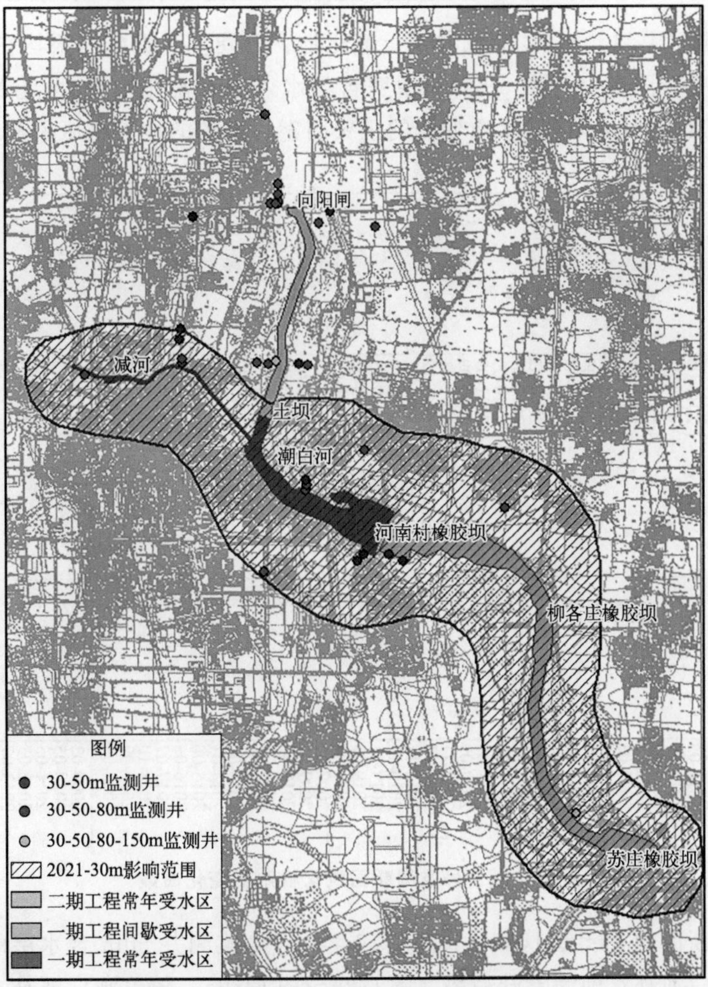

图 6-81　2021 年 30m 含水层影响范围示意

6.3.2.2 50m含水层影响范围确定

从2021年4月再生水、密云水库水、南水北调水和50m含水层地下水的水质对比来看（表6-4），再生水中的钠、氯化物高于地下水，密云水库水和南水北调水中的钠、氯化物明显低于地下水，因此重点分析钠、氯化物的浓度变化，碳酸氢根浓度和总硬度的变化在确定含水层影响范围时用来参考。

表6-4 2021年再生水、密云水库水、南水北调水与50m含水层地下水背景水质差异

分类	pH值	钠/(mg/L)	氯化物/(mg/L)	碳酸氢根/(mg/L)	总硬度/(mg/L)
再生水	8.22	135	160	300	244
密云水库水	7.70	12.7	20.5	165	153
南水北调水	8.15	5.3	5.5	125	146
1(50)	7.9	46.6	40.4	302	277
15(50)	7.9	88.4	186	117	217
22(50)	8.22	50.5	28.2	397	252

Ⅰ号监测断面中1#、2#监测井钠、氯化物、总硬度、碳酸氢根均在2021年表现出明显下降趋势（图6-82～图6-85），说明再生水入渗不是1#、2#监测井50m含水层主要影响因素，影响该区域水质变化的主要因素为上游的地下水压采及地下水回补。

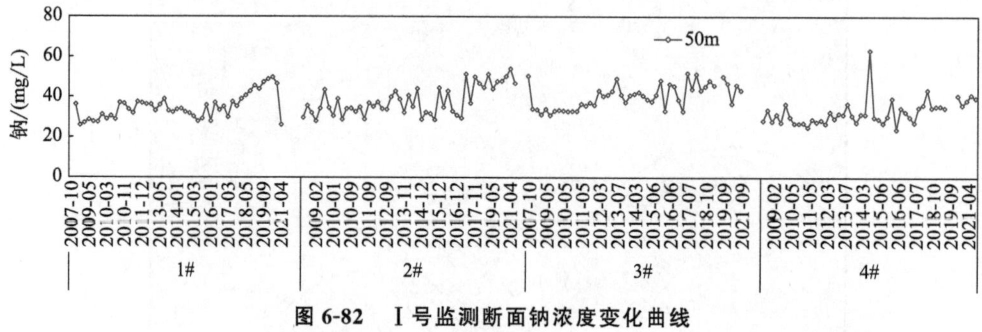

图6-82 Ⅰ号监测断面钠浓度变化曲线

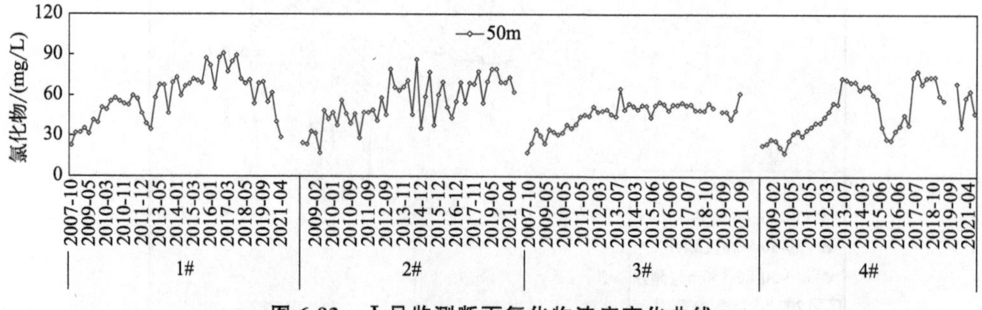

图6-83 Ⅰ号监测断面氯化物浓度变化曲线

Ⅱ号监测断面中13#、14#、15#、16#、17#监测井50m含水层的钠、氯化物和总硬度在潮白河补水前为上升趋势（图6-86～图6-89），随着潮白河补水工作的开展

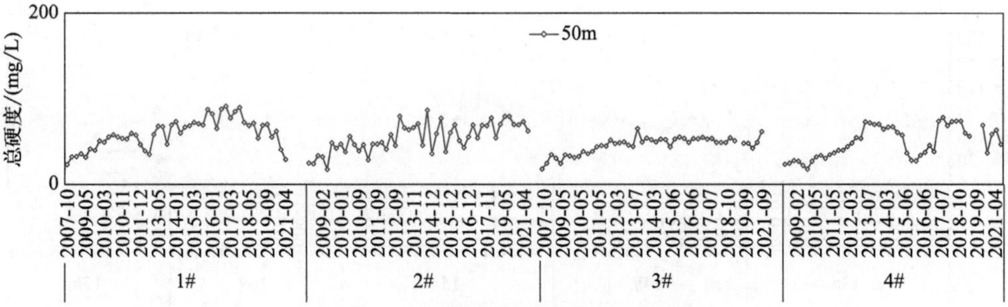

图 6-84　Ⅰ号监测断面总硬度变化曲线

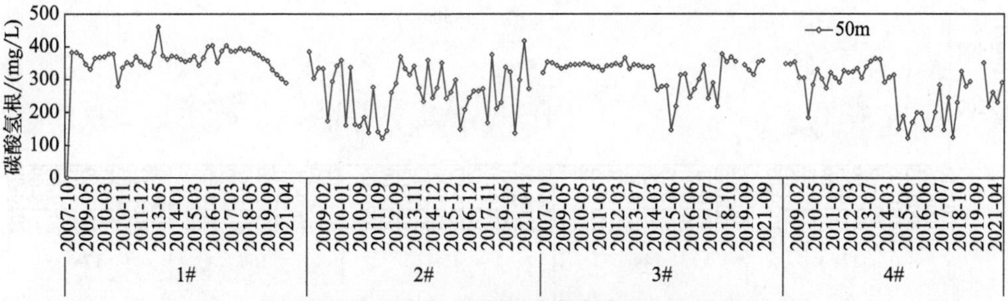

图 6-85　Ⅰ号监测断面碳酸氢根浓度变化曲线

及汛期密云水库的放水，区域河道地表水质得到迅速改善，地下水中的钠、氯化物、总硬度等也出现了降低，距离河道越近，因子浓度下降越明显，说明潮白河补水工作的开展及汛期密云水库的放水对于该区域地下水质有明显改善。但 13＃、14＃、15＃、16＃、17＃监测井 50m 含水层的碳酸氢根浓度呈上升趋势，说明该区域仍然属于再生水入渗影响范围。

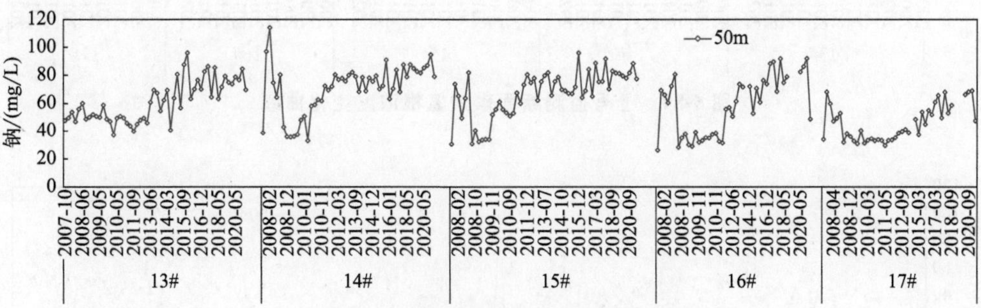

图 6-86　Ⅱ号监测断面钠浓度变化曲线

Ⅲ号监测断面中 22＃、23＃、26＃监测井 50m 含水层的钠在 2021 年表现为先升后降，氯化物基本呈下降趋势，总硬度为持续下降，碳酸氢根则为持续上升（图 6-90～图 6-93），说明该区域 22＃、23＃、26＃监测井 50m 含水层仍主要受再生水入渗影响，潮白河生态补水及地下水压采有一定程度影响，但影响程度小于再生水入渗。32＃监测井距离河道较远，氯化物均仍表现为上升趋势，说明潮白河补水对 32＃监测井影响不大。

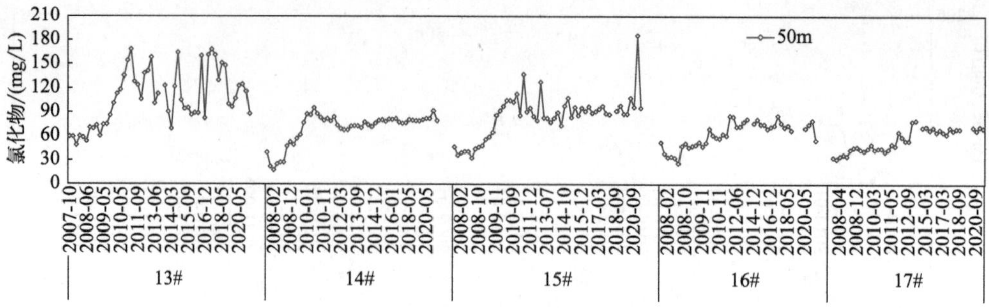

图 6-87　Ⅱ号监测断面氯化物浓度变化曲线

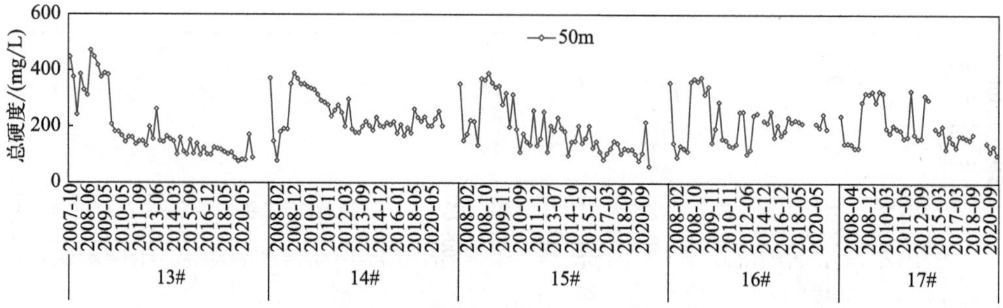

图 6-88　Ⅱ号监测断面总硬度变化曲线

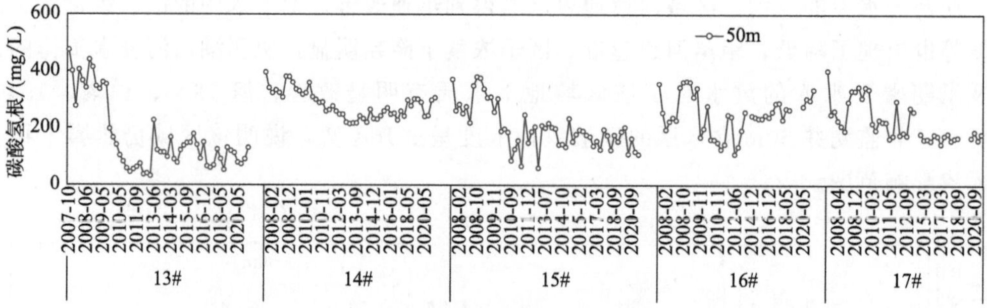

图 6-89　Ⅱ号监测断面碳酸氢根浓度变化曲线

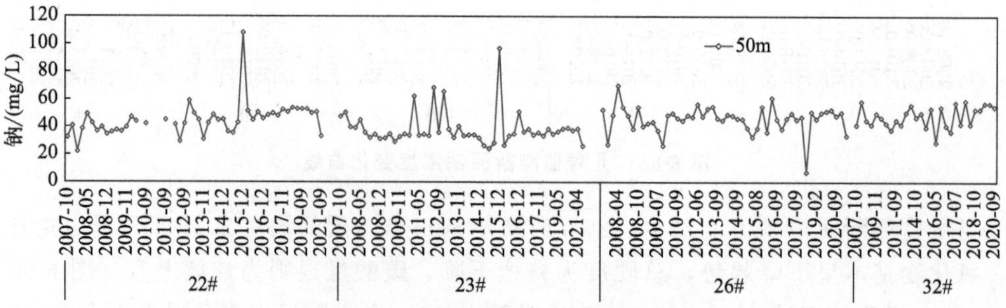

图 6-90　Ⅲ号监测断面钠浓度变化曲线

选择了 34＃、47＃、35＃、32＃50m 深度监测井，分析典型因子的浓度变化，确定再生水入渗对 50m 含水层的影响范围。

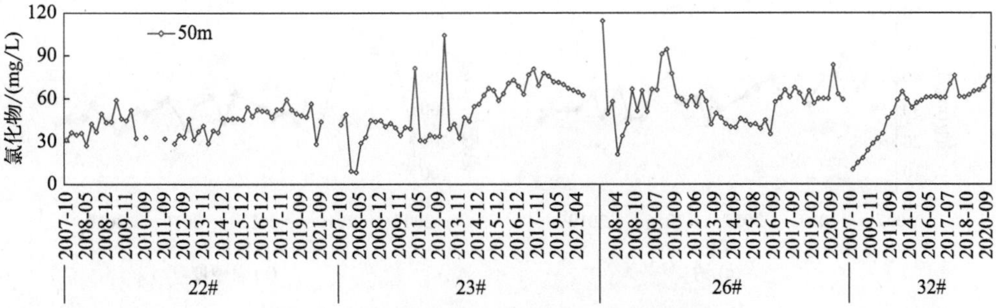

图 6-91　Ⅲ号监测断面氯化物浓度变化曲线

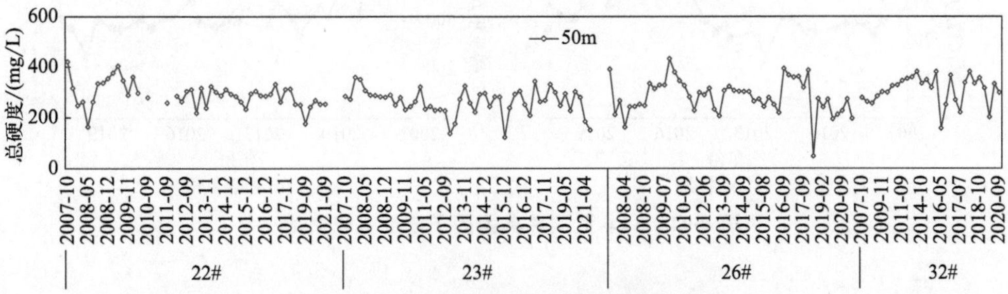

图 6-92　Ⅲ号监测断面总硬度变化曲线

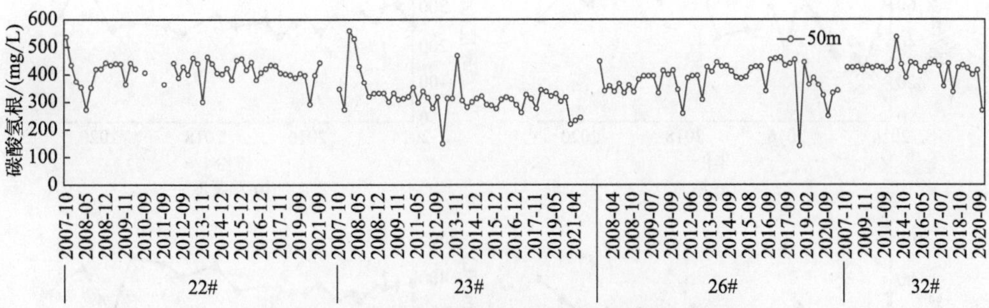

图 6-93　Ⅲ号监测断面碳酸氢根浓度变化曲线

从 34＃监测井 50m 含水层的水质变化情况来看（图 6-94），氯化物在 2013 年后呈现出持续上升趋势，但钠一直在持续下降，再生水入渗在 2021 年前对该区域 50m 含水层影响较小。潮白河补水后钠、氯化物浓度出现了微弱下降，碳酸氢根浓度出现上升，总硬度则持续下降，推测潮白河补水和地下水压采对于 34＃监测井 50m 含水层有一定影响，但影响较小。

35（54）＃监测井的水质变化曲线显示（图 6-95），2021 年前 35（54）＃监测井已受到再生水入渗影响。2020 年后钠、总硬度、碳酸氢根为先上升后下降，但氯化物为持续上升，说明潮白河补水和地下水压采对于 35＃监测井含水层有一定影响，但仍主要受再生水入渗影响。

32＃监测井的水质变化曲线显示（图 6-96），2021 年前 32＃监测井已受到再生水入渗影响，2021 年钠、总硬度、碳酸氢根为先上升后下降，但氯化物为先下降后上升，

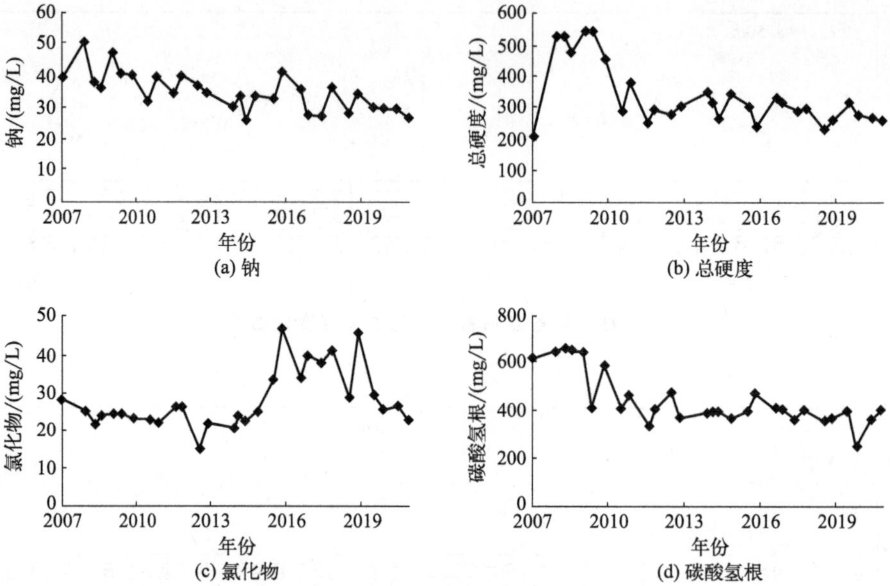

图 6-94　34＃监测井典型因子浓度变化曲线

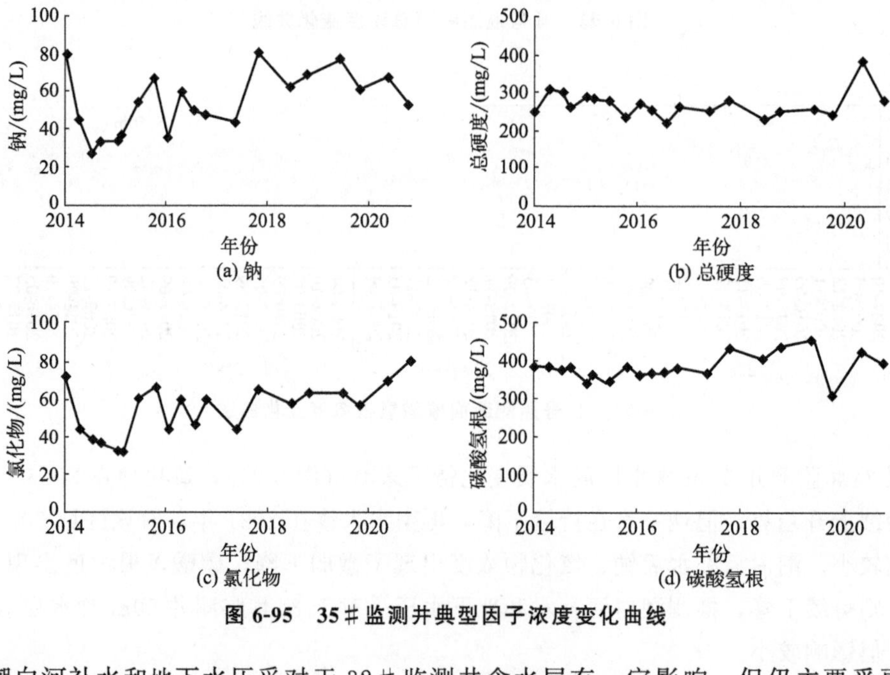

图 6-95　35＃监测井典型因子浓度变化曲线

说明潮白河补水和地下水压采对于 32＃监测井含水层有一定影响，但仍主要受再生水入渗影响。

47＃监测井的水质变化曲线显示（图 6-97），2021 年前 47＃监测井已受到再生水入渗影响。2021 年钠、氯化物表现出了先降后升，总硬度和碳酸氢根仍然为持续上升，说明 47＃监测井受潮白河补水及地下水压采影响较小。

综上，绘制出 50m 含水层地下水影响范围如图 6-98 所示，影响面积 26km^2，与

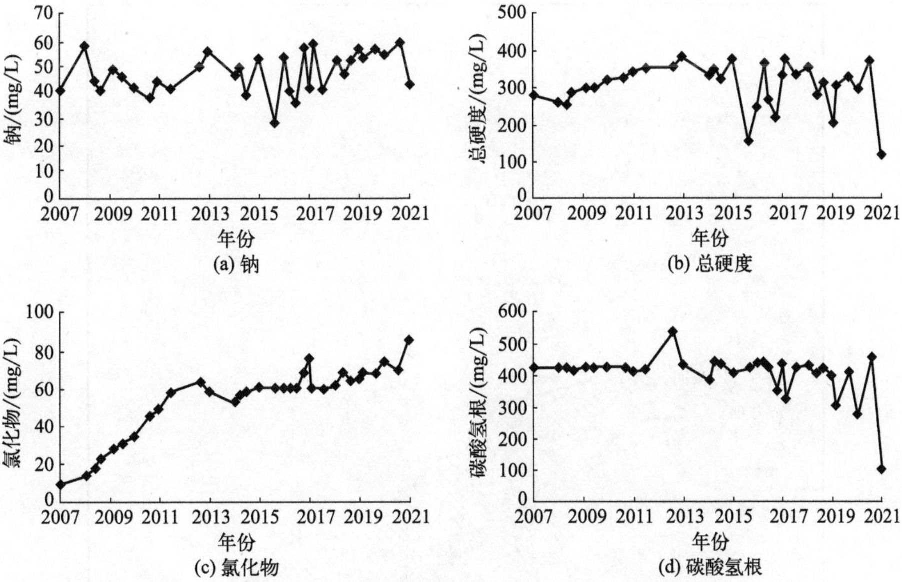

(a) 钠　(b) 总硬度　(c) 氯化物　(d) 碳酸氢根

图 6-96　32＃监测井典型因子浓度变化曲线

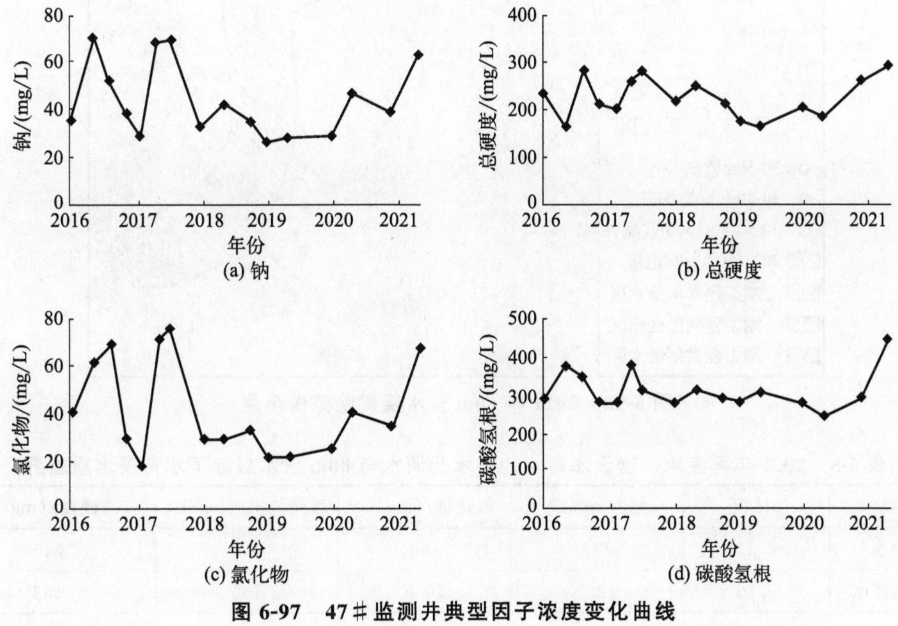

(a) 钠　(b) 总硬度　(c) 氯化物　(d) 碳酸氢根

图 6-97　47＃监测井典型因子浓度变化曲线

2020 年相比增长了 18％。

6.3.2.3　80m 含水层影响范围确定

从 2021 年 4 月再生水、密云水库水、南水北调水和 80m 含水层地下水的水质对比来看（表 6-5），再生水中的钠、氯化物高于地下水，密云水库水和南水北调水中的钠、氯化物明显低于地下水，因此重点分析钠、氯化物的浓度变化，碳酸氢根浓度和总硬度的变化在确定含水层影响范围时用作参考。

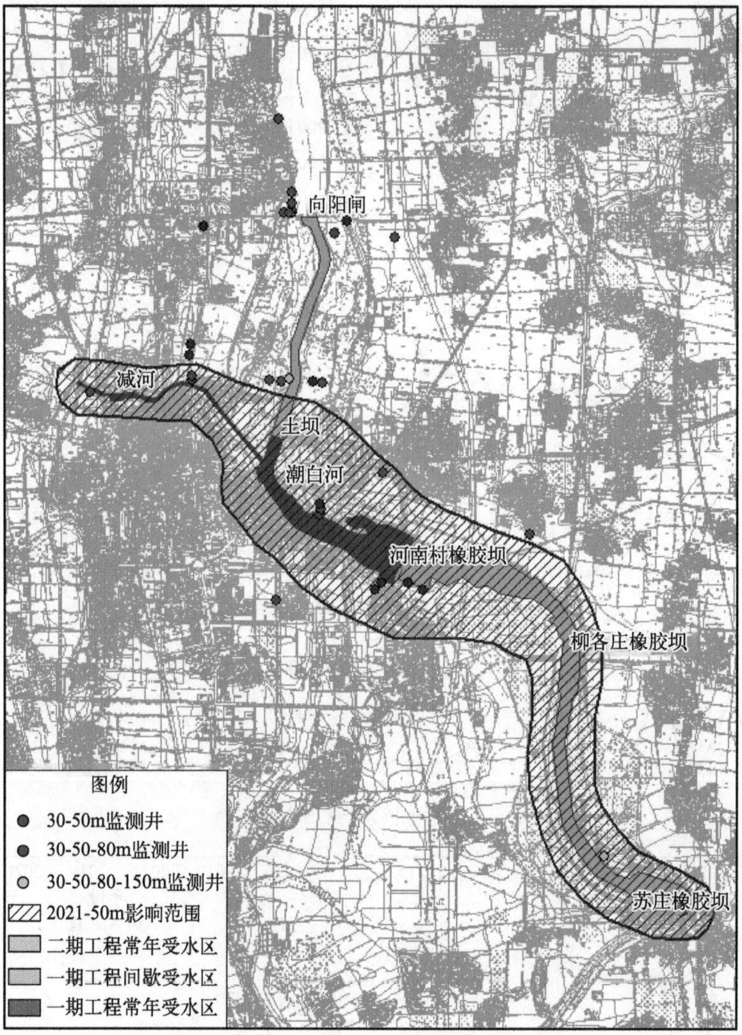

图 6-98　2021 年 50m 含水层影响范围示意

表 6-5　2021 年再生水、密云水库水、南水北调水与 80m 含水层地下水背景水质差异

分类	pH 值	钠/(mg/L)	氯化物/(mg/L)	碳酸氢根/(mg/L)	总硬度/(mg/L)
再生水	8.22	135	160	300	244
密云水库水	7.70	12.7	20.5	165	153
南水北调水	8.15	5.3	5.5	125	146
1(80)	7.79	43.6	68.6	230	230
15(80)	8.87	35.4	63.6	147	118
22(80)	8.11	34.6	55.4	317	291

Ⅰ号监测断面中 1＃、2＃、4＃监测井 80m 含水层的钠、氯化物在 2021 年春季浓度上升，2021 年 9 月后浓度又出现明显下降；2＃和 4＃监测井的总硬度和碳酸氢根 2021 年也表现为先升后降（图 6-99～图 6-102）。说明该区域地下水主要影响因素为潮

白河生态补水，再生水入渗的影响较小。

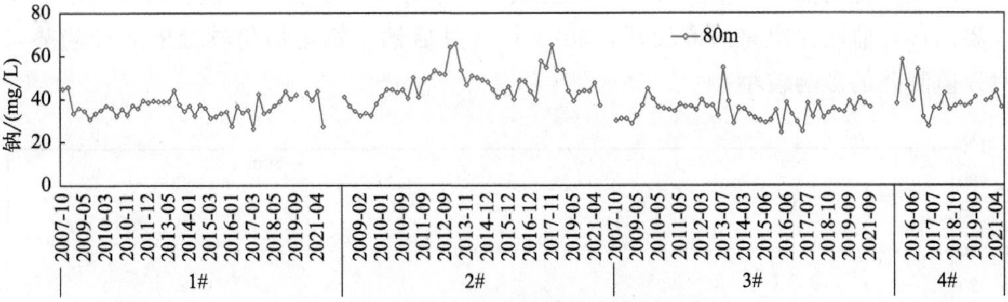

图 6-99　Ⅰ号监测断面钠浓度变化曲线

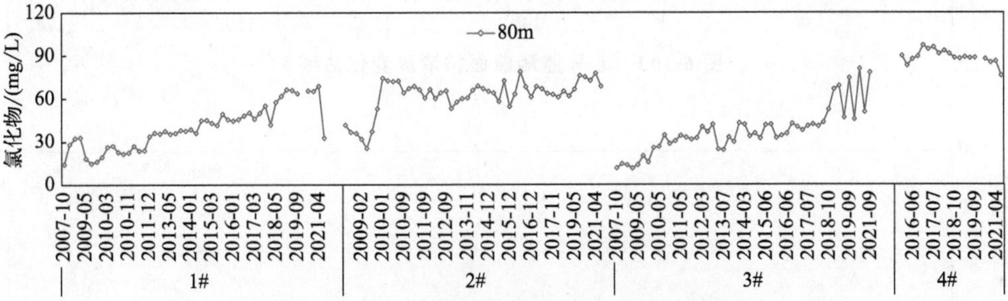

图 6-100　Ⅰ号监测断面氯化物浓度变化曲线

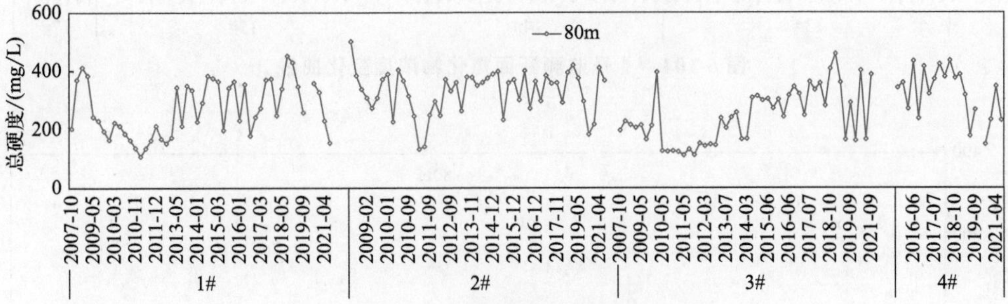

图 6-101　Ⅰ号监测断面总硬度变化曲线

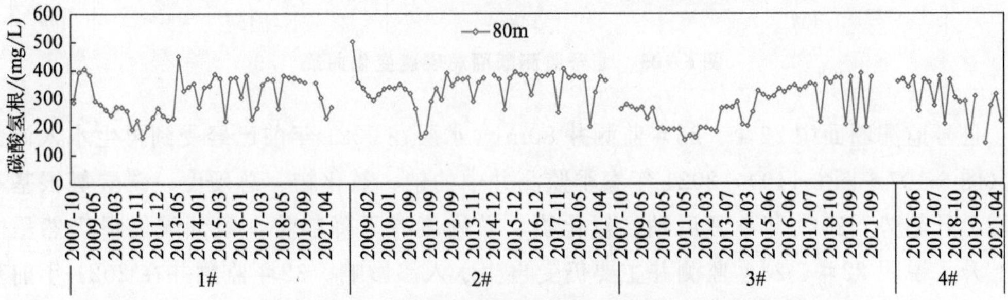

图 6-102　Ⅰ号监测断面碳酸氢根浓度变化曲线

Ⅱ号监测断面中 13＃、14＃、15＃监测井 80m 含水层中钠、氯化物在 2021 年春季基本呈上升趋势（图 6-103～图 6-106），2021 年 9 月后有轻微下降趋势，但没有改变总体上升现象，说明潮白河生态补水对该区域地下水存在一定影响，但影响作用小于再生水入渗。17＃监测井距离河道较远，2021 年 9 月后钠、氯化物仍然处于上升趋势，补水对该监测井的影响较小。

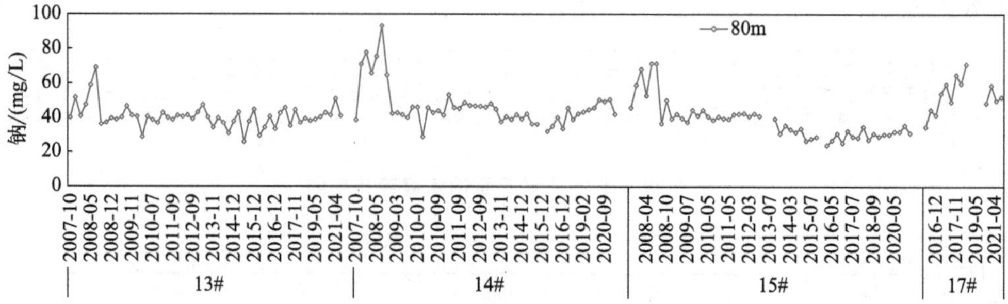

图 6-103　Ⅱ号监测断面钠浓度变化曲线

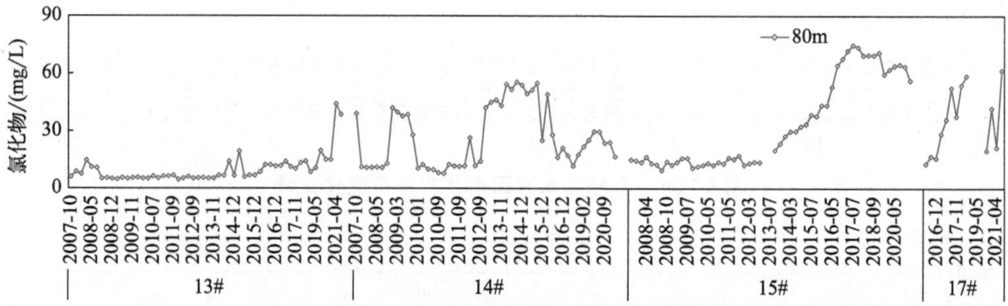

图 6-104　Ⅱ号监测断面氯化物浓度变化曲线

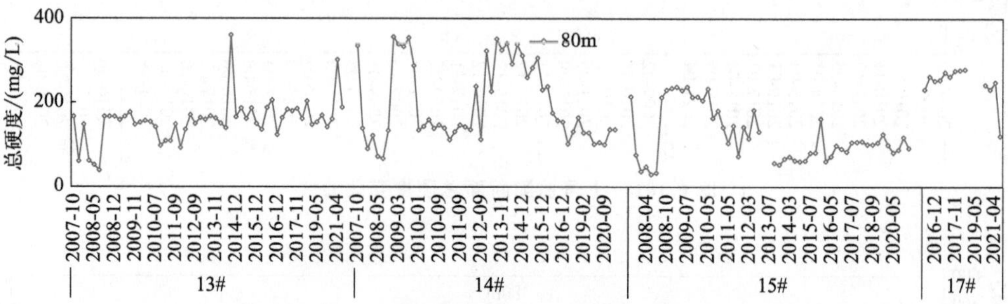

图 6-105　Ⅱ号监测断面总硬度变化曲线

Ⅲ号监测断面中 22＃、23＃监测井 80m 含水层在 2021 年前已经受到再生水入渗影响（图 6-107～图 6-110），2021 年春季监测井中的钠、氯化物、总硬度、碳酸氢根基本保持上升趋势，2021 年 9 月后钠、氯化物、总硬度有下降趋势，但碳酸氢根仍然呈微弱上升，说明 22＃、23＃监测井主要仍受再生水入渗影响。32＃监测井在 2021 年前基本未受到再生水入渗影响，2021 年后钠、总硬度、碳酸氢根虽然出现了先升后降趋势，但结合水位变化分析，推测其变化不是受到潮白河补水影响，再生水入渗也尚未影响到该监测井。

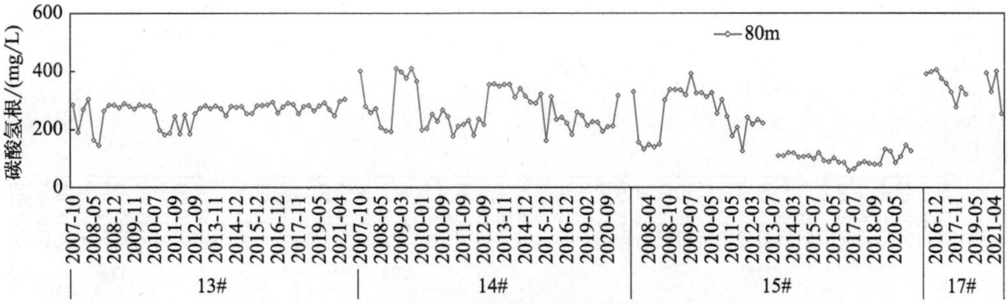

图 6-106 Ⅱ号监测断面碳酸氢根浓度变化曲线

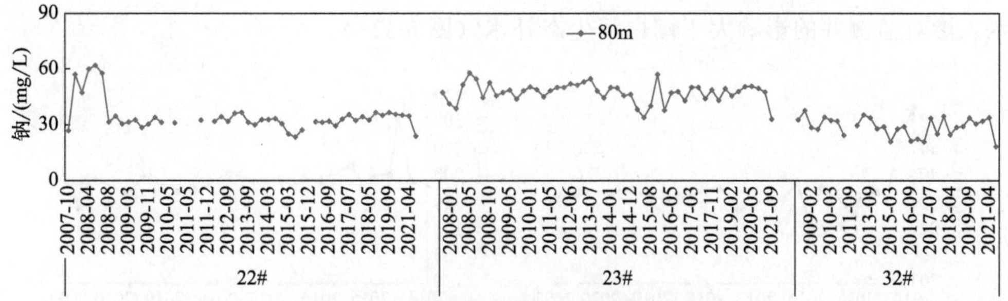

图 6-107 Ⅲ号监测断面钠浓度变化曲线

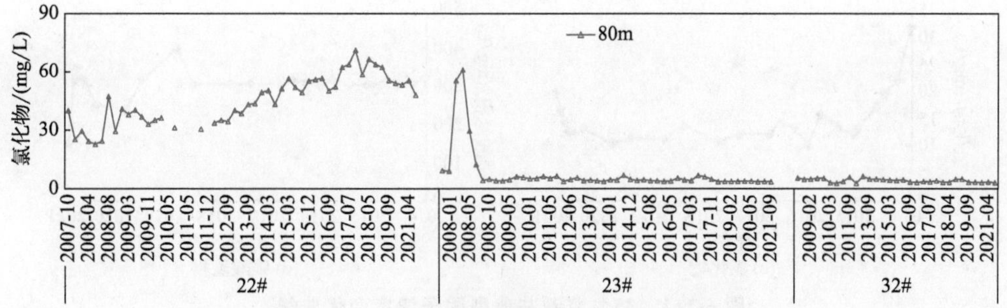

图 6-108 Ⅲ号监测断面氯化物浓度变化曲线

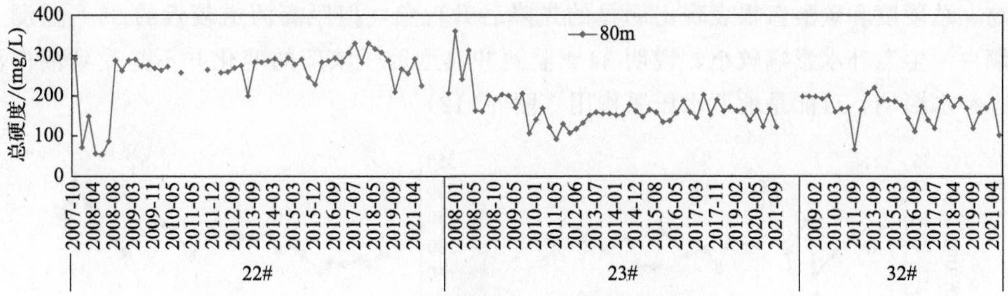

图 6-109 Ⅲ号监测断面总硬度变化曲线

选择了 35#、34#监测井，分析典型因子的浓度变化，确定 80m 含水层的再生水入渗影响范围。

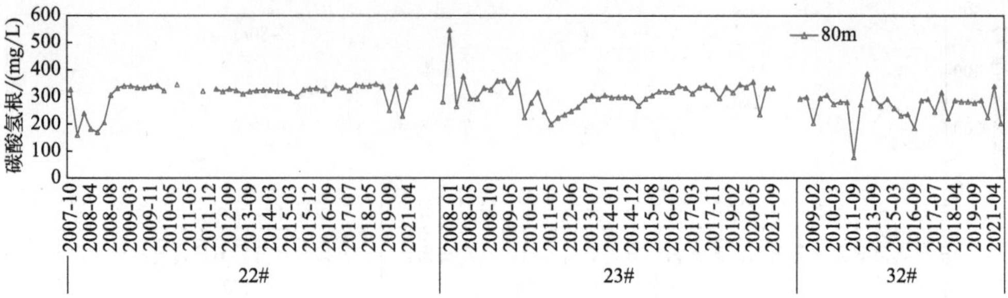

图 6-110　Ⅲ号监测断面碳酸氢根浓度变化曲线

35＃监测井氯化物浓度2021年呈明显上升趋势，钠浓度有微弱下降趋势，说明再生水入渗对监测井的影响大于潮白河生态补水（图 6-111）。

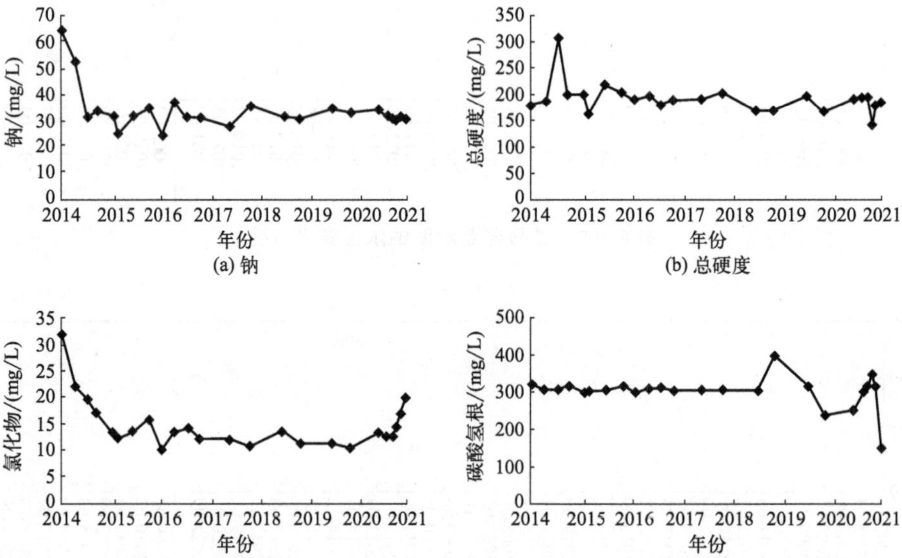

(a) 钠　(b) 总硬度

(c) 氯化物　(d) 碳酸氢根

图 6-111　35＃监测井典型因子浓度变化曲线

34＃监测井80m含水层在2021年前基本未受到再生水入渗影响，2021年后钠、氯化物、总硬度和碳酸氢根表现出明显的先降后升现象，但距离河道较近的35＃监测井受潮白河生态补水影响较小，说明34＃监测井典型因子浓度的变化并不是受到潮白河生态补水影响，可能是地下水压采作用（图 6-112）。

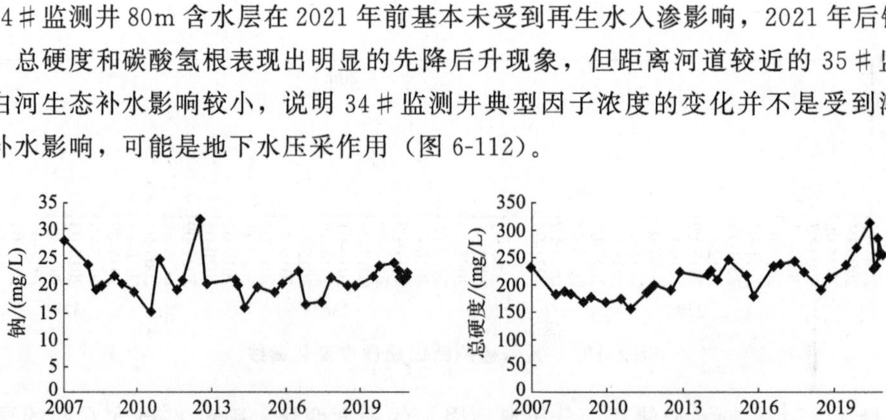

(a) 钠　(b) 总硬度

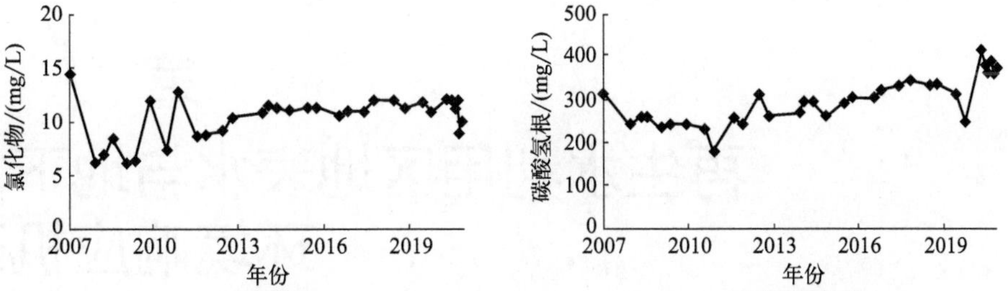

(c) 氯化物　　(d) 碳酸氢根

图 6-112　34＃监测井典型因子浓度变化曲线

综上，确定研究区 2021 年 80m 的地下水影响面积为 $13km^2$，相比上一年增长了 30%，影响范围示意详见图 6-113。

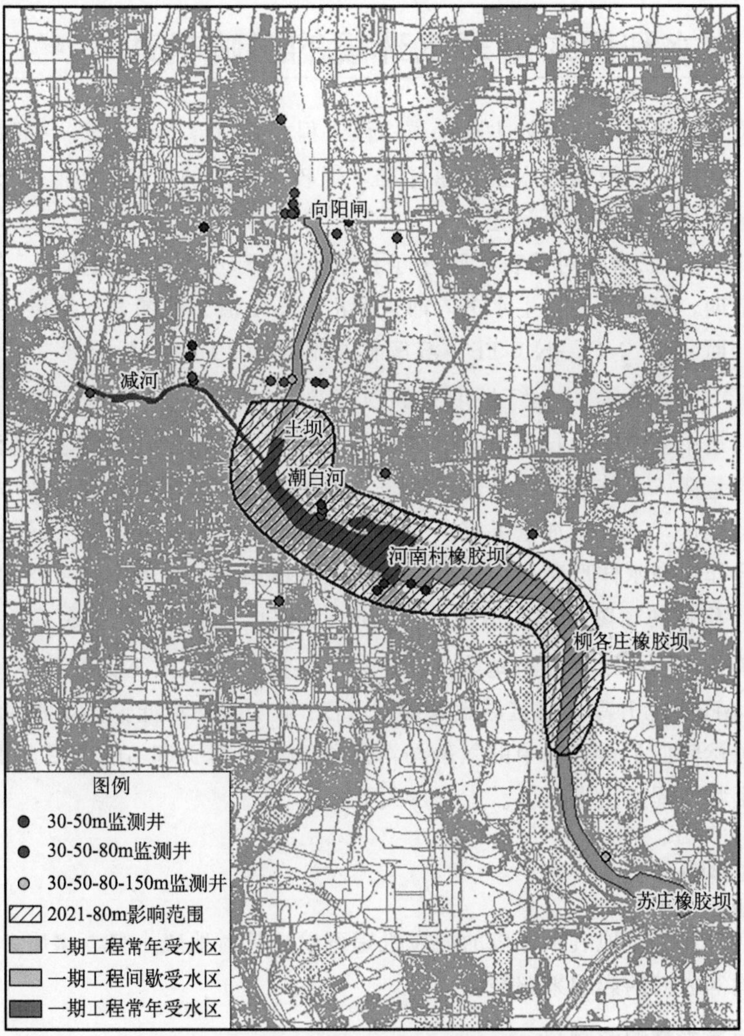

图 6-113　2021 年 80m 含水层影响范围示意

第 7 章 再生水利用区地表水与地下水环境响应机理

7.1 再生水利用对地表水环境的影响机理

再生水中氮磷组分难以有效去除，虽然该工程主要设计出水水质指标除总氮外均满足景观用水、地表回灌及地表水Ⅲ类水标准，但较高浓度的 TN（均值 15mg/L）进入河道后会引起水体富营养化等问题。

自 2007 年补水以来，对地表水质进行了每年不少于 4 次的长期监测，包含丰水期、枯水期与平水期，研究发现再生水进入河道后沿程 pH 值、叶绿素 a 浓度（Chla）和浊度显著升高，而 TN、NO_3^--N、TP、溶解性总固体（TDS）、总硬度（TH）、氧化还原电位（Eh）、Ca^{2+} 浓度、Mg^{2+} 浓度和 HCO_3^- 浓度显著降低。Yang 等研究发现受再生水补给的河道中藻类的生长繁殖会影响水体中的氮、磷浓度，并随季节变化。由于再生水中氮磷含量高，水体处于富营养化状态，当再生水由减河进入潮白河后，河道变宽导致水流速度变慢，进一步加重了富营养化，导致河道中的藻类快速大量繁殖，引起浮游植物的光合作用与水体反硝化作用增强。在光合作用下，自养型微生物利用阳光，吸收 CO_2，进行机体的新陈代谢，消耗 NO_3^--N、HPO_4^{2-} 和 H^+，生成 O_2，从而使 pH 值升高；反硝化作用的结果使得地表水中 NO_3^--N 降低而生成 N_2 和 OH^-，也会引起 pH 值升高，pH 值的升高又直接导致水体中 TDS 与 TH 的降低。再生水沿程发生的生物化学作用虽然降低了再生水中的氮磷与溶解盐浓度，但引起 pH 值沿河道逐渐升高，影响了水生生物及周边生态环境。

7.1.1 综合影响

再生水回补河流对地表水环境的响应机理可以从其对地表水量、水质、水生态以及河岸土壤结构等方面的影响来解释。

（1）对地表水量的影响

再生水回补河流可以增加河流的水量，尤其是在干旱季节或水源紧缺的地区。补水以前，研究区河道几乎常年处于干涸状态，再生水的回补极大地改善了这一情形，改善河流的水位和流速，保持了水体的稳定性和河流的生态平衡，同时也满足了人类用水及生态系统的需求。

(2) 对地表水质的影响

再生水回补前，经实地调研考察，发现该区域河道附近有多处排污口，常年偷排污水，严重影响了区域附近生态环境。污水中所含的重金属离子等经土壤入渗至地下水，影响地下水水质和居民饮水安全。再生水通常经过多道处理工艺，包括物理、化学和生物处理，以去除悬浮物、有机物、营养物质和微生物等污染物，达到地表水环境标准后，才用于地表水回补。使用满足相关标准的再生水回补河流，可以有效减少河流的污染负荷，改善水质。这有助于维护河流生态系统的健康，保护水生生物的生存环境，提供更清洁的水资源。

(3) 对生态环境的影响

再生水回补河流可以提供水生态系统所需的水量和水质条件并提供适宜的水环境，有利于水生生物的繁衍和迁移。这对于维持河流生态系统的多样性和稳定性非常重要。然而，再生水回补河流对河流生态系统也可能产生直接或间接的影响。直接影响包括再生水中的化学物质对水生生物的毒性作用，可能导致水生生物的死亡或生长异常。间接影响则包括水质变化对河流食物链的影响，可能导致食物链中某些环节的破坏，从而影响整个生态系统的稳定性。因此，对于使用再生水长期回补的地表水环境区域可能引发的一系列生态环境问题，仍需进行持续关注。

(4) 对河岸土壤的影响

再生水回补河流可以减少土壤水分的亏缺，维持土壤湿度，保持土壤的结构，减少土壤侵蚀和干旱的风险。同时，再生水中的营养物质和有机物可以提供肥料，促进河岸带植被的生长，减少土地退化和水土流失。

7.1.2 化学作用

由前文可知，減河与潮白河各指标浓度差异较大，而土坝以南潮白河段与土坝以北潮白河段差异较小，研究发现，主要由于減河为人工河道，具有流速快、河道窄的特点，是再生水进入河道后的初始阶段。土坝以南潮白河段具有水量大、河道宽且常年有水的特点；土坝以北潮白河段水量小，河道宽，间歇性受水。由于減河与潮白河段的地表水水质差异，再生水由減河进入潮白河段会经过一系列水化学与生物化学作用，水质沿程发生变化，主要受光合作用及反硝化作用的影响。

(1) 光合作用

再生水回补河流后，其中的营养物质（如氮和磷）可以促进水中植物的生长。这些植物通过光合作用吸收二氧化碳，并释放氧气。光合作用不仅有助于增加水体中的氧气含量，也能够减少水中的有机物浓度。此外，光合作用还可以提供食物和栖息地，支持更多的水生生物生存和繁殖。通过促进植物生长和提高生物多样性，再生水回补河流可以改善河流的生态系统健康状况。

(2) 反硝化作用

由于再生水中含有高浓度的无机氮，如硝酸盐和氨氮。当再生水回补河流时，其中的无机氮可能会通过反硝化作用转化为氮气，从而减少河水中的氮污染物浓度。反硝化是一种微生物过程，需要在缺氧条件下进行。在河流中，沉积物和水体底部的微生物可以利用再生水中的无机氮作为电子受体，将其还原成氮气释放到大气中。这有助于减少河流中的氮污染，改善水质。

7.1.3 空间尺度

再生水回补河流可以增加河流的水量，尤其是在干旱季节或水源紧缺的地区。补水以前，研究区河道几乎常年处于干涸状态。由于不同河道引水工程前期的防渗措施有差异，致使不同河段再生水的氮和磷浓度显著不同。同时，由于再生水水量有限且河道内多设置闸坝，导致部分河段长期断流。从 2007 年引温济潮一期工程实施，到 2018 年底，引温济潮工程实际的调水量累计为 $2.78\times10^8m^3$。经过多年补水，河道断流情况有所好转。在长期补水情况下，减河水深 0.64～1.70m，平均 1.11m；土坝以北潮白河水深 2.1m，土坝以南潮白河水深 2.30～2.60m，平均 2.45m。再生水的补给有效改善了河道水资源匮乏的状况，保持了水体的稳定性和河流的生态平衡，同时也满足了人类用水及生态系统的需求。

再生水进入河道后，沿程水质会发生变化，由于不同断面地表水的水化学具有差异，需对地表水监测断面进行聚类，分析地表水化学空间尺度变化特征。考虑指标的代表性与连续性，选取 2007—2018 年地表水的 15 项指标的中位数进行统计分析，指标包括 pH 值、TDS、TH、HCO_3^-、CO_3^{2-}、NO_3^--N、NH_4^+-N、TN、TP、铁、锰、COD_{Mn}、BOD_5 等，采用 R 型系统聚类分析对地表水断面进行分区，数据在进行聚类分析之前，首先进行均值为 0、方差为 1 的标准化转换，本研究的聚类分析使用 IBM SPSS Statistics 24.0 统计分析软件，选用离差平方和（ward）算法和欧氏距离，根据欧氏距离的大小，按照采样点地理位置的相似性和差异性，将地表水断面进行分区。

空间尺度的聚类分析可分为 3 组（图 7-1），A 组包括减河河段的 MBR 出水（J1）、京承铁路桥（J2）、双兴桥（J3）、潮减交汇处（J4）4 个断面；B1 组包括土坝以南的彩虹桥（C3）、河南村橡胶坝（C4）2 个断面；B2 组包括土坝以北的向阳闸（C1）、向阳闸下（C2）2 个断面。基于地表水监测断面聚类分析结果将受水区分为 3 个河段，分析结果见图 7-1。

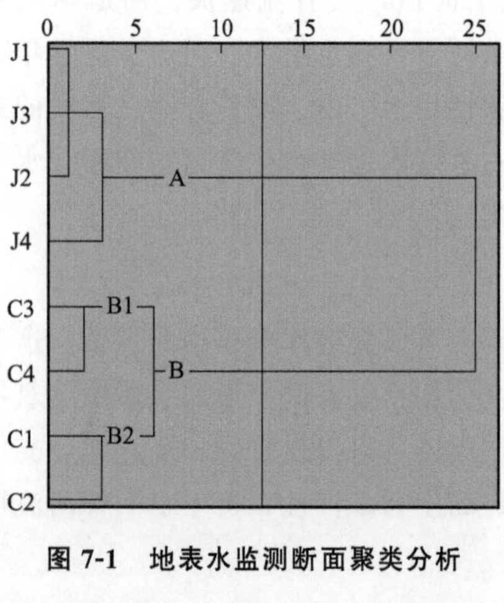

图 7-1 地表水监测断面聚类分析

基于聚类分析的结果，在空间尺度上减河与土坝以南潮白河段的长期地表水沿程演化特征依然符合前人在 2012～2013 年研究的地表水水质特征。主要表现为再生水由减河进入潮白河后，pH 值明显升高，TDS、TH 浓度均明显降低，氮、磷组分浓度明显降低，仅 CO_3^{2-}、COD_{Mn}、叶绿素 a 浓度升高，铁、锰指标浓度未发生明显变化。土坝以北潮白河段水质指标浓度与土坝以南较为接近，差异较小。

He 等为研究再生水进入河道沿程的水质变化原因，采用了黑白瓶法、静态箱-气相色谱法、N_2：Ar 膜进样质谱法等研究方法，测定了河道中浮游植物光合作用、水-气界面温室气体通量与水体反硝化作用。研究发现，由于再生水中氮磷含量高，回补河道后水体会呈富营养化状态，减河作为再生水进入河道的初始河段，河道中的再生水具有氮磷浓度高的特点，并且该河段河道窄，水体流速较快，不利于浮游植物的繁殖，使得该河段富营养化程度较低，因此该河段中再生水的反硝化作用与同化作用较弱，pH 值升高幅度与其他水质指标变化幅度较小。而当再生水进入土坝以南潮白河段后，由于潮白河河道宽，水体流速变缓，有利于浮游植物在该河段中的大量繁殖，导致水体叶绿素 a 浓度急剧升高，同时也消耗了水中的氮磷。从而形成厌氧微环境，有利于产生反硝化作用，反硝化作用增强使水体氮浓度明显下降，并引起水体 pH 值大幅升高，使 HCO_3^- 转化为 CO_3^{2-}，CO_3^{2-} 会与 Ca^{2+} 结合形成 $CaCO_3$ 沉淀，使得水体中 HCO_3^-、Ca^{2+} 及 TDS 浓度大幅降低。该学者的研究基本符合 11 年的水质监测数据，而土坝以北潮白河段未进行研究。该河段进行间歇性补水，不同时间段内水质演化有所差异，但总体上土坝以北潮白河段的各指标浓度接近土坝以南潮白河段，仅部分指标与土坝以南潮白河段具有差异，土坝以北潮白河段的叶绿素 a、BOD_5 浓度均低于土坝以南潮白河段，故该河段浮游植物生长数量较少，因此水体的光合作用与反硝化作用弱于土坝以南潮白河段，使得再生水由减河流入土坝以北潮白河段后，水体 pH 值升高幅度与 TDS、TH 浓度降低幅度较小。

经实地调研考察，发现研究区河道沿程右岸有生活污水排放，生活污水中含有大量的有机物和氮、磷等无机物，有机污染物在被微生物分解的过程中消耗水中的 O_2，且潮白河流速慢，水动力条件差，导致河道沿程 BOD_5、COD_{Mn} 升高，DO 降低。夏季降雨较多，有一定的稀释作用。水中氧气的减少促进了反硝化作用，使得地表水水质发生变化。NO_3^- 和 H^+ 在反硝化过程中被消耗，浮游植物也同化吸收了一部分 NO_3^--N，而 NO_3^--N 是最主要的无机氮存在形式，故地表水中 NO_3^--N 和 TN 含量降低，pH 值升高。河流流速的减慢及温度的上升都会使得反硝化作用增强，因此在潮白河段以及夏季时地表水中反硝化作用更为强烈，对水质的影响更大。

何宝南等指出潮白河再生水受水区长期水质监测结果显示总氮和硝氮含量沿流向呈显著降低趋势，初步分析认为水体反硝化作用可能是总氮和硝氮显著降低的主要原因。反硝化作用能够去除氮素，N_2 主要由水体中 NO_3^--N 反硝化作用产生，N_2O 通量极少。Melillo 等指出在酸性水体条件下 N_2O 是反硝化的主要产物，本受水区水体呈弱碱性，限制了 N_2O 的产生，对 N_2 通量则无影响，故 N_2O 通量极少，忽略不计；且受水区昼夜 N_2 通量大都位于零刻度线之上，仅 9 月份昼夜交替时间所对应的 N_2 通量位于零刻度线以下，这一现象说明采样期间受水区水体总体表现为向大气释放 N_2，仅个别时间表现为吸收 N_2。受水区 N_2 通量昼夜变化特征与温度联系密切，主要表现为温度较高的白天 N_2 通量高于温度较低的晚上。再生水中营养物质丰富，水流从减河进入潮白河后水面开阔，流速减慢，为藻类生长提供了有利条件。藻类的光合作用吸收水中的

CO_2，导致pH值升高；消耗地表水中的氮、磷，释放O_2。夏季藻类生长强于冬季，故地表水TN和TP含量降低、pH值升高的现象在夏季更明显。姜瑞雪等研究同样指出，高温季节地表水质总体优于低温季节，同一监测点在夏季TN、TP含量更低，pH值更高，这可能与藻类的光合作用和地表水中的反硝化作用等因素有关。

7.1.4 时间尺度

受污水处理工艺限制，再生水相比自然水体通常含有较高的盐、氮、磷、重金属和有机污染物等，使用再生水补给河道往往会造成地表水氮、磷超标，藻类大量繁殖，水体富营养化。但随着再生水处理工艺的提升，除pH值外，年际间减河中的各项水化学指标均呈降低趋势。对于土坝以南潮白河段，补水以来，仅pH值、叶绿素a、CO_3^{2-}发生了明显的降低，其余指标变化幅度较小，可能由于再生水出水中氮、磷含量的降低，引起水体富营养化程度降低，同时二期补水量大，流速加快，也可使得浮游植物生长数量减少，数据显示，二期补水后潮白河中叶绿素a浓度明显降低，导致再生水沿程的光合作用与反硝化作用减弱，故相对于补水前期，再生水的pH值有所降低，同时引起CO_3^{2-}浓度降低。

由于土坝以北潮白河段补水前期间歇性补水，二期工程后开始长期补水，故该河段的再生水随时间变化相对于土坝以南潮白河段具有差异，主要表现为二期工程开始后，再生水中的pH值显著降低，并且NO_3^--N、TDS与TH浓度有所升高。间歇性补水期间，仅夏季向土坝以北补水，故产生了干湿交替的条件，干湿交替系统可对悬浮颗粒进行机械过滤。从化学角度来看，它特别有助于产生间歇性有氧和厌氧条件，促进硝化和反硝化进程，从而可去除出水中部分有机或无机的氮、碳以及其他成分，故在二期补水前，向阳闸监测断面的干湿交替条件可以有效地去除水中的NO_3^--N，使得NO_3^--N浓度明显低于其余断面，该过程导致再生水中pH值明显升高，并引起TDS与TH浓度降低幅度较大。2012年开启二期补水后，土坝以北河段开始长期受水，在此过程中，NO_3^--N并未得到有效的去除，故相比于2012年之前pH值显著降低，TDS与TH浓度有所升高。

7.2 再生水特征水质指标在典型岩性介质中的迁移转化机理

7.2.1 再生水在典型岩性介质中的淋溶试验研究

再生水不同组分进出水浓度都取多次监测数据的平均值，观察其随深度的变化情况。

(1) pH值随深度的变化规律

再生水在三种典型介质淋溶试验中pH值变化范围在7.5～8.4之间，8个取样孔自上而下 pH 值均有降低的趋势，但柱 3 的降低幅度最大，柱 1 的降低幅度最小，见图 7-2（书后另见彩图）。

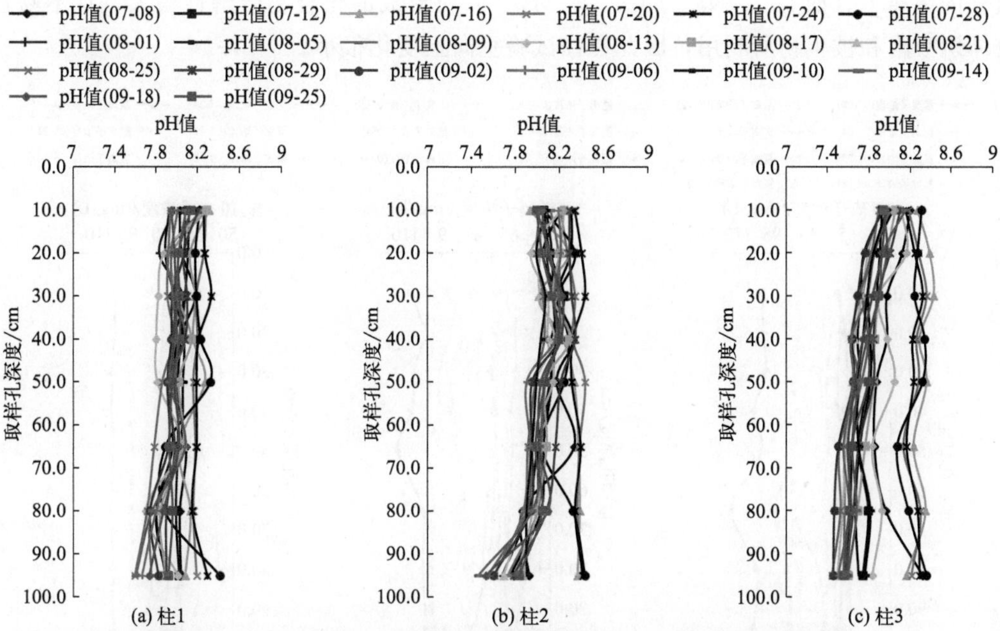

图 7-2 三种典型岩性介质再生水淋溶试验 pH 值随深度的变化曲线

（2）碳酸氢根离子、氯离子及硫酸根离子浓度随深度的变化规律

再生水在三种典型介质淋溶试验中，碳酸氢根离子的浓度一般在 200～270mg/L 之间，自上而下浓度较为稳定，见图 7-3（书后另见彩图）。

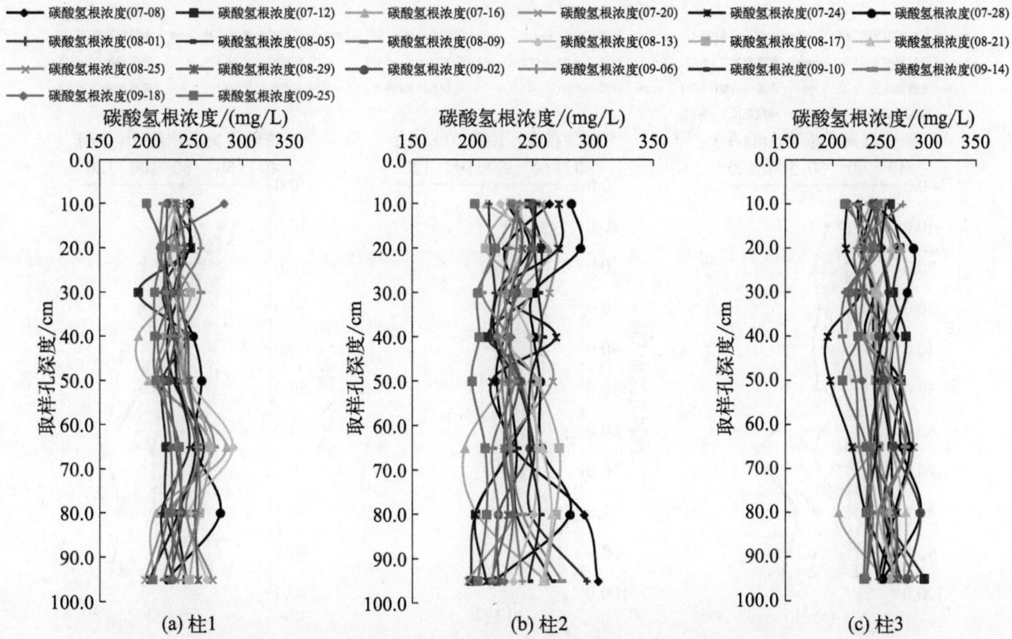

图 7-3 三种典型岩性介质再生水淋溶试验碳酸氢根离子浓度随深度的变化曲线

氯离子浓度随取样孔深度加深，浓度变化并不明显，见图 7-4（书后另见彩图）。由于氯离子是保守性离子，具有很强的迁移性能，它很难形成难溶化合物，与水中大量组分的阳离子（如 K^+、Na^+、Ca^{2+}、Mg^{2+}）所形成的化合物溶解性很大，且不易被胶体所吸附和被生物所利用，因此在柱试验垂向上变化很小。

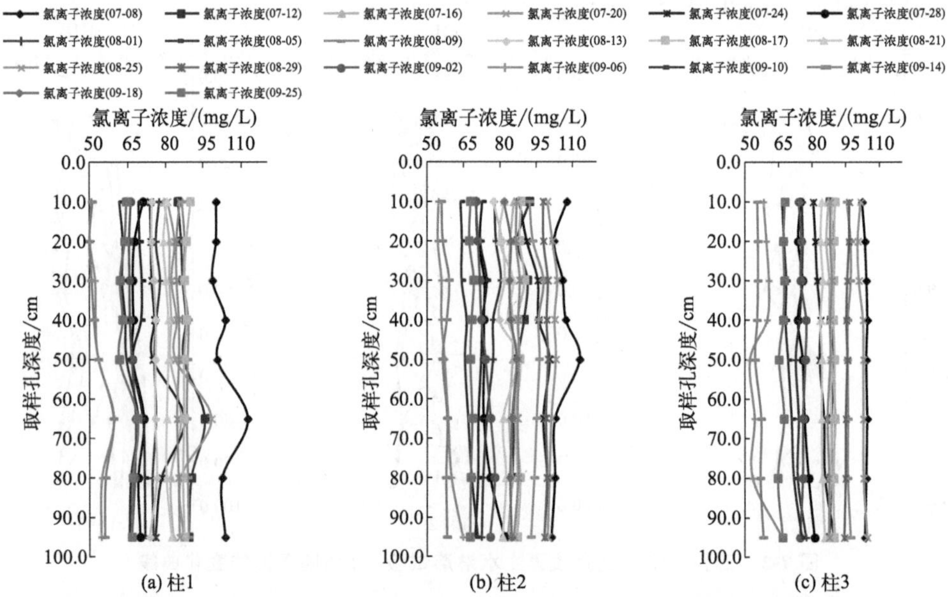

图 7-4　三种典型岩性介质再生水淋溶试验氯离子浓度随深度的变化曲线

硫酸根离子同样具有很好的迁移性，仅次于氯离子。硫酸根离子浓度随取样深度加深变化较为稳定，见图 7-5（书后另见彩图）。柱 3 的硫酸根离子浓度自上而下略有升

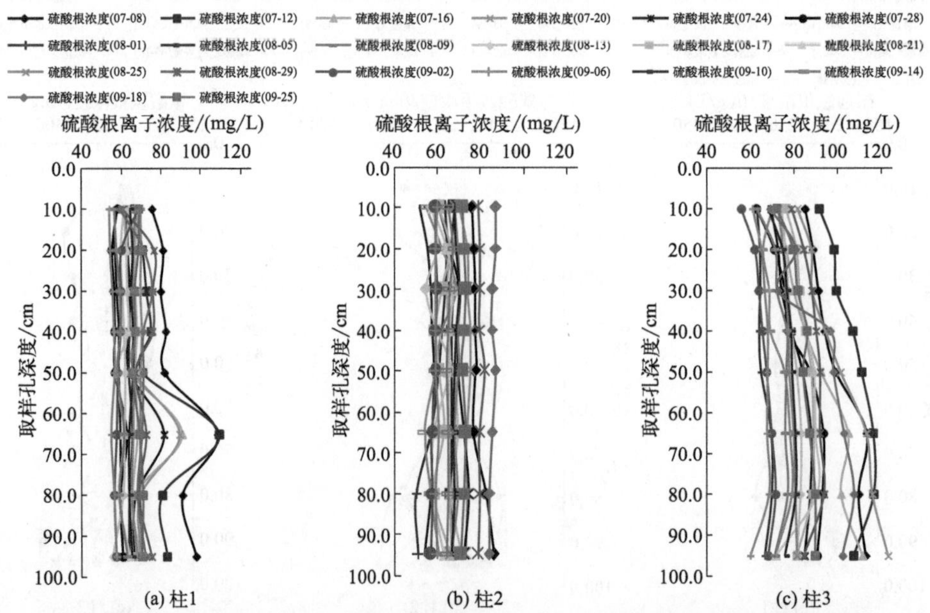

图 7-5　三种典型岩性介质再生水淋溶试验硫酸根离子浓度随深度的变化曲线

高，可能是由柱内氧化还原环境变化使得再生水中的低价硫转化成硫酸根离子所致。

再生水在三种典型介质淋溶试验中，钾离子浓度变化自上而下较为明显，见图 7-6（书后另见彩图）。柱 1 的钾离子浓度自上而下微降，柱 2 的钾离子浓度降幅明显，柱 3 的钾离子浓度降幅最大，可达 12mg/L。表明砾石含砂介质不易吸附钾离子，而细砂和粉质黏土则容易吸附钾离子。

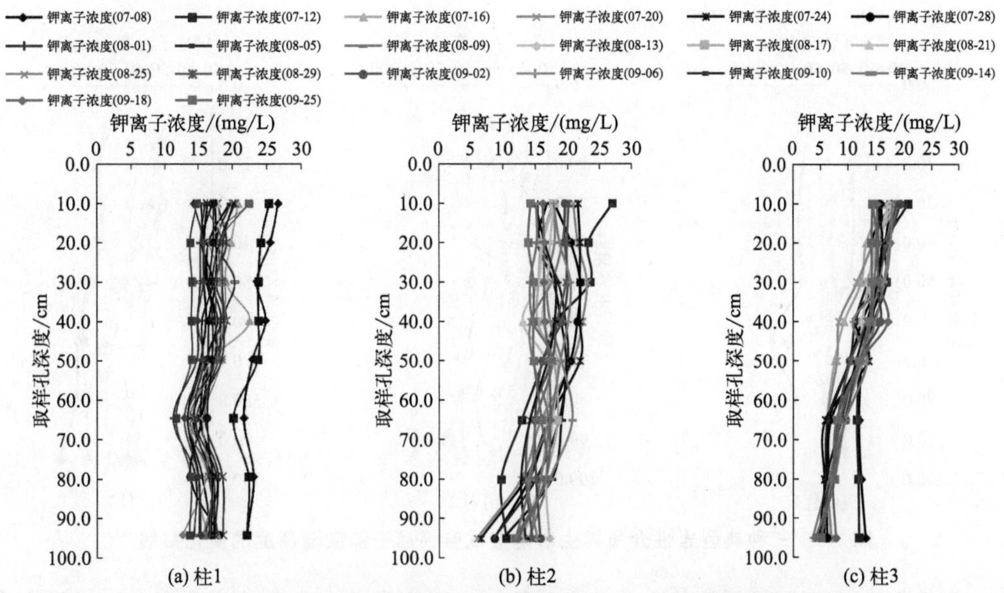

图 7-6 三种典型岩性介质再生水淋溶试验钾离子浓度随深度的变化曲线

再生水在三种典型介质淋溶试验中，钠离子浓度为 60～90mg/L，自上而下钠离子浓度较为稳定，见图 7-7（书后另见彩图）。表明钠离子的迁移能力较好，不易被介质吸附。

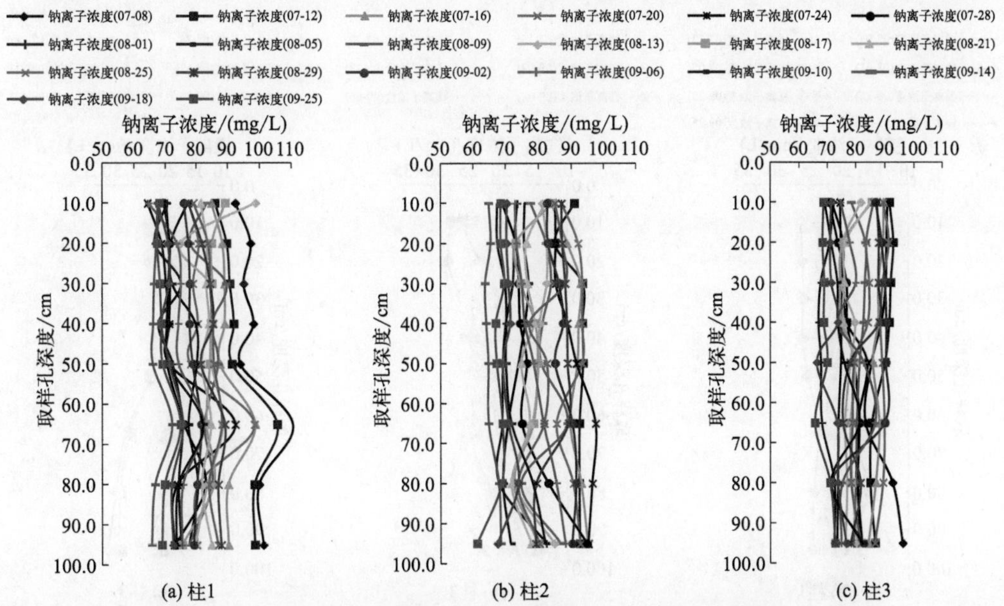

图 7-7 三种典型岩性介质再生水淋溶试验钠离子浓度随深度的变化曲线

再生水在三种典型介质淋溶试验中，柱 1 的钙离子浓度自上而下浓度变化不大，较为稳定。柱 2 的钙离子浓度随采样深度增加而呈升高趋势，均升幅 10mg/L。柱 3 钙离子浓度随采样深度增加一直增加，最大升幅达 18mg/L，详见图 7-8（书后另见彩图）。

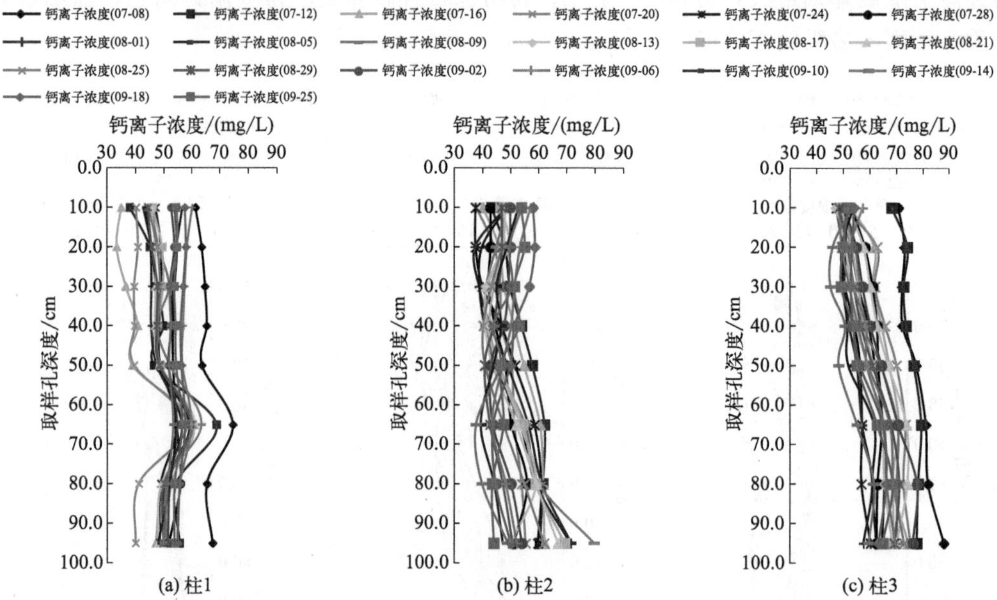

图 7-8　三种典型岩性介质再生水淋溶试验钙离子浓度随深度的变化曲线

再生水在三种典型介质淋溶试验中，柱 1 的镁离子浓度变化较为稳定。柱 2 镁离子浓度先自上而下降低，最大降幅达 12mg/L，之后镁离子浓度则随采样深度增加略有增加。柱 3 的镁离子浓度则呈现出先降后升的变化特征，但总体而言，出水浓度稍低于进水浓度。详见图 7-9（书后另见彩图）。

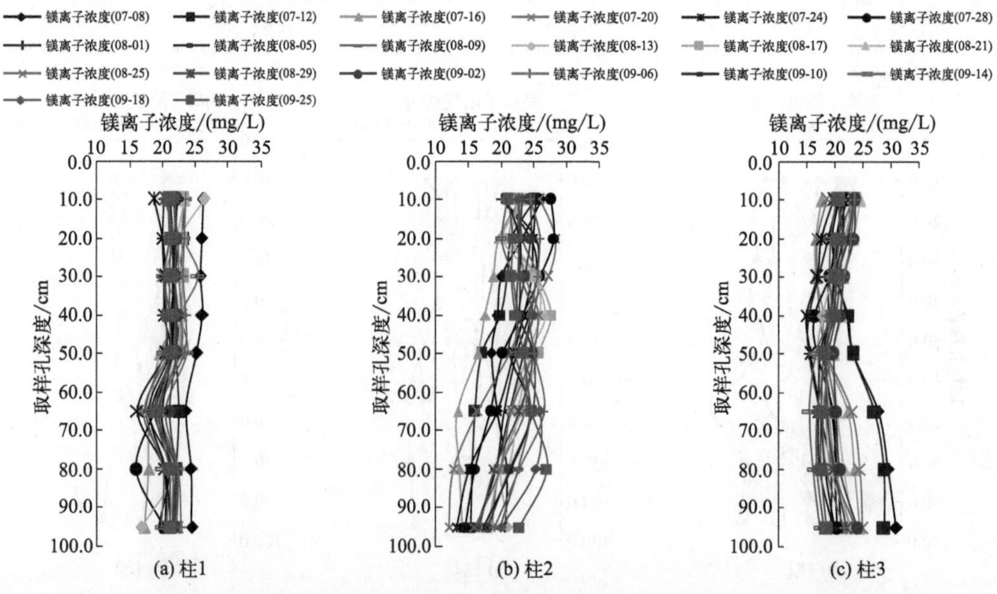

图 7-9　三种典型岩性介质再生水淋溶试验镁离子浓度随深度的变化曲线

(3) 总硬度与溶解性总固体随深度的变化规律

再生水在三种典型介质淋溶试验中，三柱自上而下不同深度上的总硬度变化见图 7-10（书后另见彩图）。从图上可以看出，柱 1 的总硬度变化较为稳定。柱 2 在试验初期，总硬度增加，增幅为 15mg/L；后期不增反降，降幅为 15mg/L。柱 3 随着采样孔深度增加，硬度显著增加，从进水到出水，增幅达 40mg/L。

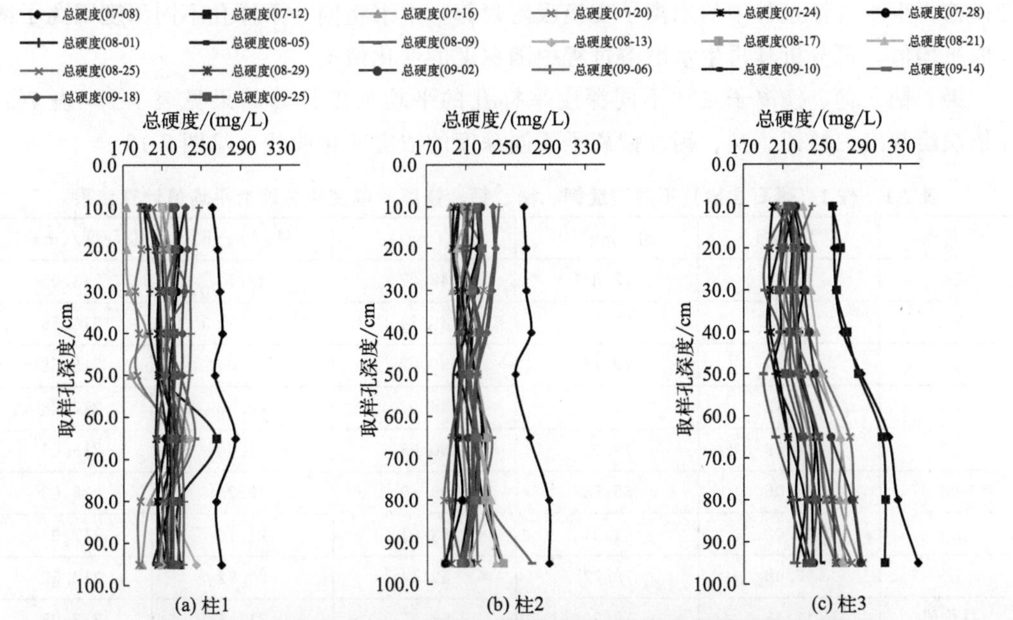

图 7-10　三种典型岩性介质再生水淋溶试验总硬度随深度的变化曲线

再生水在三种典型介质淋溶试验中，三柱的 TDS 浓度变化见图 7-11（书后另见彩

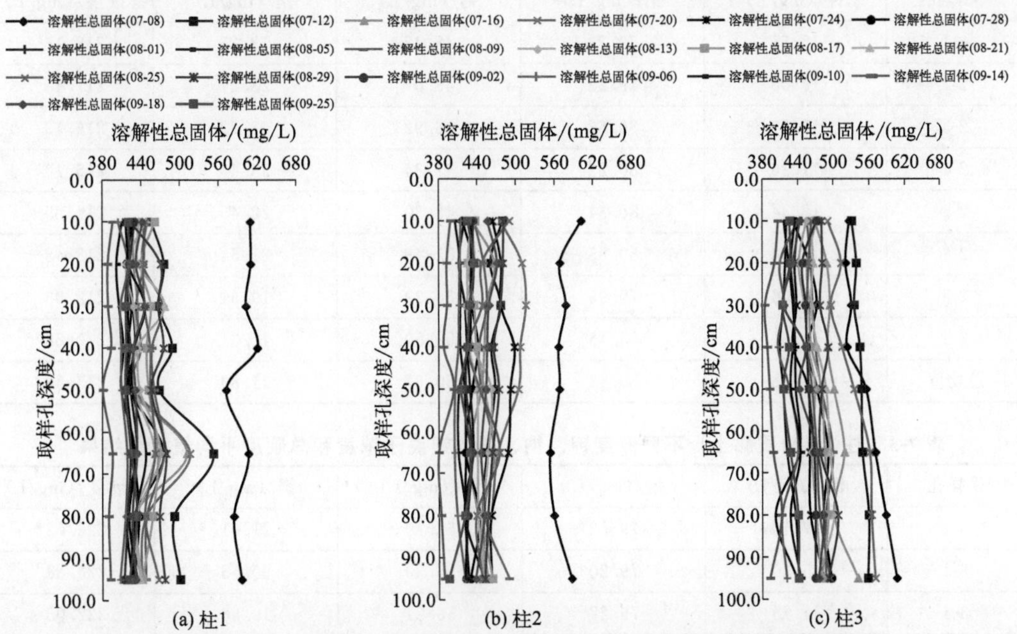

图 7-11　三种典型岩性介质再生水淋溶试验 TDS 随深度的变化曲线

图）。从图中可以看出，三柱 TDS 自上而下未发生显著的升高或降低趋势，变化较为平稳，表明再生水淋溶过程中阴阳离子的总和未发生显著变化。

7.2.2 阳离子在典型岩性介质中的吸附规律分析

综上分析，可以看出再生水淋溶试验中阳离子浓度都随深度发生一定的变化。为详细摸清再生水入渗过程中的阳离子交换吸附规律，本书将同一采样孔不同深度阳离子浓度取平均值，再分析其再生水淋溶过程中随深度的变化情况。

钾、钠、钙、镁离子三柱不同深度采样孔的平均浓度计算结果见表 7-1～表 7-3，并依次绘制出三柱钾、钠、钙、镁离子不同深度的浓度变化曲线，见图 7-12。

表 7-1　柱 1（砾石含砂）不同深度钾、钠、钙、镁离子浓度和总硬度平均值计算结果

采样孔	钾/(mg/L)	钠/(mg/L)	钙/(mg/L)	镁/(mg/L)	总硬度/(mg/L)
1-1	19.14	77.31	48.27	22.17	213.05
1-2	18.16	77.46	49.74	22.13	216.56
1-3	18.14	79.15	50.07	22.01	216.88
1-4	18.43	79.23	49.98	22.16	217.28
1-5	17.59	79.03	50.08	21.90	216.45
1-6	15.06	85.98	59.49	19.25	228.93
1-7	17.02	81.31	52.01	21.10	217.94
1-8	17.09	79.77	52.14	20.92	217.52
总均值	17.58	79.90	51.47	21.45	218.05

表 7-2　柱 2（细砂）不同深度钾、钠、钙、镁离子浓度和总硬度平均值计算结果

采样孔	钾/(mg/L)	钠/(mg/L)	钙/(mg/L)	镁/(mg/L)	总硬度/(mg/L)
2-1	18.61	79.23	48.48	23.27	218.16
2-2	18.08	79.22	48.07	23.27	217.13
2-3	18.26	80.62	46.92	23.72	216.13
2-4	17.26	80.22	47.34	23.46	216.10
2-5	17.34	80.34	48.30	22.45	214.29
2-6	15.83	80.85	51.49	21.54	218.48
2-7	14.06	79.95	55.29	19.61	219.93
2-8	11.61	83.43	59.50	17.31	220.88
总均值	16.38	80.48	50.67	21.83	217.63

表 7-3　柱 3（粉质黏土）不同深度钾、钠、钙、镁离子浓度和总硬度平均值计算结果

采样孔	钾/(mg/L)	钠/(mg/L)	钙/(mg/L)	镁/(mg/L)	总硬度/(mg/L)
3-1	17.10	79.52	52.79	21.61	222.02
3-2	15.70	79.20	55.30	20.55	223.88
3-3	14.75	79.27	56.21	19.56	222.03
3-4	13.08	79.20	58.89	19.01	226.43

续表

采样孔	钾/(mg/L)	钠/(mg/L)	钙/(mg/L)	镁/(mg/L)	总硬度/(mg/L)
3-5	11.62	79.27	61.71	18.49	231.32
3-6	8.39	79.33	67.00	19.74	249.75
3-7	7.32	78.52	68.33	20.67	256.95
3-8	5.92	79.67	68.81	22.45	265.57
总均值	11.74	79.25	61.13	20.26	237.24

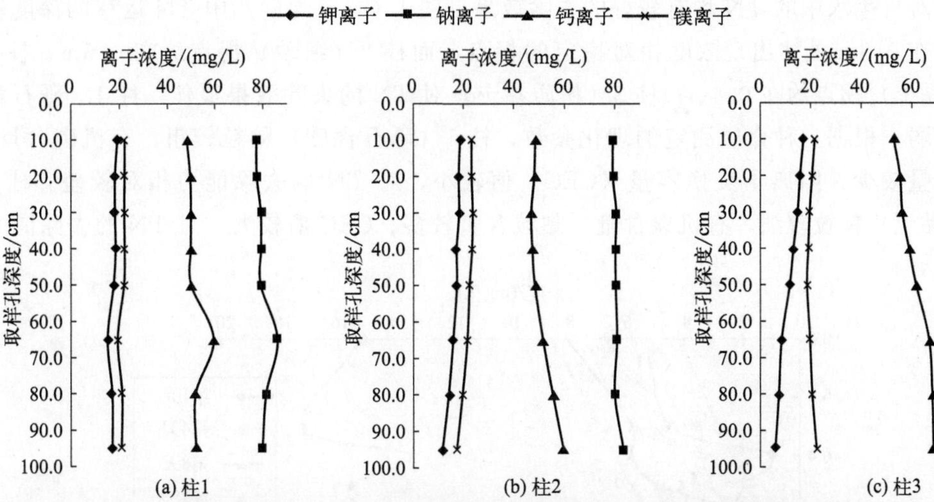

图 7-12 研究区三种典型介质再生水淋溶阳离子浓度均值随深度变化曲线

由表和图可以看出：

① 柱 1（砾石含砂）自上而下，钾离子浓度微降，钠离子浓度、钙离子浓度和总硬度微增，阳离子交换吸附发生但不明显；

② 柱 2（细砂）自上而下，钾离子浓度降低较为显著，镁离子浓度微降，钠离子浓度微升，钙离子浓度增加显著，但总硬度变化不大，阳离子交换主要体现为再生水中钾离子与土样中钙离子的置换；

③ 柱 3（粉质黏土）自上而下，钾离子浓度大幅降低，钙离子浓度大幅增加，钠离子浓度和镁离子浓度基本不变，总硬度显著增加，表明再生水中的钾离子在经过土柱时与土中钙离子发生了显著的阳离子交换吸附。

通过再生水不同阳离子的进水浓度和再生水淋溶量，可估算出再生水经过三种典型介质后的总硬度增量以及介质对总硬度的贡献程度。结果如下：砾石含砂介质贡献的总硬度为 1.63mg/100g；细砂介质贡献的总硬度为 4.32mg/100g；粉质黏土介质贡献的总硬度为 57.67mg/100g。

综上，可以看出再生水经过粗颗粒介质不易发生阳离子交换吸附，经过细颗粒介质则易发生阳离子交换吸附，并导致总硬度显著升高；而单位质量的粉质黏土贡献的总硬度最大，其阳离子交换作用最为明显。

7.2.3 “三氮”在典型岩性介质中的迁移转化

根据三种典型岩性介质理化参数分析结果可知，不同的总有机碳（TOC）、黏土矿物总量和黏粒含量对“三氮”的迁移转化作用影响较大。本书通过再生水淋溶试验，对“三氮”迁移转化机理进行了探索。

(1) 再生水 TN 浓度随不同岩性介质深度的变化规律

TN 浓度随三种典型岩性介质深度变化的历时曲线见图 7-13，可以看出三种典型岩性介质对再生水中的 TN 均有较好的去除效果。柱 1（砾石含砂）中 TN 运移的深度较大，约在 0.8m 处才出现浓度相对稳定的拐点，而柱 2（细砂）拐点约在 0.5m，柱 3（粉质黏土）拐点约在 0.4m；柱 3（粉质黏土）对 TN 的去除效果最佳，柱 1（砾石含砂）最弱。根据三种介质测定的理化参数，柱 1（砾石含砂）颗粒较粗，有机碳含量、黏粒含量较少、阳离子交换容量（CEC）值较小，对 TN 的去除能力相对较差。柱 3（粉质黏土）颗粒较细，有机碳含量、黏粒含量较多、CEC 值较大，对 TN 的去除能力较强。

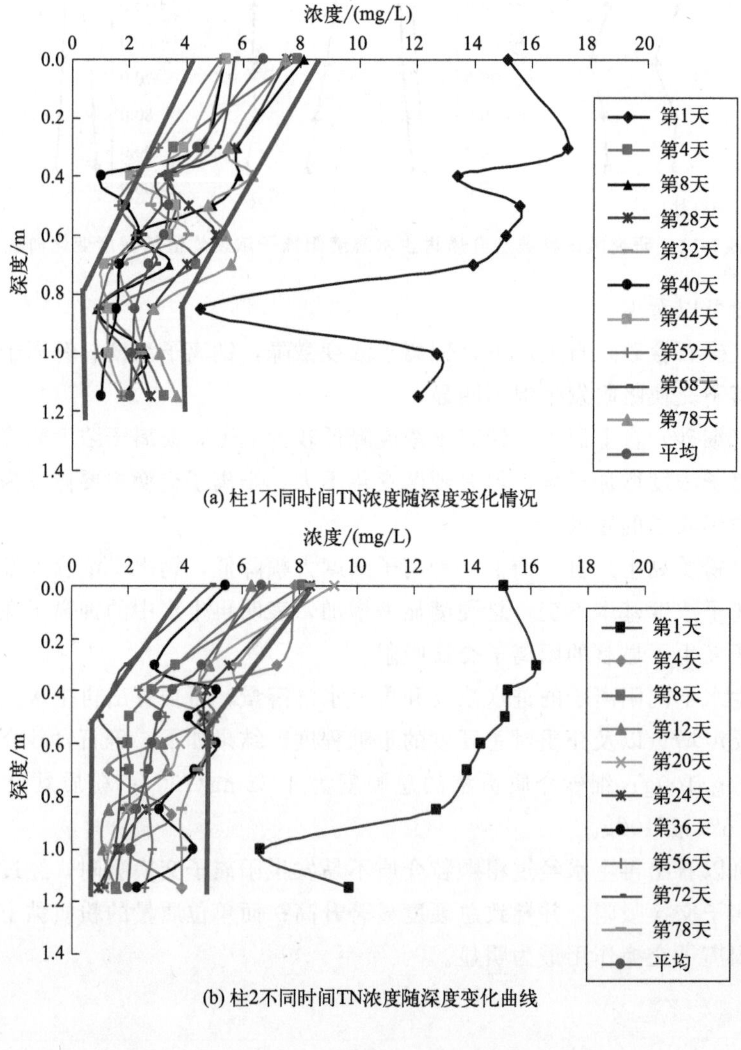

(a) 柱1不同时间TN浓度随深度变化情况

(b) 柱2不同时间TN浓度随深度变化曲线

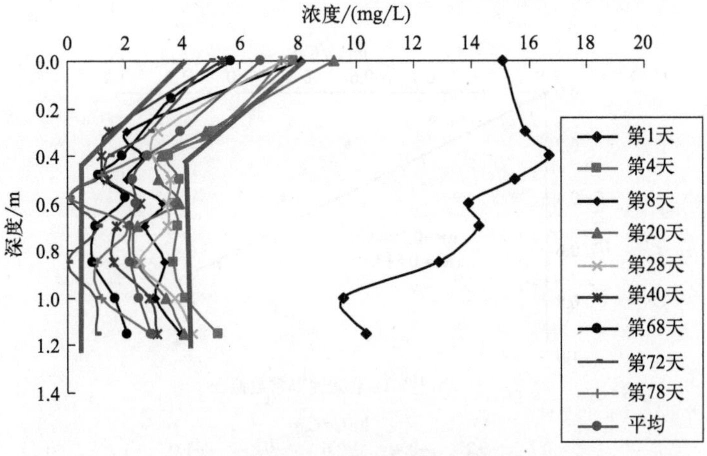

(c) 柱3不同时间TN浓度随深度变化情况

图 7-13　三种典型岩性介质不同时间再生水 TN 浓度随深度变化情况

为进一步摸清再生水 TN 浓度随深度的变化规律，将 TN 不同深度实测浓度分别取平均值 C_i，进水浓度为 C_0，以 $\ln(C_i/C_0)$ 为横坐标，深度 L 为纵坐标绘制曲线，根据一级反应动力学原理，可通过拟合获取总氮的衰减速率常数。不同介质不同深度的 TN 浓度平均值计算结果见表 7-4，拟合趋势线见图 7-14。

表 7-4　三种典型岩性介质不同深度 TN 浓度均值计算结果

深度/m	柱 1/(mg/L)	柱 2/(mg/L)	柱 3/(mg/L)
0.00	6.72	6.72	6.72
0.10	4.38	4.63	3.94
0.20	3.39	3.54	2.80
0.30	3.38	3.04	2.27
0.40	3.21	2.85	2.36
0.50	2.68	2.72	2.18
0.65	2.19	2.31	2.16
0.80	2.08	2.10	2.47
0.95	2.04	2.00	2.90

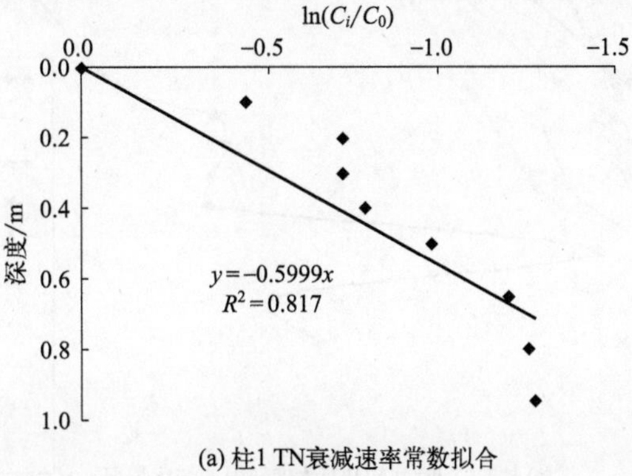

(a) 柱1 TN衰减速率常数拟合

图 7-14

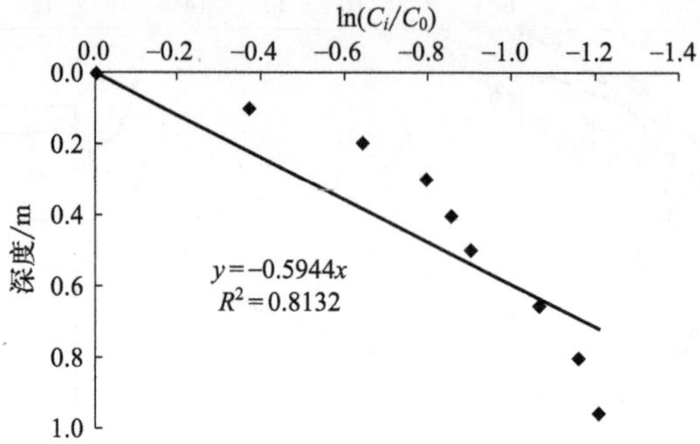

(b) 柱2 TN衰减速率常数拟合

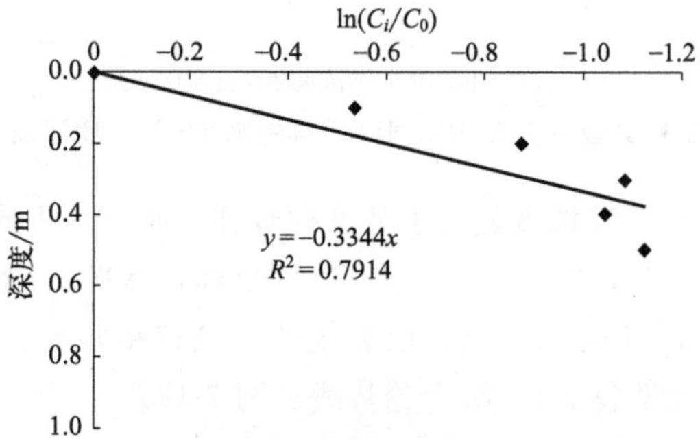

(c) 柱3 TN衰减速率常数拟合

图 7-14　三种典型岩性介质的 TN 衰减速率常数拟合趋势

根据上述拟合趋势线，得出不同岩性介质的 TN 衰减速率常数分别为：$K_{砾}=1.667m^{-1}$；$K_{细}=1.682m^{-1}$；$K_{粉}=2.990m^{-1}$。

(2) 再生水 NO_3^--N 浓度随不同岩性介质深度的变化规律

NO_3^--N 在介质中衰减的主要途径是反硝化作用。本试验中再生水 NO_3^--N 是 TN 的主要成分，因此得出 NO_3^--N 浓度衰减的规律与 TN 有一定的相似性，见图 7-15。

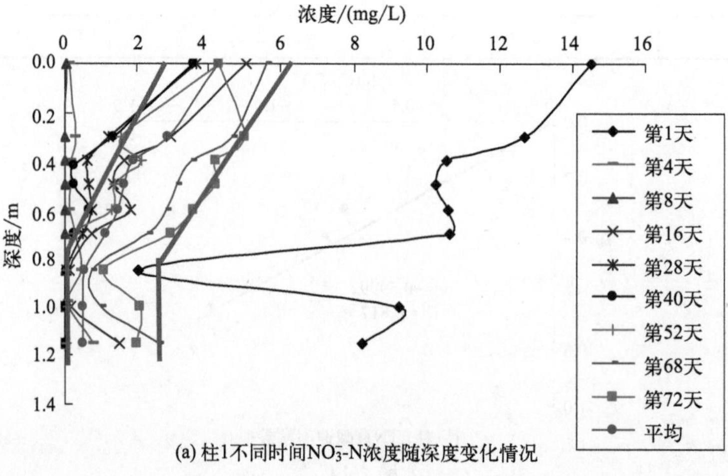

(a) 柱1不同时间NO_3^--N浓度随深度变化情况

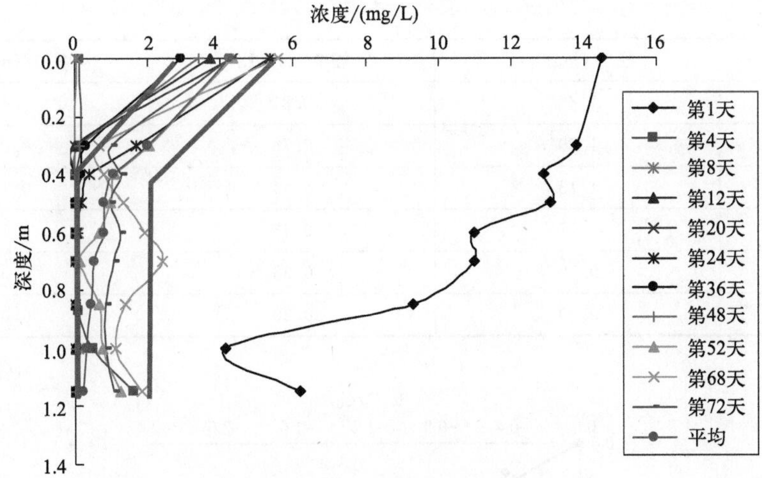

(b) 柱2不同时间NO_3^--N浓度随深度变化曲线

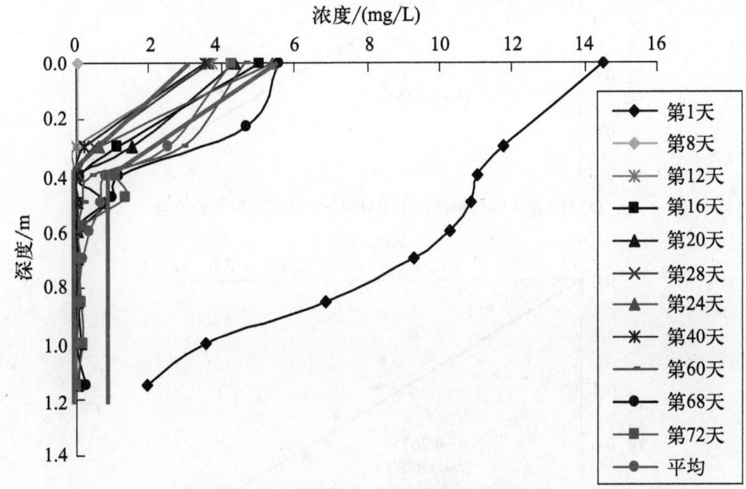

(c) 柱3不同时间NO_3^--N浓度随深度变化情况

图 7-15　三种典型岩性介质不同时间再生水 NO_3^--N 浓度随深度变化情况

从图中可以看出，三种典型岩性介质 NO_3^--N 浓度基本是随深度增加而浓度逐步减小，但是衰减速度不同，拐点分别约出现在土柱 0.8m、0.4m 和 0.4m 处。

同理，为进一步摸清再生水 NO_3^--N 浓度随深度的变化规律，可将 NO_3^--N 不同深度实测浓度分别取平均值 C_i，进水浓度为 C_0，以 $\ln(C_i/C_0)$ 为横坐标，深度 L 为纵坐标绘制曲线，根据一级反应动力学原理，拟合获取 NO_3^--N 的反硝化速率常数。不同介质不同深度的 NO_3^--N 浓度平均值计算结果见表 7-5，拟合趋势线见图 7-16。

表 7-5　三种典型岩性介质不同深度 NO_3^--N 浓度均值计算结果

深度/m	柱 1/(mg/L)	柱 2/(mg/L)	柱 3/(mg/L)
0.00	4.28	4.28	4.28
0.10	2.86	1.99	2.53
0.20	1.93	1.05	0.83

续表

深度/m	柱 1/(mg/L)	柱 2/(mg/L)	柱 3/(mg/L)
0.30	1.67	0.81	0.69
0.40	1.50	0.78	0.38
0.50	1.13	0.54	0.17
0.65	0.57	0.43	0.05
0.80	0.50	0.33	0.02
0.95	0.49	0.20	0.01

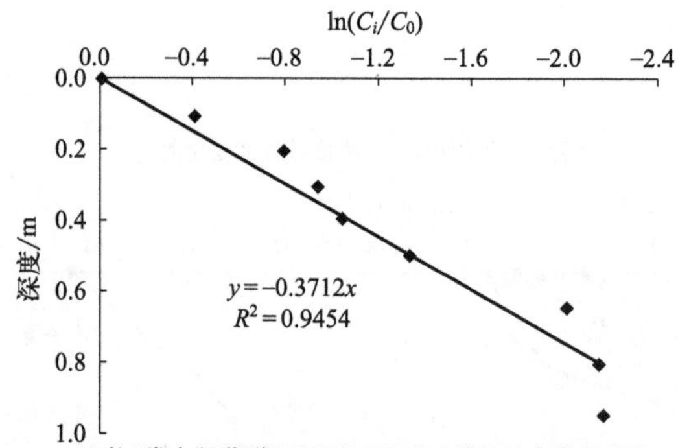

(a) 柱1粪大肠菌群(MPN/100mL)反硝化速率常数拟合

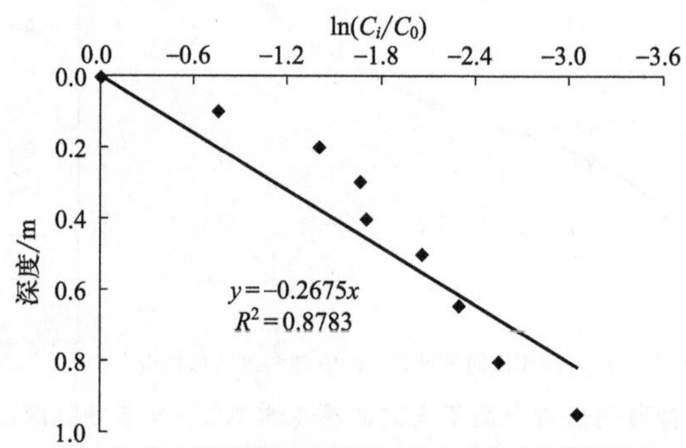

(b) 柱2粪大肠菌群(MPN/100mL)反硝化速率常数拟合

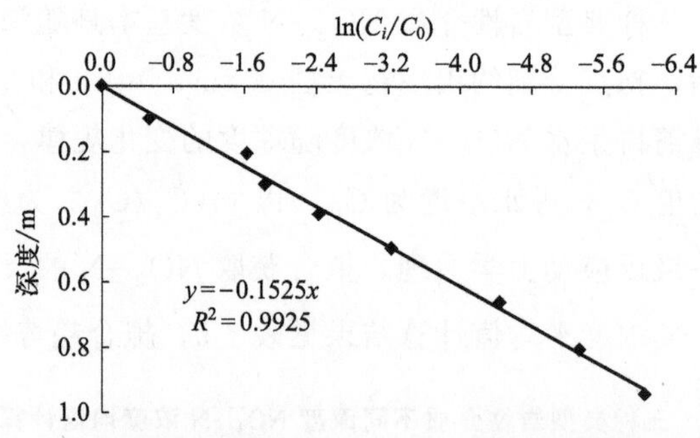

(c) 柱3粪大肠菌群(MPN/100mL)反硝化速率常数拟合

图 7-16　三种典型岩性介质的 NO_3^--N 衰减速率常数拟合趋势

从图中可以看出，NO_3^--N 在三种典型岩性介质中的衰减基本符合一级动力学原理。NO_3^--N 反硝化速率常数分别为：$K_{砾}=2.694m^{-1}$；$K_{细}=3.738m^{-1}$；$K_{粉}=6.557m^{-1}$。

(3) 再生水 NH_4^+-N 和 NO_2^--N 浓度随不同岩性介质深度的变化

整个再生水淋溶试验中，NH_4^+-N 试验前期检出较多，但没有明显的规律性，范围在 0～4mg/L；试验中后期原水中没有检出 NH_4^+-N。分析可能原因：一是试验前期进水中有 NH_4^+-N，经土壤介质向下入渗时未被吸附或生物降解；二是淋溶液入渗过程中将原本土壤含有的本底值解吸出来，试验后期转化为 NO_3^--N 或 NO_2^--N。

NO_2^--N 检出次数较少，范围在 0～2mg/L，但 NO_2^--N 较不稳定，极易转换成 NO_3^--N。

7.3 再生水利用对地下水环境的影响机理

7.3.1 综合影响

再生水回补河流对地下水环境的响应机理可以从地下水位变化、地下水质变化及地下水流动变化等方面阐述。

(1) 地下水位变化

再生水补给可以增加河流的流量和水位。在使用其回补未经人工衬砌的河道时，一部分水会渗透到地下，补给地下水系统。这种补给作用可以影响地下水的分布、增加地下水的储存量，引起地下水位上升，使地下水更容易被抽取和利用。此外，河流的水量和水位也会影响地下水的补给和排泄。通过再生水回补河流，可以维持这种水文联系，有利于维持河流和地下水系统的平衡。

(2) 地下水质变化

再生水经过处理后，其中的污染物浓度较低，回补到河流中可以稀释其中的污染物。然而，再生水中可能含有一定的污染物，例如微量元素、溶解性盐类、有机物等。当再生水回补河流后，其中的污染物有可能通过河流水体渗透到地下水中，从而导致地下水中这些污染物的浓度上升，影响地下水的质量。

(3) 地下水流场变化

再生水补给河流，一般会增加河流的水位和流量，入渗后可能会影响地下水的流动方向和速度，改变河道周围地下水体系的水动力条件，引起地下水污染物的扩散和迁移，影响地下水水质。

7.3.2 物理化学作用

(1) 水岩相互作用

再生水中的溶解物质可以与地下水中的岩石相互作用，导致水质的变化。例如，再生水中的溶解氧和二氧化碳可以与地下水中的矿物质反应，引起溶解度的变化。这可能导致地下水中溶解物质的浓度增加或减少，对地下水生态系统产生影响。

(2) 化学作用

再生水中的化学成分可能与地下水中的化学物质发生反应，导致水质的改变。例如，再生水中的氨氮和亚硝酸盐可以与地下水中的硝酸盐反应，产生亚硝酸盐和氮气，从而改变地下水中的氮含量。这种化学反应可能对地下水中的营养物质循环和生态系统产生影响。

7.3.3 水化学类型演化特征

通过绘制浅层地下水的Piper图（图7-17），发现地表水主要为HCO_3-Na型水，基本位于Piper图的集中区域（红色虚线框）。再生水入渗前，浅层地下水中Cl^-、Na^+和K^+浓度较低，Ca^{2+}浓度较高，水化学类型为HCO_3-Ca-Mg型。在再生水入渗影响下，浅层地下水的水化学类型逐渐发生变化，2007年9月～2008年4月为补水的初始阶段，该阶段地下水化学类型未发生明显变化，31＃、22＃监测井于2008年5月水化学类型开始发生明显变化（图7-17橙色圆圈），15＃监测井于2009年3月水化学类型开始发生明显变化（图7-17黄色圆圈）。在再生水入渗影响下，浅层地下水化学类型演变为HCO_3-Cl-Na-Ca型，表现为Na^+与Cl^-浓度升高，而Ca^{2+}浓度下降。

不同位置地下水化学的演化趋势具有明显差异，在Piper图中，31＃与15＃监测井地下水样在图上的投影点逐渐趋向于地表水区域（黑色箭头），而22＃监测井地下水样在图上的投影点向黑色虚线框范围内移动，明显偏离地表水区域，主要表现为22＃监测井的阴离子演化趋势明显不同，该监测井氯离子在增加的同时，硫酸根离子减少，说明可能存在脱硫酸作用。表明在地表水入渗过程中，不同监测井发生的水化学作用不同，对地下水化学演化的影响也具有差异。

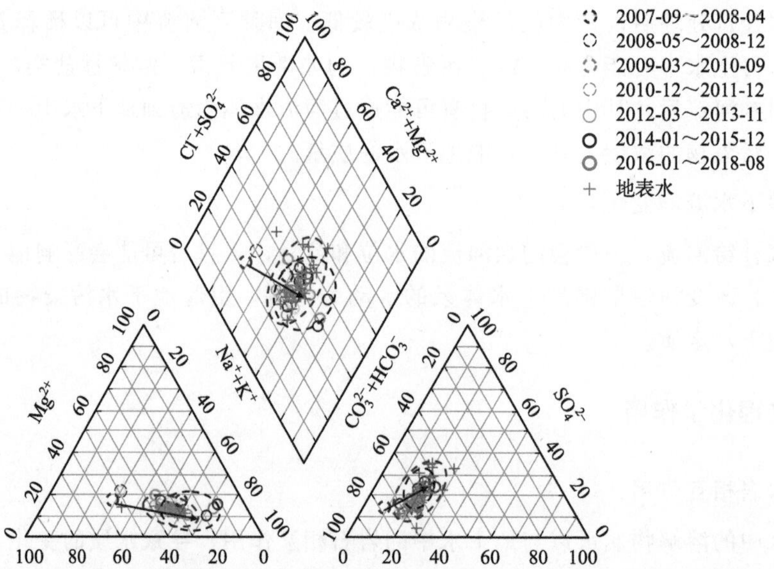

(a) 31#

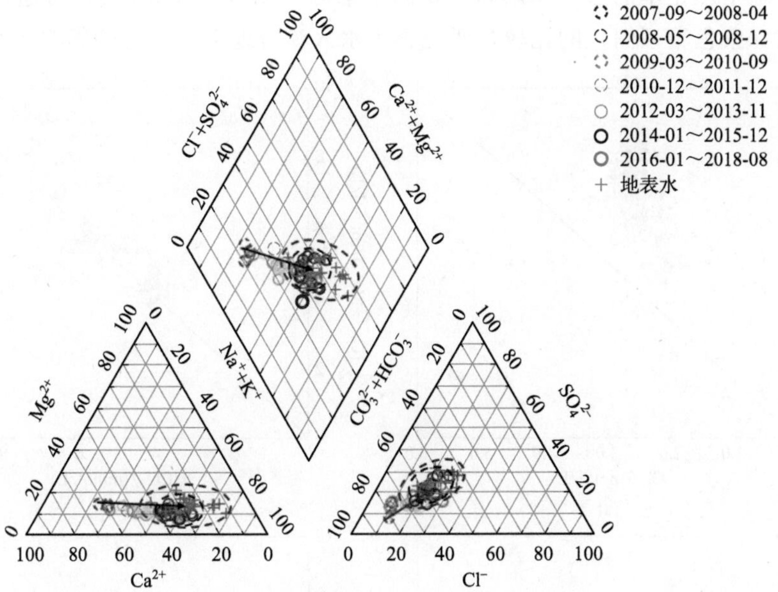

(b) 15#

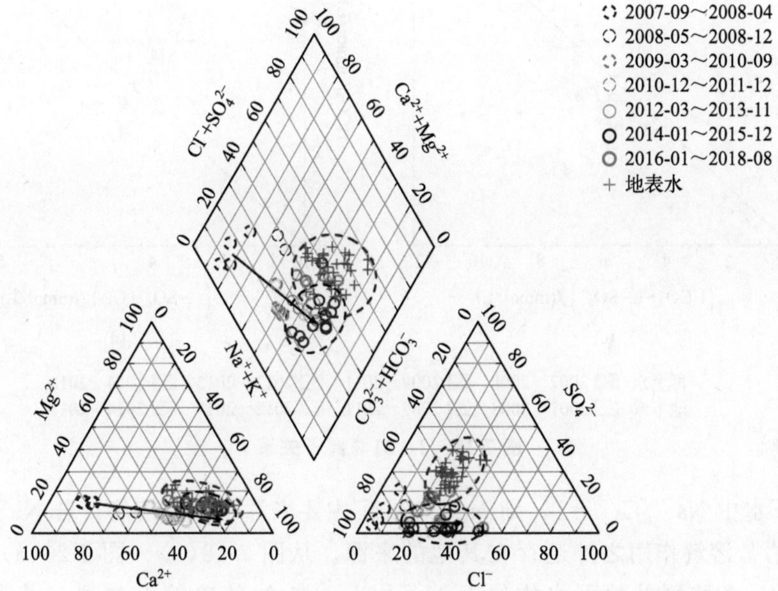

(c) 22#

图 7-17　地表水和浅层地下水在不同时期的 Piper 三线图

7.3.4　离子比例分析

主要离子之间的相对关系含量的比值可用来分析地下水化学的形成作用和主要离子的来源，本研究绘制了典型点 2007～2018 年再生水与地下水的主要离子关系图（图 7-18～图 7-20），由于本研究数据点较多，为便于观察不同入渗时期再生水与地下水数据点的分布，采用横纵方向均为箱型图的方式进行绘图分析，通过离子比例研究再生水入渗前地下水化学的形成作用和主要离子来源（浅蓝色箱型图），再通过对再生水与地下水（深紫色箱型图）的比较，研究再生水入渗对地下水演化的影响。

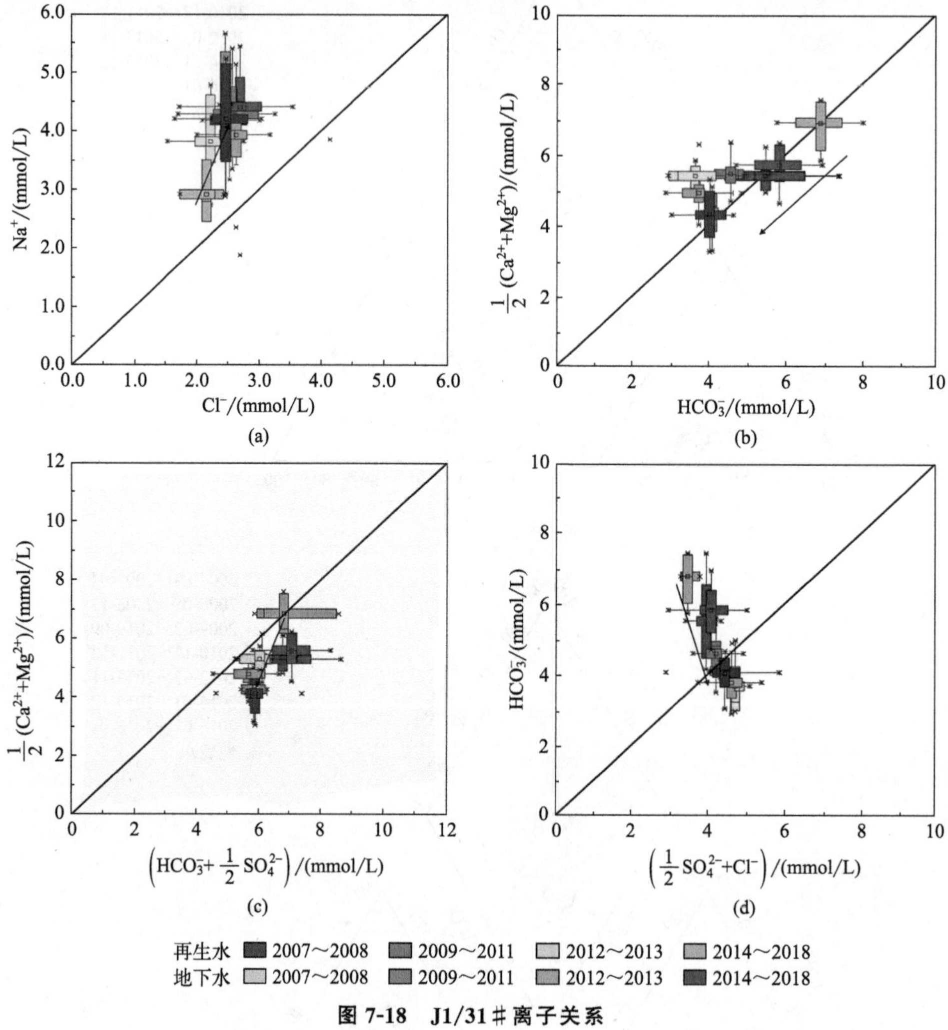

图 7-18　J1/31＃离子关系

若地下水中 $Na^+/Cl^-=1$，则 Na^+ 与 Cl^- 主要来源于岩盐溶解；若 $Na^+/Cl^->1$，则 Na^+ 除岩盐溶解作用之外还存在其他的来源。从图 7-18(a)～图 7-20(a) 中可以看出，补水前，各监测井地下水均位于 $Na^+/Cl^-=1$ 线的略偏上位置，说明地下水中 Na^+ 与 Cl^- 主要来源于岩盐溶解，也可能存在阳离子交换作用。由于再生水水样位于 $Na^+/Cl^-=1$ 线的上方，在再生水入渗的影响下，地下水的 Na^+/Cl^- 逐渐接近再生水，并且入渗后期，地下水的 Na^+ 变化幅度较大，可能发生了矿物溶解沉淀及阳离子交换作用。

若碳酸盐的溶解是地下水中的 Ca^{2+}、Mg^{2+} 和 HCO_3^- 的主要来源，则 $\frac{1}{2}(Ca^{2+}+Mg^{2+})/HCO_3^-=1$，如图 7-18(b)～图 7-20(b) 所示，补水前各监测井地下水位在 $\frac{1}{2}(Ca^{2+}+Mg^{2+})/HCO_3^-=1$ 线附近，表明地下水中的 Ca^{2+} 和 Mg^{2+} 主要来源于碳酸盐

的溶解，也可能存在其他的水岩作用。再生水水样位于 1∶1 线的上方，随着再生水的入渗，地下水逐渐接近再生水，但入渗后期 31＃与 22＃监测井地下水相对于再生水位置偏下，Ca^{2+}、Mg^{2+} 降低，故再生水入渗过程中可能产生了矿物溶解沉淀与阳离子交换作用。

若碳酸盐和硫酸盐的溶解作用是地下水中 Ca^{2+} 和 Mg^{2+} 的主要来源，那么 $\frac{1}{2}(Ca^{2+}+Mg^{2+})/\left(HCO_3^-+\frac{1}{2}SO_4^{2-}\right)=1$，如图 7-18(c)～图 7-20(c) 所示，补水前地下水位于 $\frac{1}{2}(Ca^{2+}+Mg^{2+})/\left(HCO_3^-+\frac{1}{2}SO_4^{2-}\right)=1$ 线附近，可知地下水中 $Ca^{2+}+Mg^{2+}$ 除了来源于碳酸盐与硫酸盐的溶解，还存在其他的水岩作用。再生水样本位于 1∶1 线下方，随着再生水入渗，地下水样本逐渐接近地表水区域。

$HCO_3^-/\left(\frac{1}{2}SO_4^{2-}+Cl^-\right)$ 可以反映水体溶解碳酸盐的情况，如图 7-18(d)～图 7-20(d) 所示，补水前地下水位于 $HCO_3^-/\left(\frac{1}{2}SO_4^{2-}+Cl^-\right)=1$ 线上方，表明碳酸盐的溶解

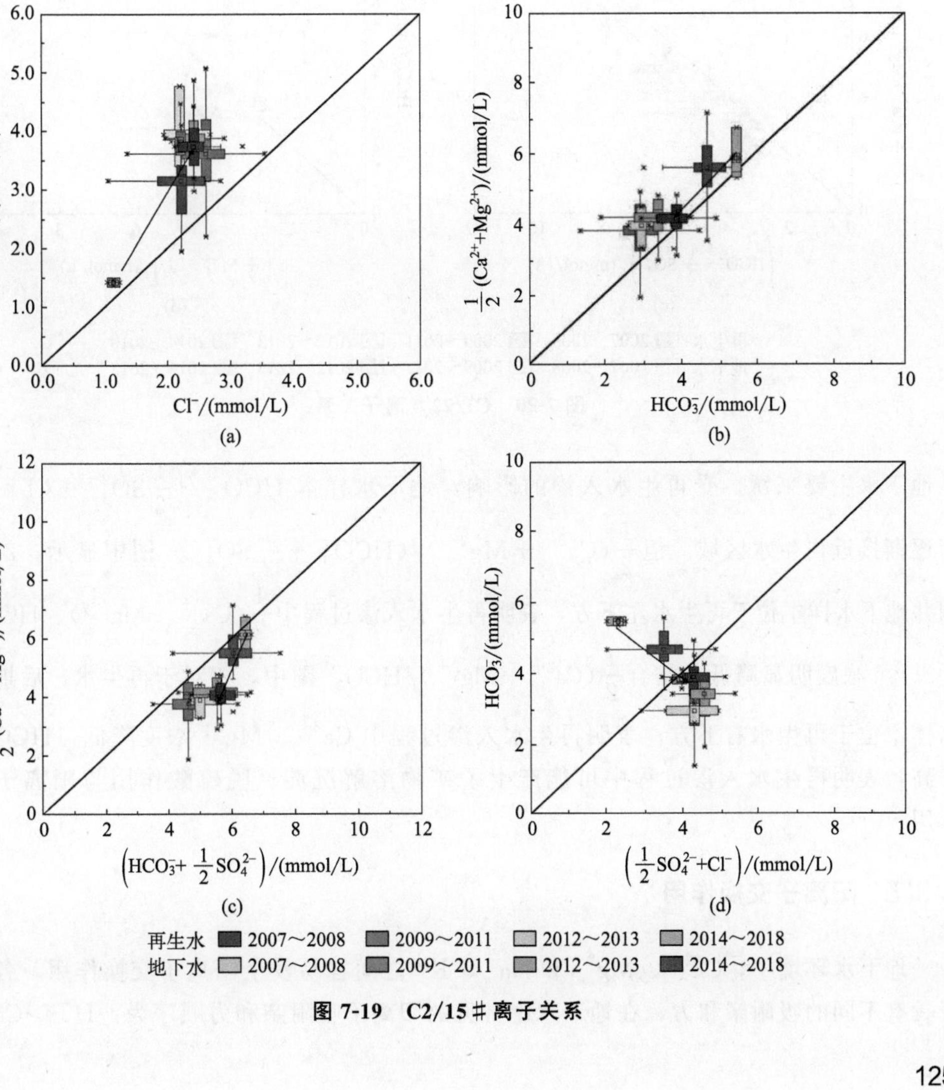

图 7-19　C2/15＃离子关系

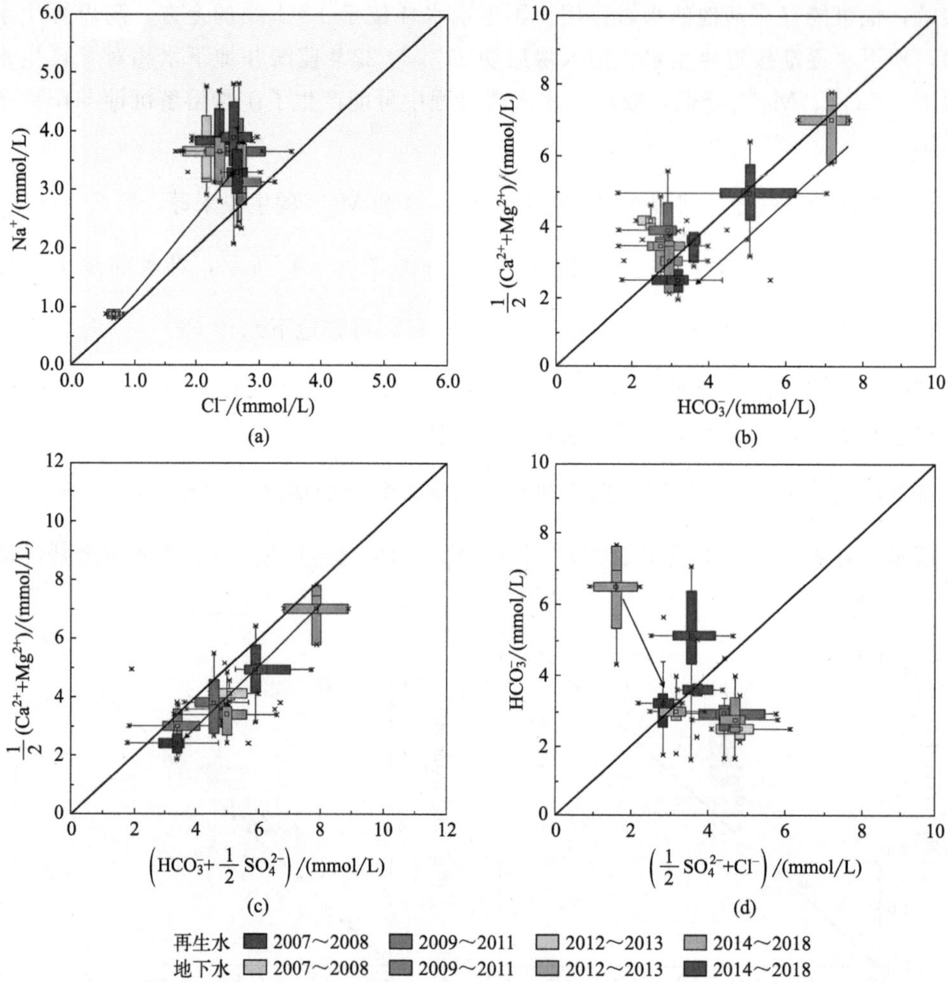

图 7-20　C3/22#离子关系

是地下水主要来源。受再生水入渗的影响，地下水样本 $HCO_3^-/\left(\frac{1}{2}SO_4^{2-}+Cl^-\right)$ 的比值逐渐接近再生水区域。但$\frac{1}{2}(Ca^{2+}+Mg^{2+})/(HCO_3^-+\frac{1}{2}SO_4^{2-})$ 图中显示，22#监测井地下水样本位于再生水左下方，表明再生水入渗过程中$\frac{1}{2}(Ca^{2+}+Mg^{2+})$、$HCO_3^-+\frac{1}{2}SO_4^{2-}$ 浓度明显降低，结合$\frac{1}{2}(Ca^{2+}+Mg^{2+})/HCO_3^-$ 图中，相对于再生水，后期地下水样本位于再生水右下方，表明再生水入渗过程中 Ca^{2+}、Mg^{2+} 浓度降低，HCO_3^- 略升高，表明再生水入渗过程中可能产生了矿物溶解沉淀、脱硫酸作用与阳离子交换作用。

7.3.5　阳离子交换作用

地下水环境中，Ca^{2+}、Mg^{2+} 和 Na^+、K^+ 之间容易发生阳离子交换作用，各阳离子具有不同的吸附亲和力，在地下水中常见的阳离子吸附亲和力顺序为：$H^+>Ca^{2+}>$

$Mg^{2+}>K^{+}>Na^{+}$。可通过绘制 Schoeller 图查明阳离子的交换在研究区地下水中的方向与强度。若地下水中的 Ca^{2+}、Mg^{2+} 与岩土中的 Na^{+}、K^{+} 之间发生了阳离子交换作用，CAI-1 与 CAI-2 均小于 0（其中 CAI 表示氯碱指数）；若地下水中的 Na^{+}、K^{+} 与岩土中的 Ca^{2+}、Mg^{2+} 之间发生了阳离子交换作用，二者均大于 0。

如图 7-21 所示，补水前，地下水水样点的 CAI-1 和 CAI-2 小于 0，但接近于 0，表明地下水中阳离子交换作用较弱。由于再生水的 CAI-1 和 CAI-2 均明显小于 0，在再生水入渗影响下，31＃与 15＃监测井地下水的采样点逐渐接近再生水，但再生水入渗后期，22＃监测井地下水偏离再生水区域，并且 CAI-1 和 CAI-2 大于 0，表明再生水入渗后期发生了地下水中的 Na^{+}、K^{+} 交换岩土中的 Ca^{2+}、Mg^{2+}。

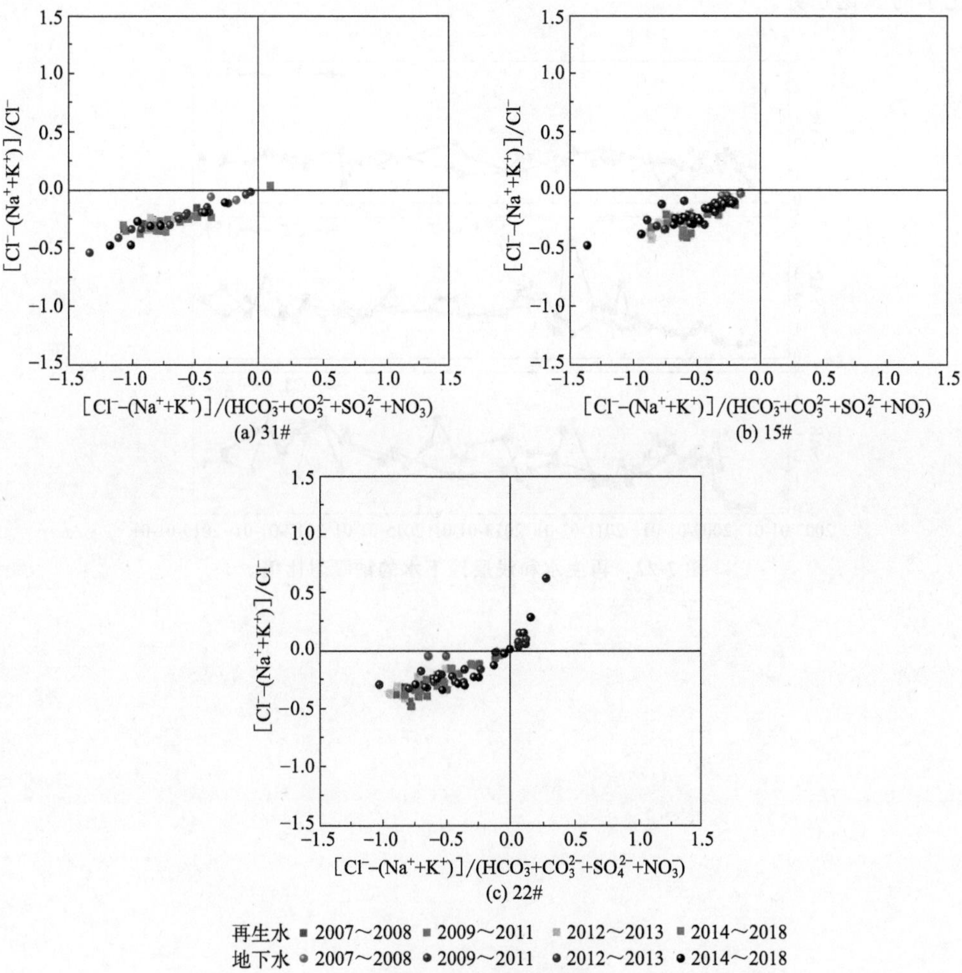

图 7-21　Schoeller 图

在再生水入渗影响下，常见的水岩作用形式为水体中的 Na^{+} 交换土壤中的 Ca^{2+}，可使用钠吸附比（SAR）作为衡量参数。结果表明，再生水入渗前地下水中的阳离子交换作用较弱；再生水入渗影响下，地下水中的 SAR 逐渐升高，但与再生水相比 SAR 的变化有所滞后，主要由于再生水入渗后会经历较长的渗透、运移过程。再生水长期入渗后，再生水与地下水的 SAR 并未见明显的差异，表明 Ca^{2+}/Na^{+} 的交换在入渗过程中并不显著，与前人通过柱试验模拟得到的结果相同，而 K^{+} 的离子交换作用对水化学的影响需要进一步验证。

再生水入渗影响下，31＃与 15＃监测井地下水样在图上的投影点向地表水区域移动，而 22＃监测井地下水样在图上的投影点明显偏离地表水区域，主要表现为 22＃监测井的阴离子演化趋势明显不同，可能存在脱硫酸作用。通过离子比例分析（图 7-22）发现，补水前，地下水主要受碳酸盐溶解作用影响，此外，还可能受到岩盐溶解、硫酸盐溶解和阳离子交换作用的影响，但阳离子交换作用较弱。再生水入渗后，地下水样本逐渐接近再生水，但也会产生矿物溶解沉淀，脱硫酸作用、阳离子交换等作用影响地下水化学的演化趋势。

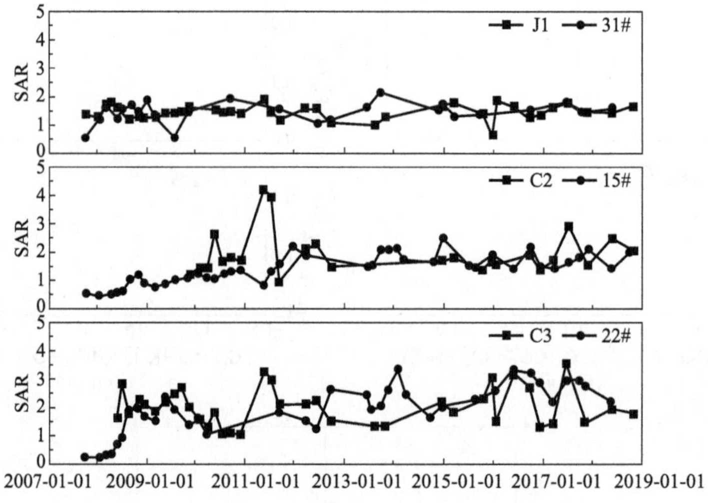

图 7-22　再生水和浅层地下水的钠吸附比值

第 8 章 再生水利用风险研判与防范

8.1 再生水水质风险因子识别

再生水作为解决城市干涸河道问题的补给水源，其水质好坏直接决定着对生态环境的影响程度。目前，再生水处理工艺还不能去除全部污染物，尤其是极具风险的痕量有机污染物，如内分泌干扰物（EDCs）、全氟化合物（PFCs）和药物及个人护理品（PPCPs）等。水体中不同污染物因自身理化性质与环境行为的不同，对地表生态、地下水环境及人类健康的风险也不尽相同。由于再生水中污染物种类繁多，无法对其中所有污染物质进行监测。因此，需要重点识别关注再生水中风险程度最高的物质，即风险因子。

本节采用的识别方法是在前人研究成果的基础上建立的，整个识别过程共有四部分，分别为指标选取、对标识别、效应评估和综合评分（图 8-1）。首先，结合再生水实际应用目的，参考国内外相关水质标准及专家建议，选出一批具有代表性和控制性的再生水水质监测指标。然后，将水质指标监测值与国内外水质标准限值进行比对，若其超标则选为风险因子，若未超标则暂不考虑。若该污染物未在相关标准中提及，则需经过效应评估对其潜在风险进行初步判定。只有符合效应评估标准的污染物才会进入综合评分环节，否则排除该污染物。最后，部分污染物以综合评分高低进行排序，评分高者也一并列为风险因子。

8.1.1 指标选取及数据来源

由于再生水的利用方式多样，各类应用途径所考虑的环境受体及影响因素不尽相同，相应的再生水监测指标也要根据实际需要而有所调整。为使再生水监测指标的选取符合科学合理、有据可循的原则，并满足再生水既能回补城市干涸河道又能降低地下水污染风险的目的。本书综合参考《城市污水再生利用　景观环境用水水质》（GB/T 18921—2019）、《城市污水再生利用　地下水回灌水质》（GB/T 19772—2005）和美国环境保护署（USEPA）发布的优先控制污染物清单（共计 129 种污染物），并听取了相关专家的意见。选取 16 种基本性控制指标与 61 种选择性控制指标作为再生水监测指标，其中基本性控制指标具体分为三类，分别为 4 种影响人体感官的指标（色度、浊

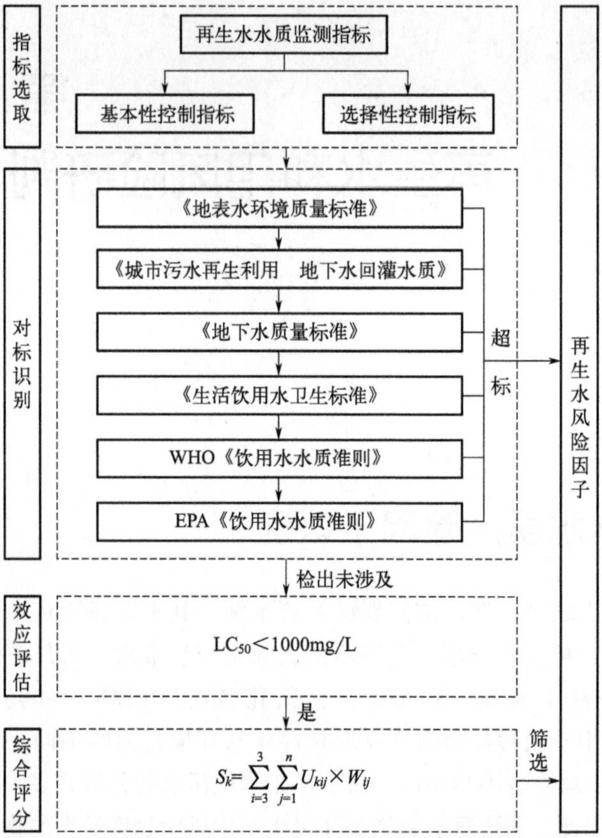

图 8-1 再生水风险因子识别流程

(LC_{50} 为半数致死浓度。公式中：S_k 表示综合评分值，其中 k 是用于区分不同的样本、类别或计算对象的编号；U_{kij} 表示第 k 个计算对象中，第 i 类指标下的第 j 个具体指标的取值或状态值；W_{ij} 表示第 i 类指标下第 j 个具体指标的权重，用于衡量不同指标在综合评分中的重要程度)

度、阴离子表面活性剂、挥发酚)；5 种影响水生生物生长的指标（pH 值、溶解氧、五日生化需氧量、总氮、总磷)；7 种对地下水环境具有潜在影响的指标（溶解性总固体、总硬度、氨氮、硝酸盐、亚硝酸盐、氯化物、硫酸盐)。选择性控制指标主要选取在环境中检出频率较高，具有“三致”(致癌、致畸、致突变）作用、难降解性及生物积累性，并具备实施监测与控制的必要技术条件的指标。此类指标中具体包括 20 种农药类污染物、16 种多环芳烃（PAHs）污染物、9 种药物及个人护理品（PPCPs）污染物、7 种多氯联苯（PCBs）污染物、4 种酞酸酯类（PAEs）污染物、3 种雌激素类污染物和 2 种酚类污染物，如表 8-1 所列。

表 8-1 再生水水质监测指标

指标类型	分类	数量	名称
基本性控制指标	人体感官指标	4	色度、浊度、阴离子表面活性剂、挥发酚
	水生生物生长指标	5	pH 值、溶解氧、五日生化需氧量、总氮、总磷
	地下水环境指标	7	溶解性总固体、总硬度、氨氮、硝酸盐、亚硝酸盐、氯化物、硫酸盐

续表

指标类型	分类	数量	名称
选择性控制指标	农药	20	敌敌畏、杀虫脒、甲拌磷、乐果、甲基对硫磷、七氯、马拉硫磷、艾氏剂、毒死蜱、对硫磷、环氧七氯、狄氏剂、除草醚、DDE、DDD、DDT、α-六六六、β-六六六、γ-六六六、δ-六六六
	多环芳烃	16	萘、苊烯、苊、芴、菲、蒽、荧蒽、芘、苯并[a]蒽、䓛、苯并[b]荧蒽、苯并[k]荧蒽、苯并[a]芘、茚并[1,2,3-cd]芘、二苯并[a,h]蒽、苯并[g,h,i]芘
	药物及个人护理品	9	磺胺甲基嘧啶、磺胺甲噁唑(新诺明)、恩诺沙星、红霉素、甲氧苄啶、氯霉素、咖啡因、布洛芬、三氯生
	多氯联苯	7	一氯联苯、二氯联苯、三氯联苯、四氯联苯、五氯联苯、六氯联苯、七氯联苯
	酞酸酯	4	邻苯二甲酸二乙酯、邻苯二甲酸二丁酯、邻苯二甲酸二(2-乙基己基)酯、邻苯二甲酸二正辛酯
	雌激素	3	雌酮(E1)、雌二醇(E2)、雌三醇(E3)
	酚类	2	壬基酚(含 NP1～NP12)、双酚 A

本书所探讨的水质监测对象是将温榆河水进行 MBR 工艺处理后的再生水，该水也是引温济潮工程的回补水源。再生水的监测数据由北京市水科学技术研究院提供，其中对 16 项基本性控制指标的监测频次为 10 次，分别为 2007～2016 年间枯水期的监测数据；对 61 项选择性控制指标的监测频次为 4 次，分别为 2013～2016 年间枯水期的监测数据。

8.1.2 对标识别

在对标识别过程中，需将获取的再生水水质监测数据依次与相应标准限值比对，若污染物含量超过标准限值，则将其列为高风险污染物，会着重考虑其对研究区适宜性区划的影响；若未超过标准限值则暂不考虑；若相应标准中未涉及，则需进行效应评估与综合评分来进一步判别。相应标准中的污染物数量越多，越能有效地筛选出高风险污染物。因此，对标识别的标准选取不仅要考虑再生水、地表水和地下水方面的标准，还要参照包含水质指标最多、限值最严的饮用水标准。

在再生水水质标准方面，可采用的标准有四部，分别为《再生水水质标准》（SL 368—2006)、《城市污水再生利用　地下水回灌水质》（GB/T 19772—2005）和《城市污水再生利用　景观环境用水水质》（GB/T 18921—2019），其中以《城市污水再生利用　地下水回灌水质》（GB/T 19772—2005）中涉及的指标最多，故选其作为对标识别的标准之一。

在地表水水质标准方面，根据 2009 年北京市环境保护局制定的北京市地表水功能分区，研究区河道内赋存水体的水质按照《地表水环境质量标准》（GB 3838—2002）被分为Ⅲ类和Ⅳ类，两类水质的相应河道见表 8-2。为满足城市规划要求且便于对标识别，以《地表水环境质量标准》（GB 3838—2002）中的Ⅲ类标准作为优先参照标准，辅以集中式生活饮用水地表水源地补充项目及特定项目标准。在地下水水质标准方面，考虑到研究区涉及多处地下水水源地，选用符合集中式生活饮用水水源水质要求的《地下水质量标准》（GB/T 14848—2017）Ⅲ类标准。在饮用水水质标准方面，除了采用国内的《生活饮用水卫生标准》（GB 5749—2022），还借鉴了世界卫生组织（WHO）发布的《饮用水水质准则》（第四版）和 USEPA 发布的《饮用水标准及健康咨询表》（2018 版）。

表 8-2　潮白河（北京段）地表水功能分区

水系	功能分区名称	河段	范围		河长	水质	主导功能
			起始断面	终止断面	km	目标	
一级分区	潮白河京冀缓冲区	潮白河	苏庄	牛牧屯	26.5	Ⅳ	省界缓冲区
二级分区	潮白河上段饮用水源区（地下水补给区）	潮白河上段	河槽	向阳闸	29	Ⅲ	饮用（地下水补给区）
	潮白河下段景观娱乐用水区	潮白河下段	向阳闸	苏庄	29	Ⅳ	景观

再生水水质监测结果需依次与上述 6 种水质标准的限值进行比对，各水质标准的排序为《地表水环境质量标准》（GB 3838—2002）、《城市污水再生利用　地下水回灌水质》（GB/T 19772—2005）、《地下水质量标准》（GB/T 14848—2017）、《生活饮用水卫生标准》（GB 5749—2022）、WHO《饮用水水质准则》和 EPA《饮用水标准及健康咨询表》。若某指标在各水质标准中均有相应限值且限值不同，则优先与排序靠前的标准限值进行比对。

由于 16 种基本性控制指标在《地表水环境质量标准》（GB 3838—2002）和《城市污水再生利用　地下水回灌水质》（GB/T 19772—2005）的基本水质项目中已有对应限值，故暂不考虑其余 4 种水质标准。由表 8-3 可知，再生水基本性控制指标中有 4 项指标超标，即总氮、总磷、亚硝酸盐和氨氮。其中，总氮、总磷和亚硝酸盐的超标情况较为严重，超标率分别为 100%、80%、50%，总氮的超标倍数达到了 9.4～23.7 倍，总磷的超标倍数达到了 0～5.2 倍，亚硝酸盐的超标倍数达到了 1～43 倍。而氨氮的超标情况稍好，超标率仅为 10%，超标倍数低于 1 倍。

选择性控制指标与 6 种水质标准依次比对后的结果见表 8-4，结果表明，在 61 项指标中共检出 30 项，31 项指标未被检出，其中 20 种农药成分均未检出，未检出及未超标指标将不进入效应评估环节。在检出指标中，仅有多环芳烃中的苯并［*a*］芘含量超标，超标率达到 75%，超标倍数为 1.89～42.68 倍；另有 8 项指标未超标，分别为萘、蒽、荧蒽、苯并［*b*］荧蒽、邻苯二甲酸二乙酯、邻苯二甲酸二丁酯、邻苯二甲酸二（2-乙基己基）酯和双酚 A；余下 21 项指标虽被检出但不在 6 种水质标准中，理应进行效应评估。然而，在 7 种多氯联苯检出结果中，仅有四氯联苯被检出并且其均值含量（0.43ng/L）远低于对多氯联苯（总量）的限值（20ng/L），故为提高风险因子的识别效率，不将四氯联苯纳入效应评估中。此外，多环芳烃（总量）亦未超过标准限值，但其 16 种组分均被检出且含量较高，故仍要进一步评估识别。因此，共有 20 种污染物需要进行效应评估，分别为 11 种 PAHs 污染物（苊烯、苊、芴、菲、芘、苯并［a］蒽、䓛、苯并［k］荧蒽、茚并［1,2,3-cd］芘、二苯并［a,h］蒽、苯并［g,h,i］芘、1 种酚类污染物（壬基酚）、6 种 PPCPs 污染物（甲氧苄啶、三氯生、红霉素、磺胺甲噁唑、咖啡因、布洛芬）、2 种雌激素污染物［雌酮（E1）、雌三醇（E3）］。综上所述，在对标识别过程中共有 5 种污染物因含量超标而被选为高风险因子，分别为总氮、总磷、亚硝酸盐、氨氮和苯并［a］芘，另有 20 种污染物将进入下一步效应评估环节。

表 8-3 再生水基本性控制指标对标识别结果

基本性控制指标	单位	含量(n=10)	均值	地表水①	地下水回灌②	超标率
色度	PCU	5～15	9.38	—	≤30	0
浊度	NTU	1～2	1.38	—	≤10	0
挥发酚	mg/L	ND	ND	≤0.005	≤0.5	0
阴离子表面活性剂	mg/L	0.05～0.11	0.06	≤0.2	≤0.3	0
pH 值	—	6.1～8.36	7.70	6～9	6.5～8.5	0
总氮(以 N 计)	mg/L	10.4～24.7	14.05	≤1	—	100%
总磷(以 P 计)	mg/L	0.07～1.25	0.57	≤0.2	≤1	80%
溶解氧	mg/L	7.27～10.2	8.58	≥5	—	0
五日生化需氧量	mg/L	0.5～2	1.07	≤4	≤10	0
溶解性总固体	mg/L	466～829	572	—	≤1000	0
总硬度(以 $CaCO_3$ 计)	mg/L	233～298	252.67	—	≤450	0
硫酸盐	mg/L	57.9～150	98.59	—	≤250	0
氯化物	mg/L	61～89.7	77.08	—	≤250	0
氨氮(以 N 计)	mg/L	0.03～1.83	0.28	≤1	≤1	10%
硝酸盐(以 N 计)	mg/L	8.74～14.4	11.58	—	≤15	0
亚硝酸盐(以 N 计)	mg/L	0.003～0.87	0.13	—	≤0.02	50%

①《地表水环境质量标准》（GB 3838—2002）基本项目Ⅲ类标准限值；

②《城市污水再生利用 地下水回灌水质》（GB/T 19772—2005）基本控制项目限值；

注：ND 表示未检出；—表示相应限值未在标准中提及。

表 8-4 再生水选择性控制指标对标识别结果

序号	选择性控制指标	含量(n=4)/(ng/L)	均值/(ng/L)	地表水①/(ng/L)	地下水回灌②/(ng/L)	地下水③/(ng/L)	饮用水④/(ng/L)	WHO⑤/(ng/L)	US EPA⑥/(ng/L)	识别⑦
1	萘	32.75～377.79	221.17	—	—	1×10^5	—	—	—	N
2	苊烯	0.48～46.5	12.83	—	—	—	—	—	—	O
3	苊	2.75～19.86	13.96	—	—	—	—	—	—	O
4	芴	13.51～109.97	47.26	—	—	—	—	—	—	O
5	菲	40.95～242.35	145.76	—	—	—	—	—	—	O
6	蒽	3.08～61.16	27.39	—	—	1.8×10^6	—	—	—	N
7	荧蒽	8.53～193.03	85.96	—	—	2.4×10^5	—	—	—	N
8	芘	4.06～133.63	52.00	—	—	—	—	—	—	O

续表

序号	选择性控制指标	含量(n=4)/(ng/L)	均值/(ng/L)	地表水①/(ng/L)	地下水回灌②/(ng/L)	地下水③/(ng/L)	饮用水④/(ng/L)	WHO⑤/(ng/L)	US EPA⑥/(ng/L)	识别⑦
9	苯并[*a*]蒽	0.73～110.9	34.86	—	—	—	—	—	—	O
10	䓛	0.39～101.32	46.19	—	—	—	—	—	—	O
11	苯并[*b*]荧蒽	0.41～154	52.75	—	—	4000	—	—	—	N
12	苯并[*k*]荧蒽	1.22～85.74	44.31	—	—	—	—	—	—	O
13	苯并[*a*]芘	0.07～122.3	35.71	2.8	10	10	10	700	200	Y
14	茚并[1,2,3-*c*,*d*]芘	0.08～107.07	37.00	—	—	—	—	—	—	O
15	二苯并[*a*,*h*]蒽	0.00～33.98	10.24	—	—	—	—	—	—	O
16	苯并[*g*,*h*,*i*]芘	0.18～121.33	34.54	—	—	—	—	—	—	O
多环芳烃总量)⑧		113.12～1900.6	901.93	—	—	—	2000	—	—	N
17	邻苯二甲酸二乙酯	73.33～130.65	96.92	—	—	—	3×10^5	—	—	N
18	邻苯二甲酸二丁酯	530.73～1897.82	1128.60	3000	3000	—	300	—	—	N
19	邻苯二甲酸二(2-乙基己基)酯	324.06～6038.75	2951.58	8000	8000	8000	8000	8000	600	N
20	邻苯二甲酸二正辛酯	ND	ND	—	—	—	—	—	—	O
21	壬基酚	219.2～1191.86	718.63	—	—	—	—	—	—	O
22	双酚 A	21.17～475	174.90	—	—	—	10000	—	—	N
23	一氯联苯	ND	ND	—	—	—	—	—	—	O
24	二氯联苯	ND	ND	—	—	—	—	—	—	O
25	三氯联苯	ND	ND	—	—	—	—	—	—	O
26	四氯联苯	0～0.95	0.43	—	—	—	—	—	—	O
27	五氯联苯	ND	ND	—	—	—	—	—	—	O

续表

序号	选择性控制指标	含量(n=4)/(ng/L)	均值/(ng/L)	地表水①/(ng/L)	地下水回灌②/(ng/L)	地下水③/(ng/L)	饮用水④/(ng/L)	WHO⑤/(ng/L)	US EPA⑥/(ng/L)	识别⑦
28	六氯联苯	ND	ND	—	—	—	—	—	—	O
29	七氯联苯	ND	ND	—	—	—	—	—	—	O
多氯联苯(总量)⑨		0～0.95	0.43	20	—	20	500	—	500	N
30	恩诺沙星	ND	ND	—	—	—	—	—	—	O
31	氯霉素	ND	ND	—	—	—	—	—	—	O
32	甲氧苄啶	1.20～3.76	2.21	—	—	—	—	—	—	O
33	三氯生	0～42.18	12.76	—	—	—	—	—	—	O
34	红霉素	0～21.23	5.31	—	—	—	—	—	—	O
35	磺胺甲噁唑	0～28.1	15.84	—	—	—	—	—	—	O
36	磺胺甲基嘧啶	ND	ND	—	—	—	—	—	—	O
37	咖啡因	0.00～301.11	134.16	—	—	—	—	—	—	O
38	布洛芬	0.49～659.32	173.48	—	—	—	—	—	—	O
39	雌酮(E1)	0.07～8.86	2.91	—	—	—	—	—	—	O
40	雌二醇(E2)	ND	ND	—	—	—	—	—	—	O
41	雌三醇(E3)	0～8.43	3.28	—	—	—	—	—	—	O
42	敌敌畏	ND	ND	50000	—	1000	1000	—	—	N
43	杀虫脒	ND	ND	—	—	—	—	—	—	O
44	甲拌磷	ND	ND	—	—	—	—	—	—	O
45	α-六六六	ND	ND	—	—	—	—	—	—	O
46	β-六六六	ND	ND	—	—	—	—	—	—	O
47	γ-六六六(林丹)	ND	ND	2000	2000	2000	2000	2000	—	O
48	δ-六六六	ND	ND	—	—	—	—	—	—	O
六六六(总量)⑩		ND	ND	—	5000	—	5000	—	—	N
49	乐果	ND	ND	80000	—	80000	8000	—	—	N
50	甲基对硫磷	ND	ND	2000	2000	20000	20000	—	—	N
51	七氯	ND	ND	—	400	400	400	—	400	N
52	马拉硫磷	ND	ND	50000	50000	250000	250000	—	—	N
53	毒死蜱	ND	ND	—	—	30000	30000	30000	—	N

续表

序号	选择性控制指标	含量(n=4)/(ng/L)	均值/(ng/L)	地表水①/(ng/L)	地下水回灌②/(ng/L)	地下水③/(ng/L)	饮用水④/(ng/L)	WHO⑤/(ng/L)	US EPA⑥/(ng/L)	识别⑦
54	对硫磷	ND	ND	3000	3000	—	3000	—	—	N
55	环氧七氯	ND	ND	200	—	—	—	—	200	N
56	除草醚	ND	ND	—	—	—	—	—	—	O
57	狄氏剂	ND	ND	—	—	—	—	—	—	O
58	艾氏剂	ND	ND	—	—	—	—	—	—	O
狄氏剂和艾氏剂		ND	ND	—	—	—	—	30		N
59	pp'-DDD	ND	ND	—	—	—	—	—	—	O
60	pp'-DDT	ND	ND	—	—	—	—	—	—	O
61	pp'-DDE	ND	ND	—	—	—	—	—	—	O
滴滴涕(总量)⑪		ND	ND	1000	1000	1000	1000	—	—	N

①《地表水环境质量标准》(GB 3838—2002)集中式生活饮用水地表水源地特定项目限值；
②《城市污水再生利用　地下水回灌水质》(GB/T 19772—2005)选择控制项目限值；
③《地下水质量标准》(GB/T 14848—2017)非常规指标限值；
④《生活饮用水卫生标准》(GB 5749—2022)非常规指标及部分参考指标限值；
⑤ WHO《饮用水水质准则》(第四版)饮用水中有健康意义的化学物质准则值；
⑥ USEPA《饮用水标准及健康咨询表》(2018 版)饮用水标准中污染物最大浓度水平；
⑦ 识别结果有三种，分别为超标(Y)、未超标(N)和未涉及(O)；
⑧ 多环芳烃(总量)为 16 种(序号 1～16)污染物含量的和；
⑨ 多氯联苯(总量)为 7 种(序号 23～29)污染物含量的和；
⑩ 六六六(总量)为 4 种(序号 45～48)污染物含量的和；
⑪ 滴滴涕(总量)为 3 种(序号 59～61)污染物含量的和。

8.1.3 效应评估

在效应评估过程中，暂不考虑污染物在环境中的存在水平，仅考虑污染物的毒理学性质对生态的潜在风险。评估方法参考美国华盛顿州化学品毒性分级标准(表 8-5)，该标准以污染物在水生生物中的半数致死浓度(LC_{50})值来判别污染物的风险等级。本书则选择污染物在三种水生代表物种(分别为水生脊椎动物——鱼、水生无脊椎动物——大型溞、水生植物——绿藻)中的 LC_{50} 值来间接评估污染物对人类、地表水与地下水环境等敏感受体的风险，当三种代表性 LC_{50} 值均高于 1000mg/L 时，则认为该污染物毒性小而没有潜在风险，可将其从识别体系中排除；否则即认为该污染物对人类和环境具有潜在风险，需进入综合评分环节。

表 8-5　美国华盛顿州化学品毒性分级标准　　单位：mg/L

级别	水生生物 LC_{50}	老鼠经口 LC_{50}
X	<0.1	<0.5
A	0.1～1	0.5～5

续表

级别	水生生物 LC_{50}	老鼠经口 LC_{50}
B	1～10	5～50
C	10～100	50～500
D	100～1000	500～5000

本书使用 USEPA 发布的 EPI Suite 软件中生态结构-活性关系（ecological structure activity relationship，ECOSAR）模块（版本 V1.11）计算所需污染物的急性毒性 LC_{50} 值。ECOSAR 模块是 EPA 开发的一种常用定量结构-活性关系（quantitative structure-activity relationship，QSAR）工具，该模块通过分析化学物质的分子结构特征及理化性质，从而预测其对水生生物（如鱼、水生无脊椎动物和水生植物）的急性毒性和慢性毒性，两种毒性的量化指标分别为：

（1）急性毒性指标

半数效应浓度（LC_{50} 和 EC_{50}）值越低毒性越高。

（2）慢性毒性指标

慢性值（chronic value，CHV），该值为无可观察效应浓度（no observed effect concentrations，NOEC）和最低可观察效应浓度（lowest observed effect concentrations，LOEC）的几何平均值。

在 ECOSAR 模块界面中分别输入筛选出的 20 种污染物的化学名称、CAS 号和 SMILES 码，选取输出结果中 Neutral Organics 对应鱼的 96h-LC_{50}（表示在 96 小时内杀死 50%试验鱼类的污染物浓度）、大型溞的 48h-LC_{50} 和绿藻的 96h-LC_{50} 值作为污染物的三种代表性 LC_{50} 值，结果见表 8-6。由表可知，20 种污染物对应的三种 LC_{50} 值没有符合均大于 1000mg/L 的物质，说明这 20 种污染物均存在对人体和环境的潜在风险，不可将其从识别体系中排除，需要进入综合评分环节。

表 8-6　再生水水质效应评估结果

污染物名称	鱼 96h-LC_{50}/(mg/L)	大型溞 48h-LC_{50}/(mg/L)	绿藻 96h-LC_{50}/(mg/L)	LC_{50}<1000mg/L
苊烯	2.3	1.73	1.91	是
苊	2.43	1.82	1.99	是
芴	1.55	1.2	1.47	是
菲	0.94	0.76	1.05	是
芘	0.46	0.39	0.65	是
苯并[*a*]蒽	0.09	0.09	0.22	是
䓛	0.078	0.077	0.19	是
苯并[*k*]荧蒽	0.047	0.049	0.14	是
茚并[1,2,3-*cd*]芘	0.016	0.018	0.064	是
二苯并[*a*,*h*]蒽	0.014	0.016	0.06	是
苯并[*g*,*h*,*i*]芘	0.018	0.02	0.071	是
壬基酚	0.123	0.11	0.22	是
甲氧苄啶	1870.43	946.06	260.78	否

续表

污染物名称	鱼 96h-LC_{50}/(mg/L)	大型溞 48h-LC_{50}/(mg/L)	绿藻 96h-LC_{50}/(mg/L)	LC_{50}<1000mg/L
三氯生	1.03	0.83	1.11	是
红霉素	71.68	47.02	31.31	是
磺胺甲噁唑	1864.42	940.74	257.2	否
咖啡因	8444.44	3793.98	699.56	否
布洛芬	29.37	22.16	24.75	是
E1	23.04	15.24	10.45	是
E3	92.45	56.33	29.21	是

8.1.4 综合评分

在综合评分过程中，主要是对已筛选的 20 种具有潜在风险的污染物进行综合分析，并对其风险展开量化评估。综合评估将从污染物在再生水中的存在水平、对自身的毒性评价和在地下水环境中的暴露风险等方面展开，其中暂时忽略对人类健康风险的评价，原因是相关研究及可获得的数据不足。这三方面对应的 5 种评分参数及标准化赋值如下。

① 存在水平 C。包括污染物的检出率 C_1 与存在浓度 C_2。后者的标准化方法为极差正规化法，公式如下：

$$U(C_2)=(C-C_{\min})/(C_{\max}-C_{\min}) \tag{8-1}$$

式中，C 为污染物的平均检出浓度，mg/L；$C_{\max}$，$C_{\min}$ 分别为污染物的最大和最小检出浓度，mg/L。

② 毒性评价 T。包括污染物的生物累积性 T_1 和生态毒性 T_2。前者用辛醇-水分配系数 K_{ow} 表征，当 $\lg K_{ow}$ 大于 3 时，表明该污染物具有潜在的生物累积性，则 $U(T_1)$ 可赋值为 1，否则为 0。$U(T_2)$ 用下式计算：

$$U(T_2)_i=\sum_{i=1}^{3}\frac{1}{3}U(T_2)_k \tag{8-2}$$

$$U(T_2)_k=1-\frac{LC_{50,i}-LC_{50,\min}}{LC_{50,\max}-LC_{50,\min}} \tag{8-3}$$

式中，$U(T_2)_i$ 表示第 i 种污染物的生态毒性；$U(T_2)_k$ 表示第 k 种水生生物（鱼、大型溞和绿藻）的毒性；$LC_{50,i}$ 表示第 i 种污染物在第 k 种水生生物中的 LC_{50} 值；$LC_{50,\max}$，$LC_{50,\min}$ 分别表示 20 种污染物在第 k 种水生生物中的最大和最小 LC_{50} 值。三种水生生物的计算权重均为 1/3。

③ 暴露风险 E。用地下水污染指数（groundwater ubiquity score，GUS）来评定，该指数常用于表征污染物的淋溶特性，反映了影响再生水中污染物在河道底泥或土壤中迁移转化的吸附、降解作用。其中，GUS 值越大则污染物的淋溶迁移性越高，对地下水的污染风险越大。根据 GUS 分级标准，当 GUS>2.8 时，污染物的淋溶迁移性高，相应 $U(E)$ 可赋值为 1；当 1.8≤GUS≤2.8 时，淋溶迁移性为中等，$U(E)$ 可赋值为 0.67；当 GUS<1.8 时，淋溶迁移性低，$U(E)$ 可赋值为 0.33。GUS 的计算方式

见式(8-4)。

$$GUS=\lg T_{1/2}\times(4-\lg K_{oc})\tag{8-4}$$

式中，$T_{1/2}$ 为污染物在土壤中的半衰期，表示污染物的持久性；K_{oc} 为污染物的有机碳-水分配系数，表示污染物在土壤中吸附能力的强弱。

上述 5 个参数的数据大部分由 EPI 软件估算得到，如 $T_{1/2}$ 是由 BIOWIN(V4.1) 模块计算得到，K_{oc} 和 $\lg K_{ow}$ 可由 KOWWIN (V1.67) 模块得到，参数权重从相关文献中获取。通过将各个参数值与对应权重相乘并累加，即可得到污染物的综合评分值，计算方式见式(8-5)。

$$S_i=\sum_{n=1}^{5}U_n\times W_n\tag{8-5}$$

式中，S_i 为第 i 种污染物的综合评分值；U_n，W_n 分别为第 n 种参数值和权重。

最终，得出再生水中潜在风险污染物的综合评分结果（见表 8-7），其中 20 种污染物的综合评分区间为 0.431～0.865，多数污染物分值在 0.7～0.741 之间。因此，根据污染物的分值特点划分其相对风险等级，将综合评分高于 0.73 的污染物选为高风险污染物，分值介于 0.7～0.73 之间的为中风险污染物，分值低于 0.7 的为低风险污染物。经过综合评分环节，共选出 5 种高风险污染物，分别为红霉素、苊、菲、苯并 [k] 荧蒽和壬基酚，说明这 5 种污染物对人类和地下水环境的潜在风险要高于其他污染物，需要重点关注。

综上所述，在再生水风险因子识别过程中，16 项基本性控制指标中有 4 项指标超标，即总氮、总磷、亚硝酸盐和氨氮；61 项选择性控制指标中有 1 项指标超标，即苯并 [a] 芘，另有 5 项指标的综合评分值较高，分别为红霉素、苊、菲、苯并 [k] 荧蒽和壬基酚，故将上述 10 项指标列为再生水高风险因子，这将为今后再生水处理方式的改进和再生水河道回补适宜性区划指标体系的构建提供客观依据。

表 8-7　再生水中潜在风险污染物的综合评分结果

序号	污染物名称	存在水平(C)		毒性评价(T)			暴露风险(E)		综合评分	风险等级
		$U(C_1)$	$U(C_2)$	$\lg K_{ow}$	$U(T_1)$	$U(T_2)$	GUS	$U(P)$		
		0.099[①]	0.072[①]	0.177[①]		0.303[①]	0.349[①]			
1	红霉素	0.25	0.25	3.06	1.00	0.978	3.56	1.00	0.865	高
2	苊	1.00	0.66	3.92	1.00	0.999	0.43	0.33	0.741	高
3	菲	1.00	0.52	4.46	1.00	0.999	−0.43	0.33	0.731	高
4	苯并[k]荧蒽	1.00	0.51	6.11	1.00	1.000	−3.89	0.33	0.731	高
5	壬基酚	1.00	0.51	5.71	1.00	1.000	−0.69	0.33	0.731	高
6	䓛	1.00	0.45	5.81	1.00	1.000	−2.72	0.33	0.727	中
7	芘	1.00	0.37	4.88	1.00	1.000	−1.56	0.33	0.721	中
8	芴	1.00	0.35	4.18	1.00	0.999	0.05	0.33	0.719	中
9	茚并[1,2,3-cd]芘	1.00	0.35	6.70	1.00	1.000	−5.11	0.33	0.719	中
10	苯并[a]蒽	1.00	0.31	5.80	1.00	1.000	−3.88	0.33	0.716	中

续表

序号	污染物名称	存在水平(C)		毒性评价(T)			暴露风险(E)		综合评分	风险等级
		$U(C_1)$	$U(C_2)$	$\lg K_{ow}$	$U(T_1)$	$U(T_2)$	GUS	$U(P)$		
		0.099[①]	0.072[①]	0.177[①]		0.303[①]	0.349[①]			
11	苯并[g,h,i]芘	1.00	0.28	6.63	1.00	1.000	−5.11	0.33	0.715	中
12	E1	1.00	0.32	3.13	1.00	0.993	−0.70	0.33	0.715	中
13	苊烯	1.00	0.27	3.94	1.00	0.999	0.40	0.33	0.713	中
14	布洛芬	1.00	0.26	3.97	1.00	0.985	1.69	0.33	0.709	中
15	二苯并[a,h]蒽	0.75	0.30	6.75	1.00	1.000	−5.10	0.33	0.691	低
16	三氯生	0.50	0.30	4.76	1.00	0.999	−0.79	0.33	0.666	低
17	甲氧苄啶	1.00	0.39	0.91	0.00	0.719	2.35	0.67	0.579	低
18	磺胺甲噁唑	0.50	0.56	0.89	0.00	0.721	2.68	0.67	0.542	低
19	E3	0.50	0.39	2.45	0.00	0.978	1.41	0.33	0.489	低
20	咖啡因	0.50	0.45	−0.07	0.00	0.000	4.21	1.00	0.431	低

①数字分别为五项参数的对应权重。

8.2 再生水安全利用水质保障关键技术研究

开展多种组合工艺及一体化协同效能比选，筛选出适宜去除高风险性污染物的高效控制组合工艺模式并开展示范，优化人工湿地与多功能生态浮床耦合方式下的水质保障能力，形成再生水环境利用水质保障关键技术，探索充分利用河湖的输送与调蓄作用实现市政杂用的取水利用模式。

8.2.1 纳滤及浓水特性研究

纳滤膜的孔径一般为纳米级，可以高效截留再生水中的多种污染物质，得到纯度相对更高的膜出水和富集大部分无机盐、有机污染物和病原体微生物的高污染膜浓水。本研究使用的纳滤装置主要由过滤器、高压水泵、膜组件、流量计、压力表、配电箱组成，膜组件基本参数见表8-8。各组件由聚氯乙烯（PVC）管件相连。待处理的原水经水管进入纳滤装置，首先通过过滤器，在这个过程中，较大的污染物颗粒会被截留。进水通过高压水泵后被扬起，通过膜前压力器进入膜组件。

表8-8 膜组件基本参数

HNF-4040系列基本性能规范				
型号		HNF40-4040	HNF70-4040	HNF90-4040
脱盐率%	NaCl	35～45	65～75	85～95
	$MgSO_4$	>90	>95	>95
产水量		2500GPD($9.46m^3/d$)	2300GPD($8.7m^3/d$)	1900GPD($7.2m^3/d$)
有效膜面积		$75ft^2$($7.0m^2$)		

续表

HNF-4040 系列基本性能规范			
型号	HNF40-4040	HNF70-4040	HNF90-4040
单支膜元件水回收率	15%		
测试压力	100psi(0.7MPa)		
测试温度	25℃		
测试浓度	500mg/kg NaCl 溶液;500mg/kg $MgSO_4$ 溶液		
测试溶液 pH 值	6.5～8.5		
清洗 pH 值范围	3～10		
最高操作压力	600psi(4.14MPa)		
最高进水流量	16GPM(3.6m^3/h)		
进水温度	5～45℃		
最大进水污染密度指数(SDI)	5		
进水自由氯浓度	0.1mg/kg		
单支膜元件允许最大压力降	200psi(0.14MPa)		

纳滤膜可以有效拦截各种有毒有害有机化合物、无机化合物和病原体微生物，分别形成膜出水和膜浓水。在膜组件中形成的膜出水和膜浓水各自与两条水管相连，在通过流量计后排出。纳滤装置示意见图 8-2。

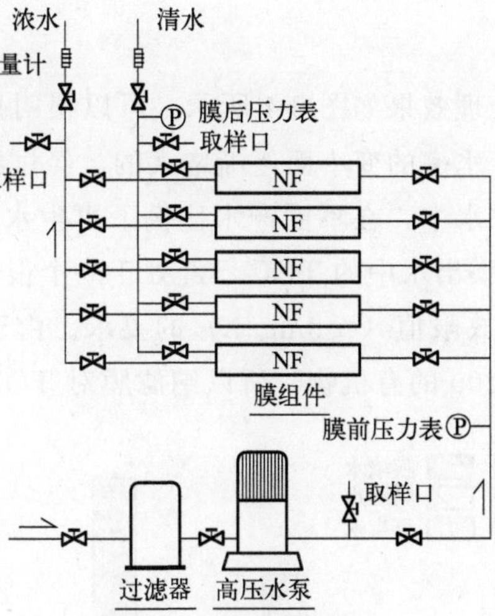

图 8-2　纳滤装置示意

通过调节流量计后的阀门可以改变膜浓水和膜出水的比例，本研究分别按照膜浓水∶膜出水为 1∶1、1∶2、1∶3 的比例开展膜浓缩实验。

8.2.1.1　COD 变化分析

图 8-3 显示了不同产水比例下膜浓水和膜出水中 COD 的浓度。可以看出，纳滤膜对 COD 具有较好的去除效果。在不同产水比例下膜出水的 COD 变化不明显，COD 去

除率在42%～50%之间，但是膜浓水中COD浓度随产水比例变化幅度较大。当产水率由50%变化至67%时，膜浓水中COD的浓度由再生水的2.1倍提升至3.2倍，当产水率调节至75%时，膜浓水中COD浓度又出现了骤减，这种现象的原因可能是进水COD不稳定。在不同产水率下膜出水的COD浓度均≤20mg/L，可以满足《城市污水再生利用　地下水回灌水质》(GB/T 19772—2005) 和《地表水环境质量标准》(GB 3838—2002) 中Ⅲ类水的要求，而膜浓水的COD浓度较高，必须经过处理之后才可以排放。

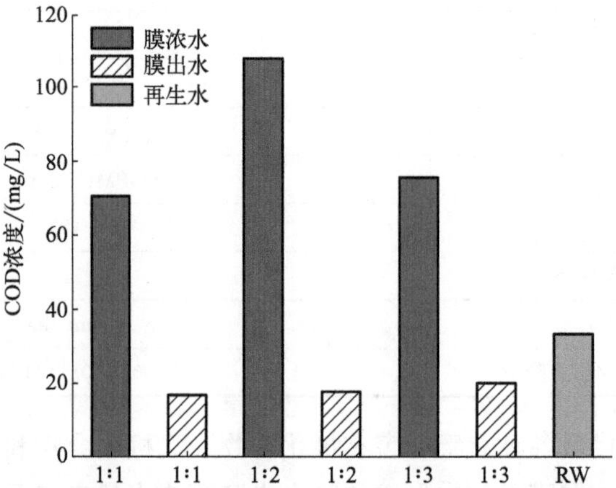

图 8-3　再生水（RW）及不同产水率下出水 COD 浓度

8.2.1.2　TOC变化分析

纳滤装置对TOC的处理效果如图8-4所示。可以很明显地看出，膜浓水和膜出水中TOC的浓度都是随着产水率的变小而逐渐增大的。经过纳滤膜的分离阻隔，绝大部分的TOC都被富集到膜浓水中，在不同产水比例下再生水TOC的脱除率分别达到了95%、92%和88%，此时膜出水中的TOC已经处于一个很低的水平，远小于北京市水污染物综合排放标准A排放限值（≤8mg/L）的要求。由于纳滤膜孔径较小，基本上可以完全截留分子量大于200的有机物，所以纳滤膜对TOC具有显著的去除效果，同

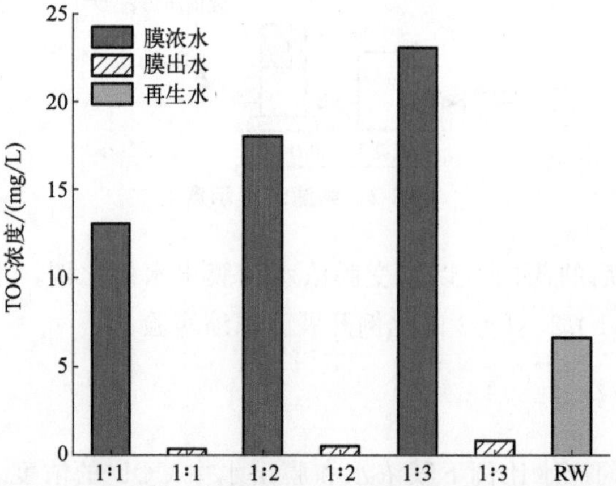

图 8-4　再生水（RW）及不同产水率下出水 TOC 浓度

时，富集了 TOC 的膜浓水中有机污染物浓度也相对更高。

8.2.1.3　总氮变化分析

纳滤膜对再生水中总氮的处理效果如图 8-5 所示。随着产水率的减小，膜浓水和膜出水中总氮的含量都有所上升，在产水率为 50%时，再生水中总氮的脱除率为 82%，其对应的膜出水中总氮浓度只有 0.7mg/L，当产水率调节至 67%和 75%，其对应的总氮脱除率也变为 74%和 69%。通过与现行标准对比，在 50%产水率和 67%产水率下得到的膜出水中总氮的浓度符合《地表水环境质量标准》（GB 3838—2002）中Ⅲ类水（≤1.0mg/L）的要求。

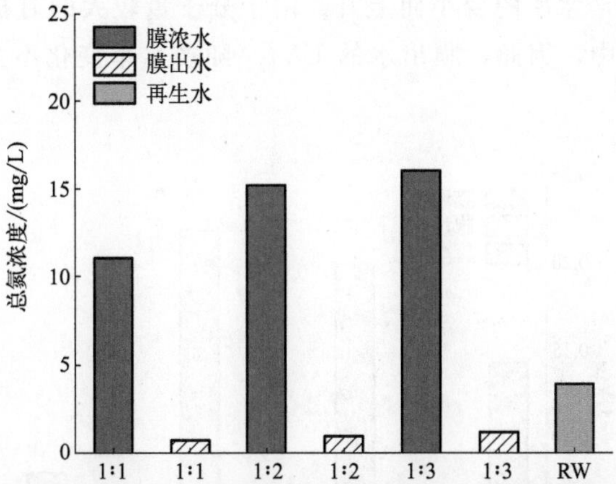

图 8-5　再生水（RW）及不同产水率下出水总氮浓度

8.2.1.4　总磷变化分析

不同出水比例对应的膜浓水和膜出水中总磷的浓度如图 8-6 所示。

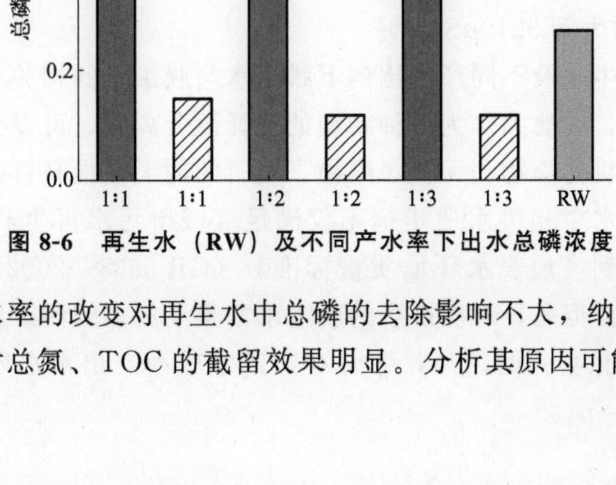

图 8-6　再生水（RW）及不同产水率下出水总磷浓度

可以看出，产水率的改变对再生水中总磷的去除影响不大，纳滤膜对再生水中总磷的截留效果也没有对总氮、TOC 的截留效果明显。分析其原因可能是磷酸根与再生水

中的 H^+ 以及 K^+、Na^+、Ca^{2+}、Mg^{2+} 等金属离子形成了磷酸氢根、磷酸氢钾根、磷酸氢钠根、磷酸氢钙根、磷酸氢镁根等体积较大的缔合分子，影响了纳滤膜的工作效率。但是，不同产水率下膜出水中的总磷浓度都小于 0.2mg/L，符合《地表水环境质量标准》（GB 3838—2002）中Ⅲ类水的要求。

8.2.1.5 UV_{254} 变化分析

UV_{254} 作为反映含有双键或苯环的不饱和烃类有机物浓度的综合指标，其数值变化可以用来评价纳滤膜对再生水中有机物的截留富集能力。图 8-7 显示了纳滤对再生水中 UV_{254} 的处理效果。纳滤膜可以将再生水中大部分的有机物截留至膜浓水中，且膜浓水中富集的 UV_{254} 会随产水率的变小而上升。由于分子量较大的有机物并不能通过纳滤膜的膜孔进入膜出水中，因此，膜出水的 UV_{254} 随产水率变化不大，UV_{254} 去除率在 85%～87.5%之间。

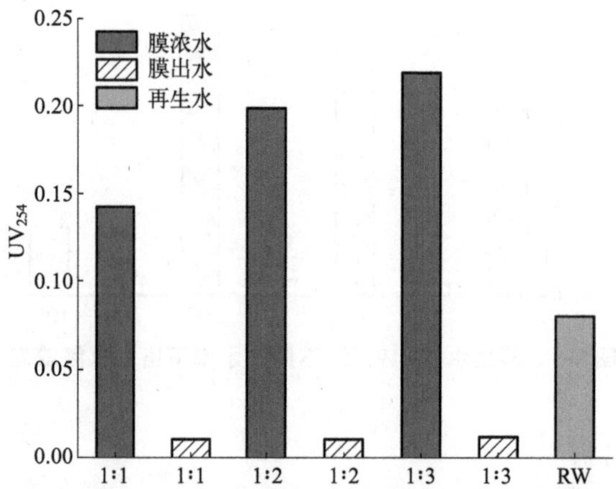

图 8-7 再生水（RW）及不同产水率下出水 UV_{254}

8.2.1.6 电导率变化分析

电导率能够反映再生水中的含盐量，其变化可以作为衡量纳滤膜去除再生水中无机离子能力的指标。不同出水比例下膜浓水与膜出水的电导率及其变化如图 8-8 所示，再生水的电导率为 1209μS/cm，经过纳滤膜的截留，大部分的无机离子被富集到膜浓水中，膜出水的电导率只有原再生水的十分之一左右，而随产水率的减小，膜浓水的电导率则由 1967μS/cm 增大到 3310μS/cm。

通过比较分析再生水及不同产水比例下膜出水与膜浓水的相关水质指标的数值及变化，可以明显地看出，纳滤膜作为一种新型的选择性分离膜，可以截留受污染水体中大部分溶解性盐类、有机污染物和无机污染物，短时间内大幅提高再生水的品质。对比分析的结果表明，膜出水中相关水质指标不仅满足《城市污水再生利用　地下水回灌水质》标准，还可以达到《地表水环境质量标准》（GB 3838—2002）中Ⅲ类水的要求，可以用于回补地下水。但是，对应产生的膜浓水富集了更多的污染成分，必须经过处理后才能排放。结合纳滤实验的结果，综合考虑产水效率、出水水质和膜污染情况，以

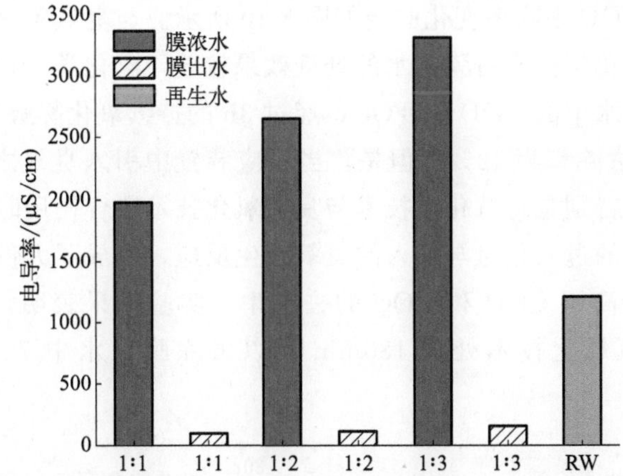

图 8-8　再生水（RW）及不同产水率下出水电导率

67%的产水率，即膜浓水与膜出水的产水比例为 1∶2 条件下获得的膜浓水为研究对象，开展高级氧化技术深度处理纳滤膜浓水实验研究，探索膜浓水的无害化处理工艺和方法。

8.2.2　不同处理技术对纳滤浓水处理效果研究

本阶段研究拟开展静态条件下的电化学处理纳滤浓水实验室小试，分别研究电化学耦合臭氧氧化法、单独臭氧氧化法及单独电化学方法对纳滤浓水的处理效果，通过对比研究，探究不同处理工艺对纳滤浓水的处理效果。

臭氧氧化耦合电化学实验装置见图 8-9。在装置运行过程中，通过改变电流密度、水力停留时间、电极材料、臭氧通入量等条件，研究参数变化对实验结果的影响。以萘、苊烯、苊、芴、菲、蒽、荧蒽、芘等痕量有机污染指标以及 TOC、COD、三维荧光分析等综合指标定量评价水质，并结合水质急性毒性的藻类生态毒理试验综合评价出水水质。

图 8-9　臭氧氧化耦合电化学实验装置

8.2.2.1　不同处理技术对膜浓水 COD、TOC 去除率的影响

利用电化学氧化技术、臭氧氧化技术和电化学催化臭氧氧化技术处理纳滤膜浓水

180min 内 COD 和 TOC 去除率变化曲线如图 8-10 所示。与臭氧氧化和电化学催化臭氧氧化相比，单独的电化学技术对膜浓水的处理效果较差，电化学过程产生的过氧化氢并不能有效地矿化膜浓水中的 COD 和 TOC，经过 3h 的持续氧化降解后，TOC 的去除率只有 22%，COD 的去除率为 42%。但是，当反应装置中引入臭氧之后，COD 和 TOC 的去除率大幅提高，特别是将电化学技术与臭氧氧化技术联合使用时，二者的协同作用使得电化学原位产生的过氧化氢与通入的臭氧发生反应，生成了大量强氧化性的羟基自由基，从而进一步提高了 COD 和 TOC 的去除率。实验结果表明，在本实验条件下，使用电化学催化臭氧氧化技术处理 180min 可以去除膜浓水中 72% 的 COD 和 71% 的 TOC。

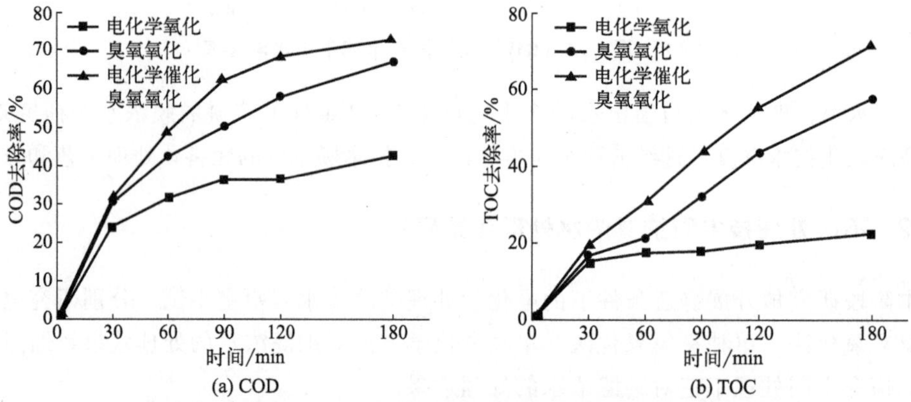

图 8-10 电化学氧化、臭氧氧化以及电化学催化臭氧氧化分别处理纳滤膜浓水 180min 内 COD 和 TOC 去除率变化曲线

8.2.2.2 不同处理技术对膜浓水中 TOC 去除动力学分析

在反应过程中，以 $\ln(TOC_0/TOC_t)$ 对反应时间作图，可以得到不同处理工艺下膜浓水的 TOC 反应动力学分析图（图 8-11）。

如图 8-11 所示，三种工艺下膜浓水的 TOC 变化都能够非常好地拟合一级反应动力学方程。曲线的斜率为反应速率常数，可以代表不同反应过程对 TOC 的去除速率，单

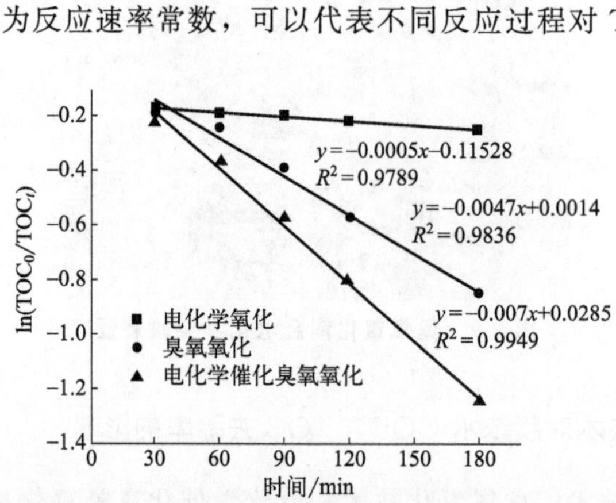

图 8-11 电化学氧化、臭氧氧化以及电化学催化臭氧氧化去除 TOC 的一级反应动力学分析

独的电化学氧化过程的一级反应速率常数最低，仅为 $0.05\times10^{-2}min^{-1}$，臭氧氧化的反应速率常数高于电化学氧化，为 $0.47\times10^{-2}min^{-1}$，将臭氧氧化技术与电化学氧化技术联合后，TOC 的降解速率得到了有效的提高，其一级反应速率常数为 $0.7\times10^{-2}min^{-1}$，是单独电化学氧化的 14 倍，单独臭氧氧化的 1.5 倍。

8.2.2.3 不同处理工艺对膜浓水中 UV_{254} 去除率的影响

图 8-12 显示了不同处理工艺下纳滤膜浓水中 UV_{254} 随时间的变化曲线。单独的电化学氧化对 UV_{254} 的去除效果较差，过氧化氢对含芳香环和双键共轭体系的有机物降解能力有限，在处理 60min 之后，膜浓水的 UV_{254} 基本上不再降低，UV_{254} 的去除率只有 40%左右；但是通入臭氧可以显著提高反应体系对 UV_{254} 的降解能力，臭氧氧化和电化学催化臭氧氧化处理膜浓水 120min 后，UV_{254} 的去除率能够达到 80%以上。

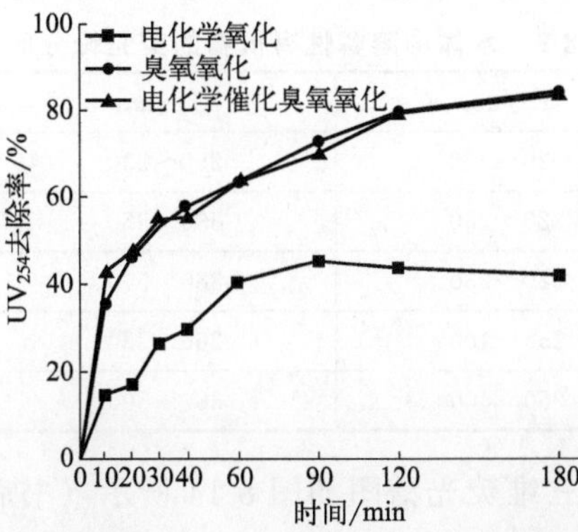

图 8-12 电化学氧化、臭氧氧化以及电化学催化臭氧氧化分别处理纳滤膜浓水 180min 内 UV_{254} 去除率变化曲线

8.2.2.4 三维荧光图谱变化

溶解性有机质（DOM）占污水中有机物的 30%～40%，其结构与成分复杂，包括糖类、氨基酸、蛋白质、木质素以及胡敏酸、富里酸等腐殖质类物质，是污水处理的主要对象。三维荧光光谱能够表征水中溶解性有机污染物的化学结构、官能团、空间构型等特征信息，展现出不同有机物的变化趋势，是分析水体中 DOM 的有效方法。根据不同溶解性有机质的荧光峰位置将三维荧光图谱按照激发和发射边界划分成了五个区域，如图 8-13 所示，较短激发波长（220～250nm）和较短发射波长（260～330nm、330～380nm）的峰对应的为酪氨酸、色氨酸等简单的芳香族蛋白质（区域Ⅰ和区域Ⅱ）荧光；较短激发波长（220～250nm）和较长发射波长（380～500nm）的峰为类富里酸物质（区域Ⅲ）荧光；较长激发波长（250～400nm）和较短发射波长（260～380nm）的峰对应为可溶性微生物类副产物（区域Ⅳ）荧光；而较长激发波长（250～400nm）和较长发射波长（380～500nm）的峰对应为类腐殖酸有机物（区域Ⅴ）荧光。具体的荧光峰分区如表 8-9 所列。

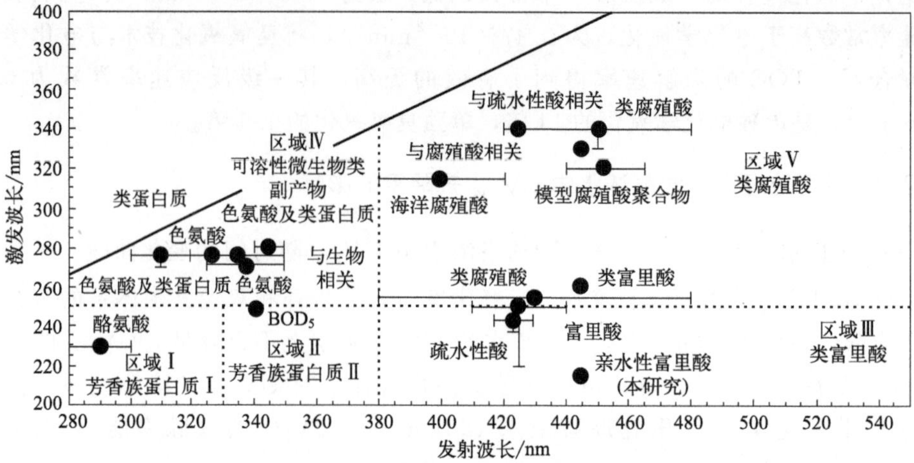

图 8-13 三维荧光激发和发射波长的 EEM 峰位置及区域边界

表 8-9 水体中溶解性有机物的荧光峰分区

荧光峰区域	Ex/nm	Em/nm	DOM 种类
区域Ⅰ	220～250	260～330	芳香族蛋白质
区域Ⅱ	220～250	330～380	芳香族蛋白质
区域Ⅲ	220～250	380～500	类富里酸
区域Ⅳ	250～400	260～380	可溶性微生物类副产物
区域Ⅴ	250～400	380～500	类腐殖酸

再生水和纳滤膜浓水的三维荧光谱图如图 8-14 所示（书后另见彩图）。可以看出，再生水中的有机污染物在三维荧光图上主要表现为两个荧光峰，分别落在了区域Ⅲ和区域Ⅴ，表示主要的可溶性有机污染物为腐殖酸和富里酸类物质。一般以荧光指数 FI 来指示有机污染物的来源，其定义为在三维荧光矩阵中 Ex370nm/Em450nm 处的荧光强度和 Ex370nm/Em500nm 处荧光强度的比值。McKnight 等人在研究溶解性有机物的光谱特性时发现，当 FI 的值在 1.6～1.9 之间的时候，有机污染物一般来自微生物源的富里酸类有机物，而当 FI 的值小于 1.4 的时候，则表明有机物来源于陆源富里酸类有机物。本研究所使用的再生水 FI 值为 2.18，略高于 McKnight 等人给出的区分区间，推

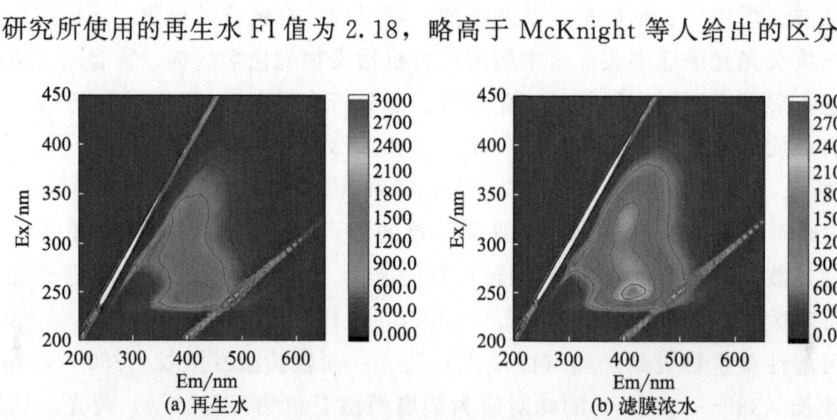

(a) 再生水 (b) 滤膜浓水

图 8-14 再生水和纳滤膜浓水的三维荧光谱图

测再生水中的有机污染物为微生物源，且再生水中的微生物活动比较活跃，在一定程度上提高了再生水的荧光指数。

污水中代表性荧光有机污染物的最大荧光强度以及变化趋势能够表征可溶性有机污染物的含量和变化情况。图 8-15（书后另见彩图）和图 8-16 显示了电化学氧化、臭氧氧化和电化学催化臭氧氧化分别处理纳滤膜浓水 10min、30min、60min 后对应的三维荧光谱图以及削峰率变化曲线。对比分析三组图的变化趋势可以看出，臭氧氧化和电化学催化臭氧氧化的削峰效果明显优于电化学氧化，处理 10min 后，臭氧氧化工艺的削峰率为 80%，电化学催化臭氧氧化工艺的削峰率为 83%，经过 60min 的处理，两种方法均可去除 95%以上的荧光峰。尽管电化学氧化对膜浓水中有机污染物的削峰速率较慢，但 60min 的削峰率也可以达到 80%。

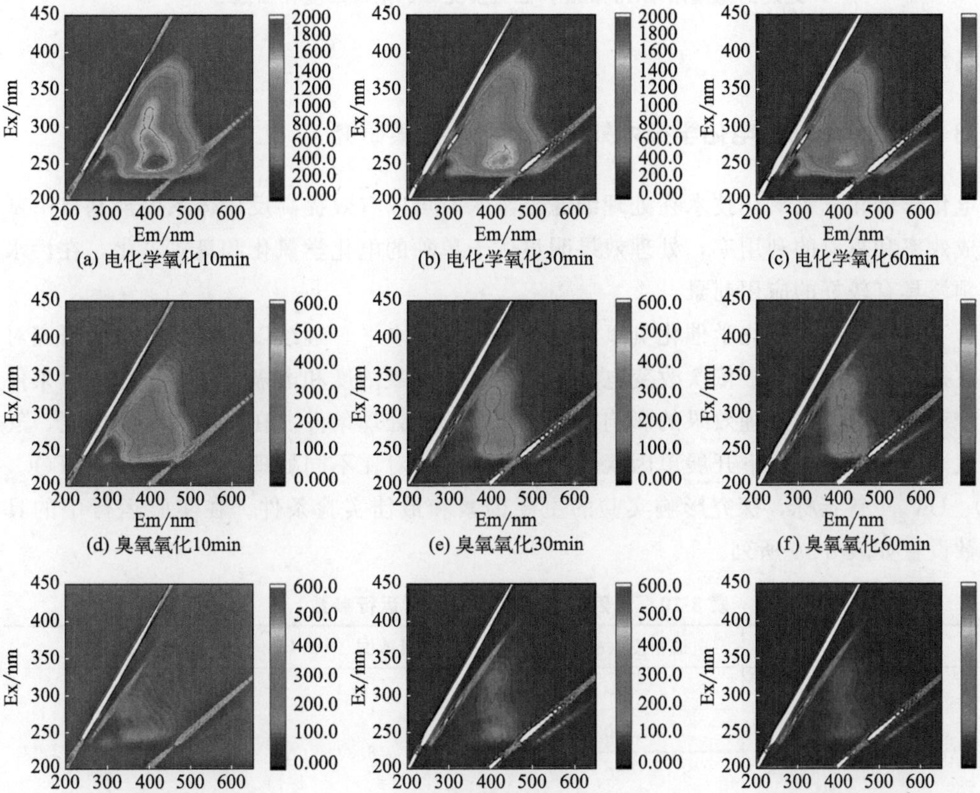

(a) 电化学氧化10min　(b) 电化学氧化30min　(c) 电化学氧化60min

(d) 臭氧氧化10min　(e) 臭氧氧化30min　(f) 臭氧氧化60min

(g) 电化学催化臭氧氧化10min　(h) 电化学催化臭氧氧化30min　(i) 电化学催化臭氧氧化60min

图 8-15　不同处理工艺分别处理纳滤膜浓水 10min、30min、60min 后的三维荧光谱图

通常以处理指数 TI 来表示不同处理条件对污水中有机物的去除效果。其定义为经处理后的水样在 Ex350nm/Em430nm 处的荧光强度和未经处理的样品在 Ex350nm/Em430nm 处荧光强度的比值。处理指数越小，说明水样的处理效果越好。在本研究中，经电化学氧化、臭氧氧化和电化学催化臭氧氧化处理 10min 后膜浓水的处理指数分别是 0.155、0.040 和 0.031，而处理 30min 后膜浓水的处理指数分别是 0.062、0.015 和 0.013，表明电化学催化臭氧氧化对膜浓水中有机物的降解能力高于电化学氧

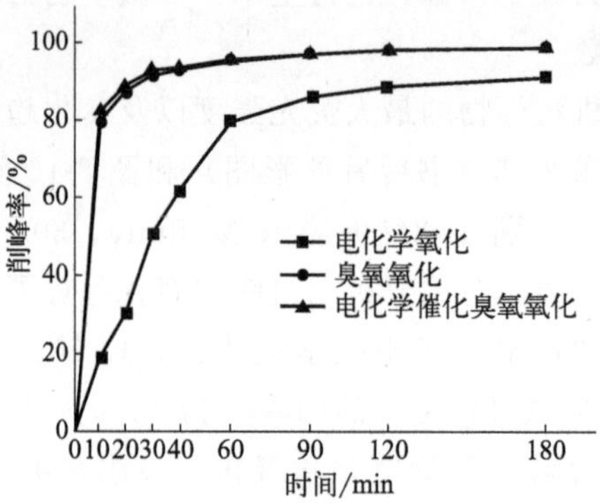

图 8-16 电化学氧化、臭氧氧化和电化学催化臭氧氧化分别处理纳滤膜浓水 180min 内三维荧光峰的削峰率变化曲线

化和臭氧氧化。

8.2.3 臭氧氧化耦合电化学技术处理纳滤浓水效果研究

电化学催化臭氧氧化技术在处理纳滤膜浓水时可以有效提高反应体系中羟基自由基的生成效率和臭氧的利用率，处理效果明显优于单独的电化学氧化和臭氧氧化，在污水处理领域具有较好的应用前景。

为了进一步提高电化学催化臭氧氧化技术的处理水平，继续以纳滤膜浓水为研究对象，在控制变量的原则下依次改变电流密度、气相臭氧浓度和电极材料，研究实验条件的改变对纳滤膜浓水处理效果的影响，探究最有效的处理条件。在不同的电流密度、气相臭氧浓度和电极材料下开展单因素优化实验，通过对比不同处理条件下水样的 TOC、COD、UV_{254} 等指标，探究影响实验的主要因素和最佳实验条件。在实验运行中的具体参数设置如表 8-10 所列。

表 8-10 单因素优化实验中具体运行参数

项目	电流密度/(mA/cm^2)	臭氧浓度/(mg/L)	电极材料
电流密度优化实验	4	8.33	SnO_2/Ti
	10		
	20		
	30		
臭氧浓度优化实验	10	2.08	SnO_2/Ti
		4.17	
		8.33	
		20.85	
电极材料优化实验	10	4.17	Pt/Ti
			SnO_2/Ti
			RuO_2-IrO_2/Ti
			SnO_2/Ti+石墨毡

8.2.3.1　电流密度对纳滤膜浓水处理效果的影响

在研究运行条件对电化学催化臭氧氧化组合工艺处理纳滤膜浓水中污染物去除效能的影响时，首先探究了电流密度与处理能力的关系。以钛基二氧化锡电极为阳极，钛网电极为阴极，采用直流稳压电源为反应体系供电，分别设置了 $4mA/cm^2$、$10mA/cm^2$、$20mA/cm^2$、$30mA/cm^2$ 四个电流密度梯度，保持气相臭氧浓度为 8.33mg/L。实验过程中 COD、TOC 的去除率如图 8-17 所示。当电流密度由 $4mA/cm^2$ 提升到 $10mA/cm^2$ 时，反应体系在 180min 的 COD 去除率从 61%提升到了 72%，TOC 的去除率由 65%提升到了 73%。但是，当电流密度进一步增大到 $20mA/cm^2$ 和 $30mA/cm^2$ 时，对应的 COD 和 TOC 的去除率不仅没有升高，反而出现了负增加，这种现象的原因是过氧化氢发生了自分解反应。电流密度的增加可以提高电化学反应的速率，能够产生更多的过氧化氢，但是由于臭氧在水中的溶解度较低，臭氧由气相状态扩散到液相状态存在传质限制，过多的过氧化氢不能够与足够的臭氧反应生成羟基自由基，从而引起过氧化氢发生了自分解反应。不仅如此，过氧化氢的自分解过程甚至会消耗水体中臭氧与过氧化氢反应生成的羟基自由基，这极大地影响了反应体系的效率。

$$2H_2O_2 \longrightarrow 2H_2O + O_2$$

$$H_2O_2 + \cdot OH \longrightarrow HO_2\cdot + H_2O$$

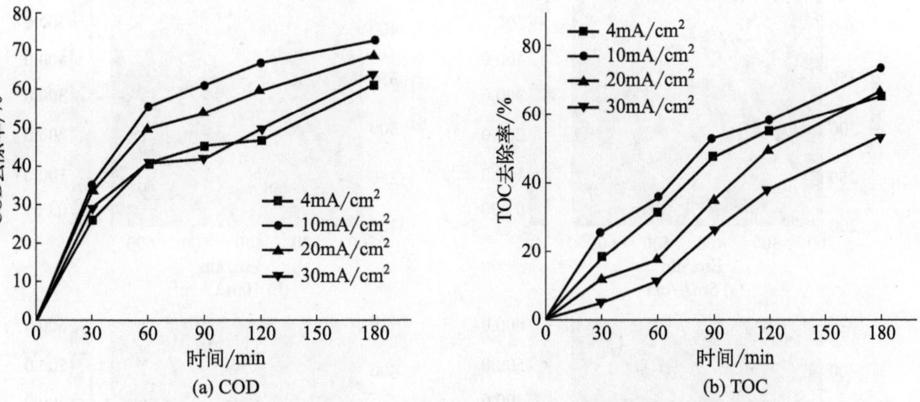

图 8-17　不同电流密度下 COD 和 TOC 的去除率随时间变化曲线

不同电流密度下膜浓水的 UV_{254} 去除率变化趋势如图 8-18 所示。随着反应时间的延长，UV_{254} 的去除率也持续上升，但是，不同电流密度下 UV_{254} 的去除率之间差异不明显。由于 UV_{254} 是一类反映含有芳香族化合物、羧基或者双键的共轭体系有机物的指示指标，仅能表征污水中特定的一类具有紫外吸收的有机物，并不能够代表水体中全部有机物的变化趋势，而且在氧化过程中，过氧化氢的电极电势远低于臭氧和羟基自由基的电极电势，因此，臭氧和羟基自由基对 UV_{254} 的氧化降解的影响高于过氧化氢，电流密度的改变对 UV_{254} 的影响较小。

图 8-19（书后另见彩图）显示了在四种不同电流密度下处理 30min 后膜浓水的三维荧光谱图。与未经处理的膜浓水相比，在不同实验条件下处理 30min 后荧光峰都出现了大幅度的减小，特别是当电流密度为 $10mA/cm^2$ 时，处理 30min 后荧光峰就下降

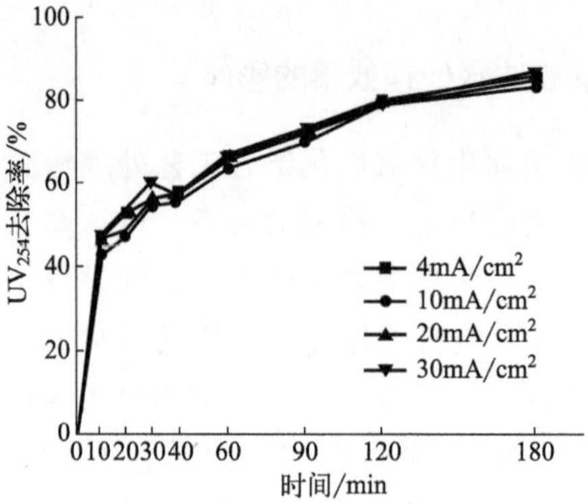

图 8-18 不同电流密度下 UV_{254} 去除率随时间变化曲线

了 90%，而当电流密度为 $5mA/cm^2$、$20mA/cm^2$、$30mA/cm^2$ 时，处理 30min 的削峰率分别也可以达到 84.91%、84.92% 和 84.53%，对应的处理指数依次为 0.0193、0.0137、0.0188 和 0.0196，这种现象与 TOC 和 COD 的变化趋势相符。从三维荧光谱图上也可以看出，膜浓水中被氧化分解的主要有机污染物为腐殖酸和富里酸等大分子有机物，与 UV_{254} 的变化曲线对比，可以发现此类有机污染物比含双键、羧基和芳香烃的有机物更容易被氧化分解。

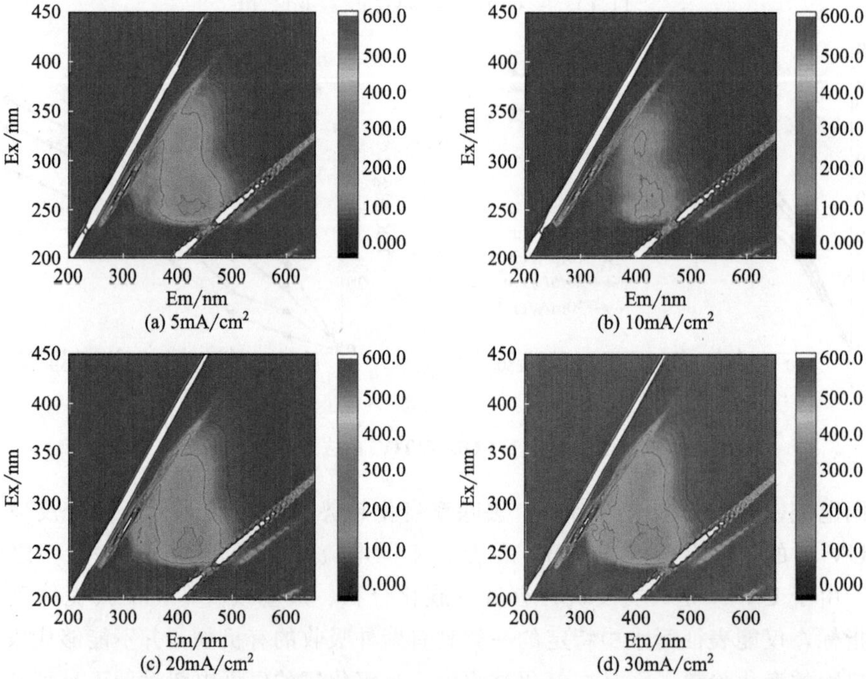

图 8-19 不同电流密度下反应体系处理纳滤膜浓水 30min 后的三维荧光谱图

8.2.3.2 臭氧浓度对纳滤膜浓水处理效果的影响

由于本研究旨在探索一种深度处理再生水的新工艺，以期应用于具体的工程实践，所以在进行臭氧浓度的优化实验中，没有具体地测定臭氧在液相中的浓度。在参考相关文献的基础上，通过调节臭氧发生器的流量计设置了四个不同的气相臭氧浓度梯度，分别是 2.08mg/L、4.17mg/L、8.33mg/L 和 20.85mg/L。图 8-20 显示了在 180min 的实验过程中膜浓水的 COD、TOC 去除率变化趋势。臭氧浓度的变化对 TOC 和 COD 的去除效果影响较大，随着臭氧浓度的逐渐增加，膜浓水 COD 和 TOC 的去除率也随之上升。当气相臭氧浓度由 2.08mg/L 增加至 20.85mg/L 时，电化学催化臭氧氧化反应体系对膜浓水 COD 的去除率由 58% 提升到了 72%，TOC 的去除率从 42% 提升到了 77%。根据传质理论，当气相臭氧的浓度提高时，臭氧从气相向液相扩散的传质速率也会随之增大，从而提高溶液中的臭氧浓度。溶液中的臭氧分子的增加可以和电化学过程产生的过氧化氢反应生成更多具有强氧化性的羟基自由基，因此，反应体系的氧化降解能力也随之增强。

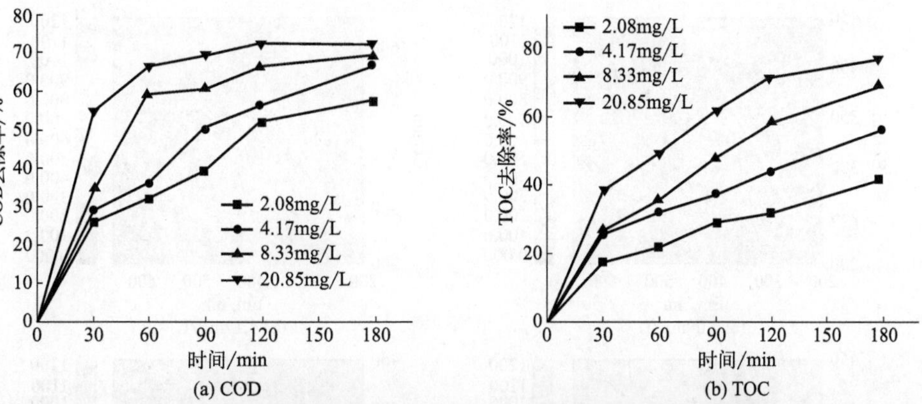

8-20 不同臭氧浓度下 COD 和 TOC 的去除率随时间变化曲线

图 8-21 是不同臭氧浓度下膜浓水的 UV_{254} 去除率变化曲线。相关研究结果表明，臭氧非常容易改变有机物的不饱和键结构，因此，UV_{254} 所表征的含 C ═C 双键以及 C ═O 双键的芳香族化合物容易被臭氧破坏分解。所以，在反应的前 10min 内，有机物与水中的臭氧分子快速反应，而且反应速率随着臭氧浓度的增加而变大，初始的气相臭氧浓度为 2.08mg/L 时，装置运行 10min 的 UV_{254} 去除率是 31.84%，而当初始气相臭氧浓度为 20.85mg/L 时，10min 内 UV_{254} 的去除率就达到了 56.98%。在这之后，

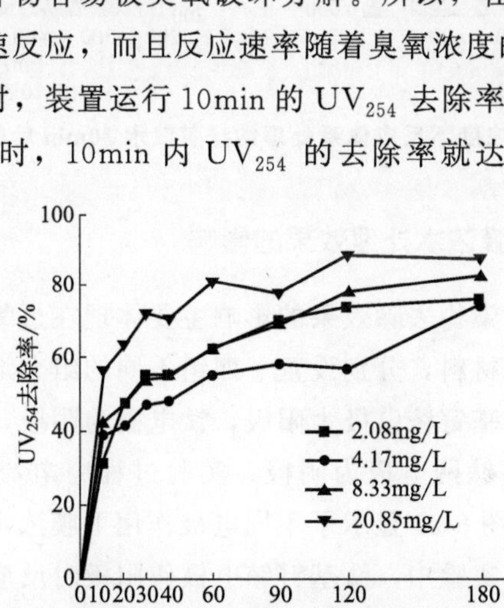

图 8-21 不同臭氧浓度下 UV_{254} 去除率随时间变化曲线

随着膜浓水中有机物的减少，UV_{254} 的去除率增速开始下降，曲线趋于平缓，在本实验中，气相臭氧浓度 20.85mg/L 对 UV_{254} 的去除效果最好，180min 的 UV_{254} 去除率为 88.27%。

在不同臭氧浓度下处理膜浓水 30min 后的三维荧光谱图如图 8-22 所示（书后另见彩图）。随着臭氧浓度的增加，膜浓水的荧光峰不断下降，当气相臭氧浓度由 2.08mg/L 提升到 20.85mg/L 时，30min 的三维荧光削峰率从 83.99%上升到 95.83%，而在不同臭氧浓度下处理 30min 后所对应的处理指数分别为 0.0268、0.0198、0.0137 和 0.0086，表明臭氧和羟基自由基可以有效攻击膜浓水中有机物的荧光基团。从三维荧光谱图也可以看出，仅仅在处理 30min 之后，膜浓水中绝大多数腐殖酸、富里酸等有机污染物都可以被氧化分解。

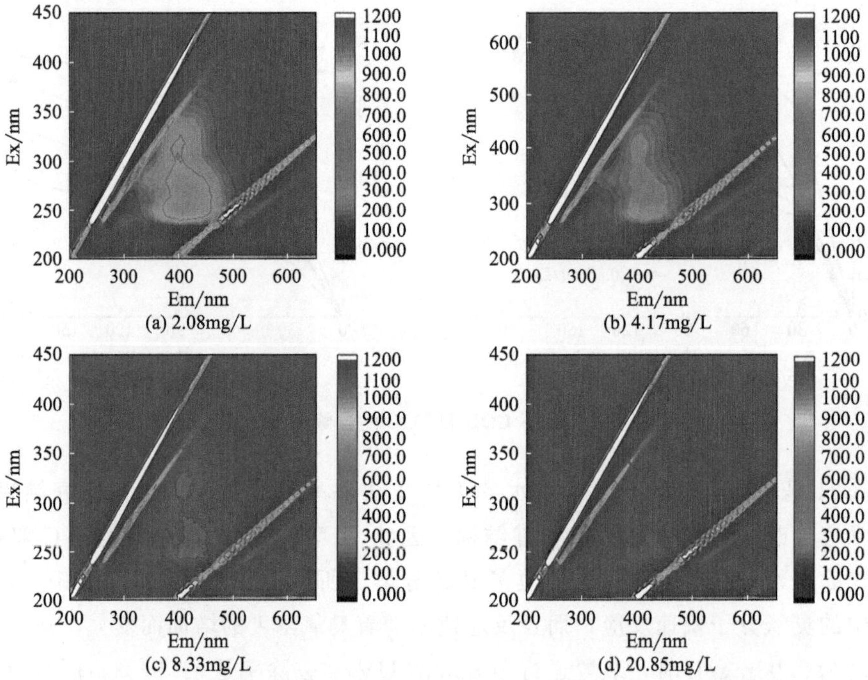

图 8-22 不同臭氧浓度下反应体系处理纳滤膜浓水 30min 后的三维荧光谱图

8.2.3.3 电极材料对纳滤膜浓水处理效果的影响

电极材料对膜浓水中污染物去除效果的影响主要体现在过氧化氢的产生速率上。本实验使用的都是常见的电极材料，分别设置了四组不同的组合形式，前三组分别以铂电极、钛基二氧化锡电极和钛基钌铱电极为阳极，钛电极为阴极，第四组以钛基二氧化锡电极为阳极，附有石墨毡的钛网电极为阴极。实验过程中电流密度为 $10mA/cm^2$，气相臭氧浓度为 4.17mg/L。图 8-23 显示了不同电极作用下膜浓水中 COD 去除率和 TOC 去除率的变化趋势。在四组实验中，钛基钌铱电极作阳极时反应体系对膜浓水中污染物的去除效果最差，处理 180min 后 TOC 和 COD 的去除率分别只有 36.93%和 37.68%；钛基二氧化锡电极作阳极时对 COD 的去除效果略高于铂电极，处理 180min 后 COD 去除率可以达到 69.57%，而铂电极作阳极时对 TOC 的去除率高于其他实验组，180min 的 TOC 去除率能够达到 70%以上，综合来看，在这三种催化阳极材料中，铂电极的电解效率最高，其次是二氧化锡电极，钌铱电极的电解效率最低。与 SnO_2/Ti 电极相比，当附有石墨毡的钛网做阴极时，反应体系对 TOC 和 COD 的去除效果并不突出。

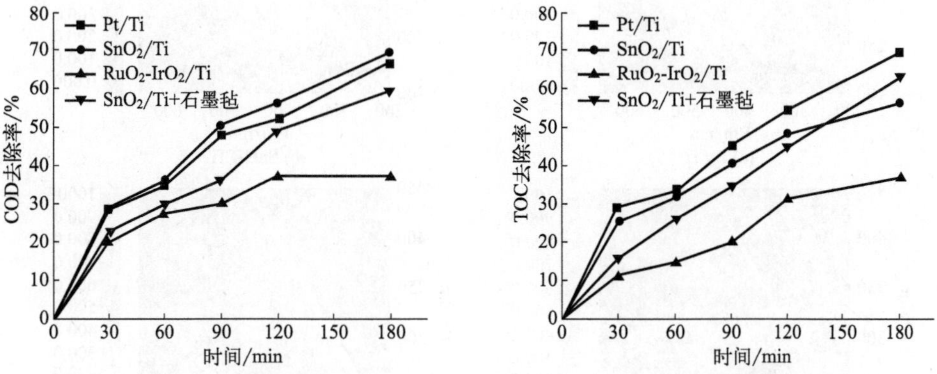

(a) COD　(b) TOC

图 8-23　不同电极材料下的 COD 和 TOC 去除率随时间变化曲线

使用不同电极材料时反应装置对膜浓水中 UV_{254} 去除效果如图 8-24 所示。在四种电极组合中，钛基二氧化锡电极为阳极，附有石墨毡的钛网电极作阴极对膜浓水中 UV_{254} 的去除效果最好，180min 的 UV_{254} 去除率可以达到 84.26%，而在同样的条件下 SnO_2/Ti 电极的 UV_{254} 去除率只有 74.11%，这个结果正好与 TOC 和 COD 的去除效果相反。由于石墨毡具有较大的比表面积和特有的网状结构，能够通过物理吸附和化学吸附等方式有效地去除污水中的多种有机物，因此，石墨毡的存在可以增强反应体系对 UV_{254} 的去除能力。

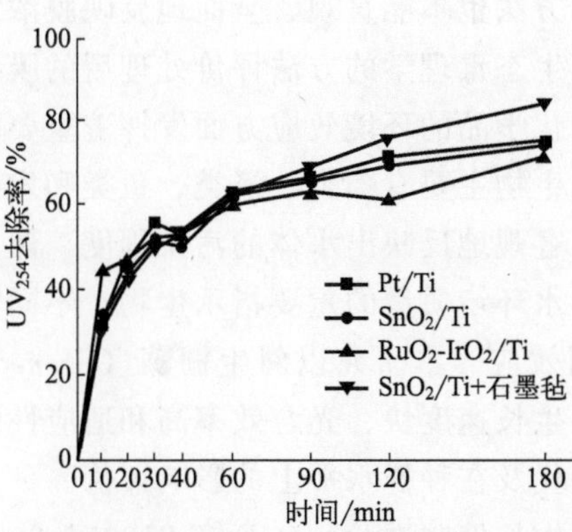

图 8-24　不同电极材料下的 UV_{254} 去除率随时间变化曲线

不同电极组合处理膜浓水 30min 后的三维荧光谱图如图 8-25 所示（书后另见彩图）。与其他电极相比，SnO_2/Ti 电极和 Pt/Ti 电极对膜浓水中腐殖酸和富里酸的氧化分解速率较快，30min 的三维荧光削峰率均可以达到 90%左右，其中，SnO_2/Ti 电极的处理指数为 0.0198，Pt/Ti 电极的处理指数为 0.0232，都低于 RuO_2-IrO_2/Ti 电极

0.026 和 SnO_2/Ti+石墨毡电极 0.0339 的处理指数。

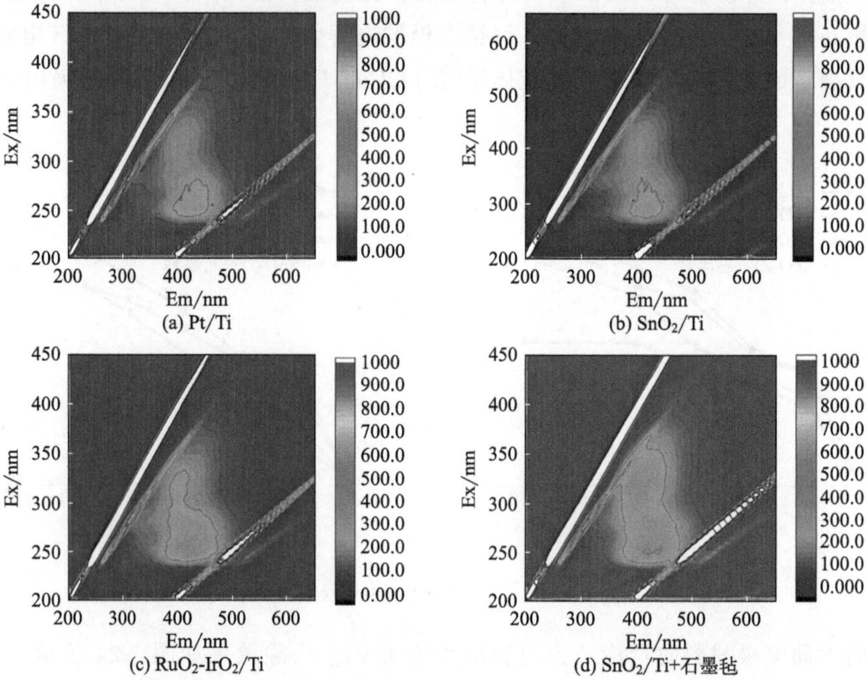

图 8-25 不同电极材料下反应体系处理纳滤膜浓水 30min 后的三维荧光谱图

8.2.4 电化学催化臭氧氧化处理纳滤浓水的生态毒理研究

前期的实验结果表明，经过电化学催化臭氧氧化技术深度处理纳滤膜浓水可以去除大部分的有机污染成分，但是由于目前并没有比较完整的基于水生态安全的再生水回用标准体系，而且常规的分析方法也不能直观、全面地反映膜浓水中所有污染成分的存在和含量。因此，本研究引入生态毒理学的方法评价处理后的膜浓水水质。

毒理试验在预测和评价化学品的环境效应方面发挥着重要的作用，目前可以用于评价水生生态毒性效应的水生生物主要有藻类、溞类、鱼类和发光细菌等，它们的生存状态以及繁殖情况能够全面、客观地反映出水体的污染程度。藻类是水生生态系统的初级生产者，同时也是监测评价水环境质量的重要指示生物。不同污染程度的水体会对藻类的生长产生不同程度的抑制效应。本研究以斜生栅藻（*Scenedesmus obliquus*）为受试藻类，其为无性繁殖，具有生长速度快、光合效率高和适应性强等特点，可在较短时间内得到污染物对藻类许多世代及在种群水平上的影响评价。

实验以《化学品　藻类生长抑制试验》（GB/T 21805—2008）标准方法为基准。本研究所使用的斜生栅藻母液购自中国科学院水生生物研究所，培养基为常用淡水蓝藻及绿藻培养基 BG11 培养基。

在正式实验之前首先对斜生栅藻母液进行接种培养。在无菌操作台上，按照 1∶9 的比例将斜生栅藻母液与灭菌后的培养基混合，置于恒温光照培养箱中，设置光照培养箱的培养条件为：温度 22℃，白色日光灯，光暗比 12h∶12h，光强 3000lux 左右。静置培养，每天定时人工摇动 2～3 次。培养 3d 之后，每天取少许藻液，于显微镜下用血球计数板计数，并检查藻类完整性。当藻类处于对数生长期（细胞浓度为 $1\times10^4\sim2\times10^4$ 个/mL，一般培养 3～5d 左右）时，按照相同的方法继续转接培养，一般培养至第三代时可以用于实验。图 8-26 显示了正在光照培养箱中培养的斜生栅藻。

图 8-26　培养中的斜生栅藻

斜生栅藻的生长和繁殖状况能够反映水体的洁净程度，但是以血球计数板和显微镜直接计数的方法并不稳定，并且容易受人为操作的影响，误差较大。因此，本研究决定建立藻密度与吸光度之间的线性关系，以吸光度代表藻密度。取处于对数生长期的斜生栅藻于比色皿中，在紫外分光光度计中进行全波长扫描。即可获得斜生栅藻最大吸收峰所对应的最大吸收波长。斜生栅藻的紫外全波长扫描结果如图 8-27 所示。

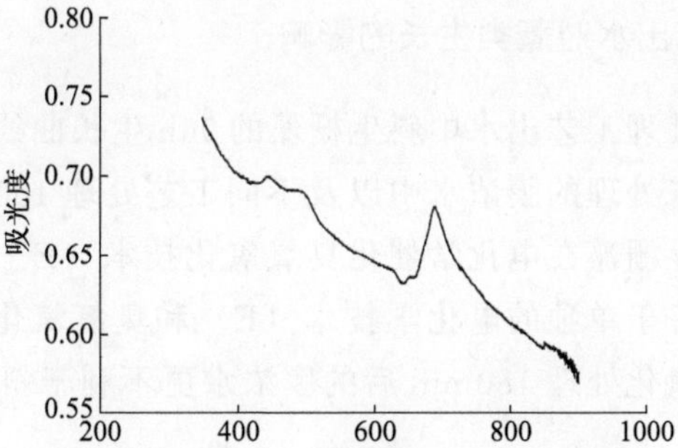

图 8-27　斜生栅藻的紫外全波长扫描结果

全波长扫描的结果显示，斜生栅藻在 680nm 紫外光下具有最大的吸收峰，因此，可以在此波长下，分别于不同的时间点取培养中的藻液测定吸光度并计数。以藻密度为横坐标，吸光度为纵坐标建立藻密度（N）与吸光度之间的线性关系。图 8-28 显示斜生栅藻的藻密度与吸光度之间具有非常好的线性相关关系，相关系数 R^2 为 0.9966，因此，可以使用吸光度代替藻密度进行生态毒理分析。

本实验所有操作均在无菌操作台上完成，实验过程中用到的玻璃仪器均已提前灭菌处理。在正式实验前配制藻类培养测试液，设定体积为 100mL。其配制流程为：分别取 90mL 受试水样置于两个锥形瓶中，然后按照比例分别加入等量的藻类培养基母液，记为实验组和空白对照组。向实验组锥形瓶内加入处于对数生长期的斜生栅藻 10mL，

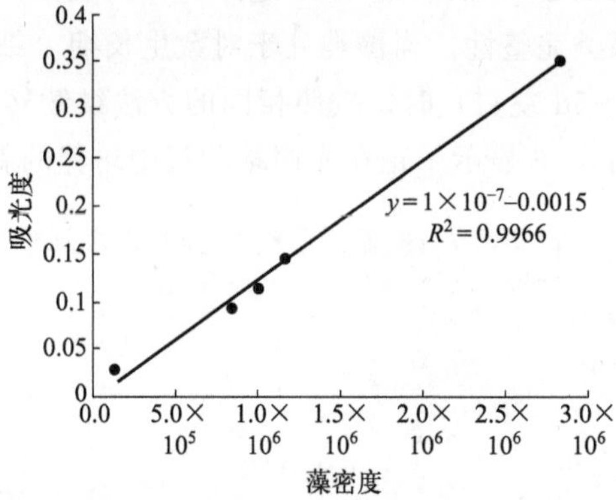

图 8-28　藻密度-吸光度标准曲线

空白对照组锥形瓶则加入等量的超纯水，标记并摇匀，以此作为一个平行实验组。在所有测试液配制完成之后静置 5min，然后使用紫外分光光度计在最大吸收波长下测定吸光度，记为 0h。完成测定后将锥形瓶依次放入光照培养箱中，在设定好的条件下培养。之后以 24h 为一个间隔，分别于 24h、48h、72h、96h 测定实验水样的吸光度并记录数据。

以时间为横坐标，吸光度为纵坐标绘制藻类的标准生长曲线和在不同水样中的生长曲线。由于藻密度和水样的清洁程度成正相关，因此，斜生栅藻的生长趋势偏离标准生长曲线越明显则表明水样的污染程度越严重。

8.2.4.1　不同处理工艺出水对藻类生长的影响

图 8-29(a) 是不同处理工艺出水中斜生栅藻的 96h 生长曲线。五条曲线分别代表了斜生栅藻在培养基中、未处理的膜浓水中以及不同工艺处理 180min 后的膜浓水中的生长趋势。可以看出，斜生栅藻在电化学催化臭氧氧化技术（E＋O_3）处理 180min 后膜浓水中的生长繁殖状况好于单独的电化学技术（E）和臭氧氧化技术（O_3）。与未处理的膜浓水相比，电化学氧化处理 180min 后的膜浓水更不利于斜生栅藻的生长繁殖，出

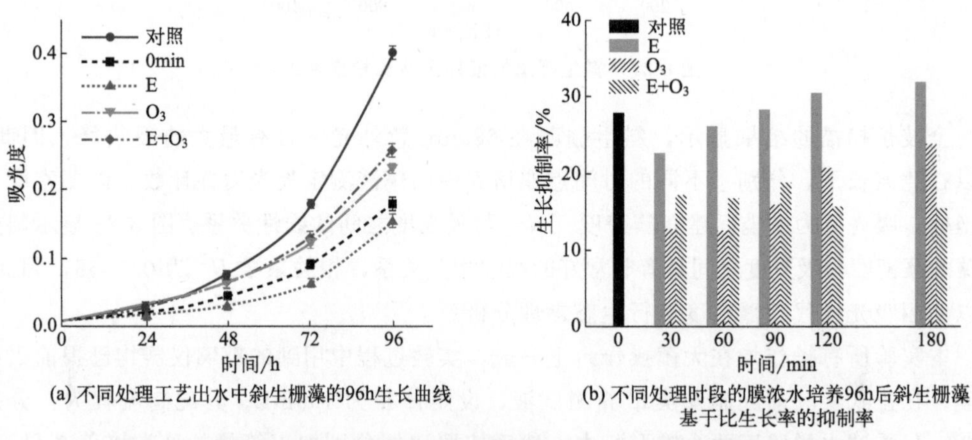

图 8-29　在不同处理工艺出水中斜生栅藻的 96h 生长曲线以及用不同处理时段的膜浓水培养 96h 后斜生栅藻基于比生长率的抑制率

现这种状况的原因可能是电化学过程产生的消毒副产物影响了藻类的生长繁殖。图8-29(b)显示了利用不同处理时段的膜浓水培养斜生栅藻96h后斜生栅藻的生长抑制情况。利用电化学催化臭氧氧化技术处理后的膜浓水，对斜生栅藻的生长抑制率处于一种稳定下降的状态，说明电化学催化臭氧氧化工艺对膜浓水中污染因子的去除是相对稳定的。但是，随着处理时间的延长，单独的电化学技术和臭氧氧化技术的处理效果越来越差，从而表现为对斜生栅藻的生长抑制率逐渐增大，表明电化学催化臭氧氧化技术不仅在处理效率上高于单独的电化学处理技术和臭氧氧化技术，在处理膜浓水的稳定性上也更具优势。

8.2.4.2 不同电流密度处理出水对藻类生长的影响

斜生栅藻在不同电流密度处理180min后的膜浓水中的96h生长情况如图8-30(a)所示。由之前的分析结果可知，由于臭氧由气相向液相传质限制的影响，电化学催化臭氧氧化处理工艺对膜浓水的处理能力并没有随电流密度的增大而增大，斜生栅藻的生长曲线也可以对此加以印证。当电流密度由$4mA/cm^2$逐渐递增至$10mA/cm^2$时，斜生栅藻的生长曲线随水样中污染物的减少而上升，但是，继续增大电流密度并不能有效提高处理工艺的处理能力，因此，斜生栅藻的生长曲线并没有继续提升。根据斜生栅藻基于比生长率的抑制率变化[图8-30(b)]也可以看出，在电流密度为$10mA/cm^2$时，膜浓水中污染物对斜生栅藻的抑制率最低，而当电流密度增大为$20mA/cm^2$和$30mA/cm^2$时，不同处理时段出水中斜生栅藻的生长情况波动较大，说明臭氧在溶液中的传质效应在一定程度上影响了处理工艺对膜浓水处理效率的稳定性。

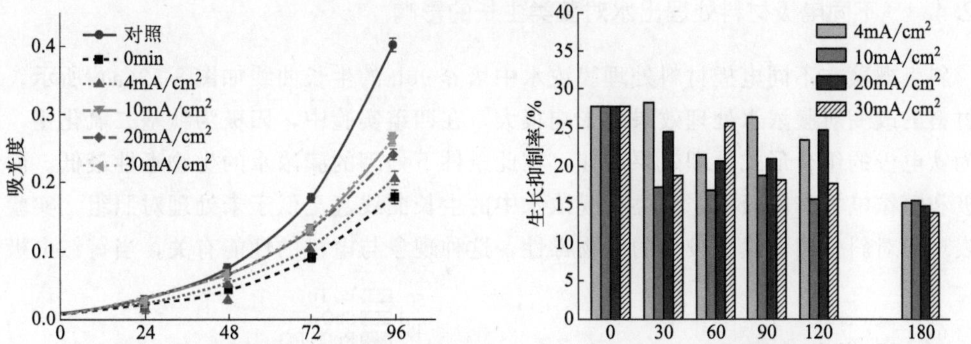

(a) 在不同电流密度处理出水中斜生栅藻的96h生长曲线

(b) 用不同处理时段的膜浓水培养96h后斜生栅藻基于比生长率的抑制率

图8-30 在不同电流密度处理出水中斜生栅藻的96h生长曲线以及用不同处理时段的膜浓水培养96h后斜生栅藻基于比生长率的抑制率

8.2.4.3 不同臭氧浓度处理出水对藻类生长的影响

臭氧浓度是影响膜浓水处理效果的重要因素。在不同臭氧浓度下处理180min的膜浓水中培养的斜生栅藻96h生长曲线如图8-31(a)所示。随着臭氧浓度的提高，斜生栅藻的生长曲线也不断上升。气相臭氧浓度为2.08mg/L时，斜生栅藻的生长曲线几乎与未处理对照组重合，说明较低的臭氧浓度并不能完全氧化降解膜浓水中的有机污染组分，而当气相臭氧浓度为 20.85mg/L 时，斜生栅藻的生长曲线已经非常接近培养基对照组，说明膜浓水的整体生物毒性已经大幅度下降，其中大部分的有机污染物已经被氧化为二氧化碳和水等成分。图 8-31(b) 显示了不同处理条件下的水样对斜生栅藻的生长抑制情况。与其他条件相比，当臭氧浓度为 20.85mg/L 时抑制率处于较低的水平且能够在整个处理过程的不同时段内保持稳定下降。因此，在条件允许的情况下，增大臭氧浓度可以有效提高再生水水质。

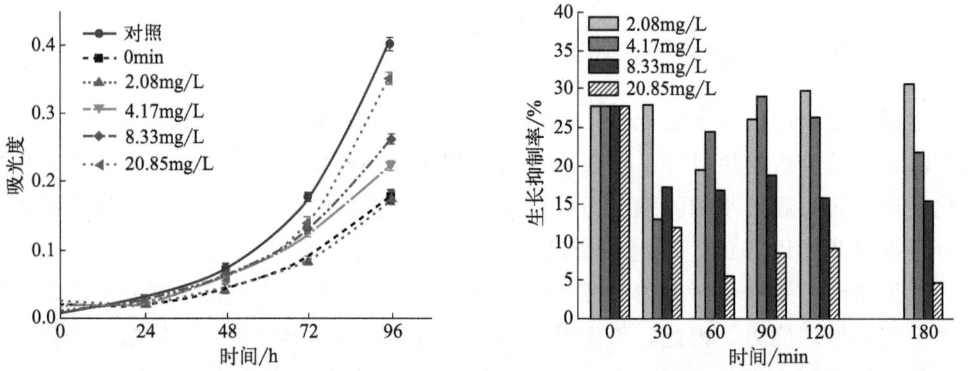

(a) 在不同臭氧浓度处理出水中斜生栅藻的96h生长曲线

(b) 用不同处理时段的膜浓水培养96h后斜生栅藻的比生长率的抑制率

图 8-31　在不同臭氧浓度处理出水中斜生栅藻的 96h 生长曲线以及用不同处理时段的膜浓水培养 96h 后斜生栅藻基于比生长率的抑制率

8.2.4.4　不同电极材料处理出水对藻类生长的影响

斜生栅藻在不同电极材料处理膜浓水中培养 96h 的生长曲线如图 8-32(a) 所示。电极材料的改变对膜浓水处理效果的影响很大，在四组实验中，阳极为钛基二氧化锡，阴极为钛电极的组合形式处理效果最佳，在此条件下处理的膜浓水的生物毒性最低。而铂电极和钌铱电极作阳极时，藻类在膜浓水中的生长曲线甚至低于未处理对照组，实验出水表现为对斜生栅藻具有较高的生物毒性，这种现象与电极的性能有关，当钌铱电极作

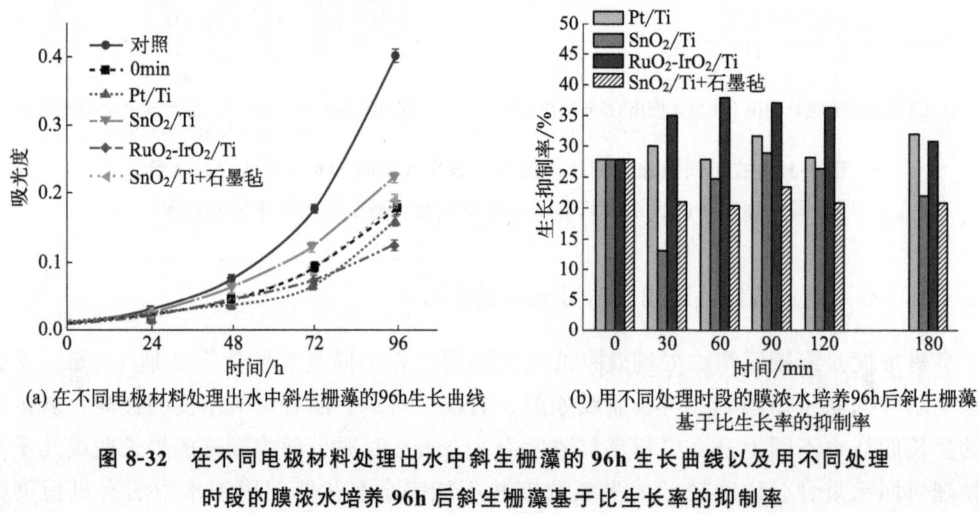

(a) 在不同电极材料处理出水中斜生栅藻的96h生长曲线

(b) 用不同处理时段的膜浓水培养96h后斜生栅藻基于比生长率的抑制率

图 8-32　在不同电极材料处理出水中斜生栅藻的 96h 生长曲线以及用不同处理时段的膜浓水培养 96h 后斜生栅藻基于比生长率的抑制率

阳极时，斜生栅藻的生长曲线最为平缓，这可能是因为其氧化降解有机物的能力有限，在降解过程中产生了有毒的中间产物，从而抑制了斜生栅藻的生长繁殖。有学者曾经比较了二氧化锡电极和铂电极处理难降解有机污水的氧化能力，发现二氧化锡电极具有较高的析氧电位，导电性和电化学稳定性都比较强，并且在氧化过程中析氯很少，基本上不会生成中间产物。从斜生栅藻的抑制率变化图［图 8-32(b)］也可以看出，当二氧化锡电极作阳极时，斜生栅藻基于比生长率的抑制率最低，并且相对稳定。

8.3 再生水河道生态利用适宜性评价技术研究

8.3.1 适宜性评价指标体系的构建

构建适宜性评价指标体系的关键在于指标的选取。指标的代表性是保证评价结果可靠的基础。在确定指标之前，首先要根据评价的具体目标及相关行业标准，制定适合的指标筛选原则，然后再对各指标进行适宜性分析，最终选取具有代表性的各区划指标。如梁轶等在详细分析了影响陕南茶树生长的气候适宜性条件和生态条件后，选取了 4 个典型因子作为区划指标。还有学者为了选定垃圾填埋场的合理位置，还设置了“控制性＋适宜性”的双因子指标体系进行评价研究。Rahman 等则首先选取相应指标进行限制性评价，将研究区分为“适宜回灌区”及“不适宜回灌区”；然后对适宜回灌区进行适宜程度的划分，适宜程度评价通过从地表特征、地下特征、地下水质量以及其他特征四个方面共选取 9 个指标，采用改进的层次分析法进行指标权重的计算，最后在 GIS 环境下进行叠加计算得出评价结果，效果较好。本书在参考前人研究的基础上，构建研究区河道再生水生态利用指标体系，具体流程如下。

8.3.2 指标体系的构建原则

首先，参考相关文献及《水功能区划分标准》(GB/T 50594—2010) 的内容，确定此次适宜性评价指标体系构建原则，具体原则如下：

① 可持续发展原则。河道再生水生态利用应尽可能地减小对地下水的污染，保护当代和后代赖以生存的水资源，维护水生态系统的结构和功能。

② 统筹兼顾、突出重点的原则。在进行适宜性评价时，应将流域或区域作为一个系统，综合考虑上下游、左右岸、干支流以及近远期政治经济社会发展的需求，坚持水资源开发利用与保护并重。同时，应注重城镇集中式饮用水水源地和具有特殊保护要求的水域，优先保护。

③ 前瞻性原则。再生水生态利用应尽可能地减小对地下水等敏感受体的影响，为将来的发展留有余地。

④ 便于管理、实用可行的原则。适宜性评价成果是开展河道再生水生态利用的主要依据，应符合水资源、水环境实际，切实可行。同时应注意上下游不同分区水质目标的协调和衔接。

⑤ 水质水量并重原则。应综合考虑经济社会发展对水资源的水质和水量的影响，确保水质和水量达标。

8.3.2.1 评价指标的选取

研究区河道再生水适宜性评价指标的选取要能反映、指示出评判再生水生态利用过程中的负面影响或能削弱负面影响的因素，确保其对人体健康和生态环境的风险能够得以控制。由于需要考虑的因素众多，各个影响因素既相互独立，又要综合考虑，所以需要建立多指标评价体系来确定河道再生水生态利用的适宜性。其中，指标按适宜与否可分为限制性指标和适宜性指标。

限制性指标具有“一票否决”的性质，当某一区域的实际情况不符合该指标的阈值则判定其为不适宜利用区，这不仅体现了统筹兼顾、突出重点的原则，还可避免在评价分区中出现决策冲突。限制性指标图层的叠加结果将为适宜性评价筛选提供更加具体的目标区域。由于研究区向阳闸至牛栏山橡胶坝的河道沿岸分布着引潮入城和水源八厂等水源地，因此需要重点关注地下水水源地的安全。根据《饮用水水源保护区划分技术规范》（HJ 338—2018）要求，以地下水取水井为中心，溶质质点迁移 100 天的距离为半径所圈定的范围为一级保护区；一级保护区以外，溶质质点迁移 1000 天的距离为半径所圈定的范围为二级保护区。根据要求中给出的保护区范围经验值，选取中砂二级保护区半径 500m 作为限制条件，从而确保河道再生水生态利用不会威胁到城市安全供水。此外，由于潮白河（密云、怀柔、顺义区域河段）河道穿过顺义城区，需考虑再生水河道利用对于周边居民的暴露风险影响，河道与居民区的距离参考相关文献中提到的 200m 参考值。

适宜性指标则是选取可对评价对象进行适宜程度量化的指标。在本书中，将结合研究区概况和再生水生态利用风险因子的识别结果，确定两大类指标，即水文地质条件和地下水水质指标，分别反映了河道防污性能和地下水的本底值情况。水文地质条件指标主要参考 DRASTIC 相关研究，钟佐燊曾提出对潜水进行防污性评价的 DRTA 指标，这 4 项指标主要反映污染物从地表进入地下水的难易程度。

① 地下水埋深（D）。地下水埋深是对潜水防污性能影响最大的因子。埋深越大，污染物经历的反应越充分，防污性能也越好，反之则越差。

② 包气带典型介质（R）。选取包气带中防污性能最好且其厚度大于 1m 的介质进行评分。以包气带介质的渗透性大小来判断防污性能的好坏，渗透性越差的防污性越好，如黏土、淤泥等，反之则防污性能越差。

③ 典型介质厚度（T）。包气带中典型介质厚度越大，污染物与典型介质的接触时间越长，污染物在其中发生的各类反应越多和衰减越大，地层防污性能越好。

④ 含水层厚度（A）。选择这项指标是出于对其稀释能力的考虑，以厚度来代替难以获取的富水性和给水度参数数据，厚度越大稀释能力越强，防污性能越好。

地下水水质指标的选取则主要以再生水风险因子的分析结果为主，首先是 10 种识别出的再生水风险因子（总氮、总磷、亚硝酸盐、氨氮、红霉素、苯并［a］芘、芘、菲、苯并［k］荧蒽和壬基酚），其中大部分风险因子在入渗进入地下水的过程中被反应而减少，甚至未在地下水中检出，如总磷和红霉素等，所以还要结合 4 种地下水风险因子来判断，即钠离子、氯离子、氨氮和邻苯二甲酸二丁酯。两种识别结果相一致的因子被直接选入指标体系中，即氨氮。由于钠离子和氯离子在再生水利用前后对地下水化学类型的转变上起到了关键作用，故也需要重点关注。而邻苯二甲酸二丁酯的含量在 2013 年和 2016 年的监测结果中均超标，并远超过再生水水体中的相应含量。因此，无法判断再生水河道利用是否对该指标有着明显影响，也可能存在其他未知污染源或本底值本来就高，故不纳入考虑。因此，地下水水质指标共选取 3 项，分别为钠离子、氯离子和氨氮。

最终共选出 9 项评价指标，将选取的 4 项水文地质指标、3 项地下水水质指标和 2 项限制性指标（环境指标）汇总在一起。构建出具有层次结构的研究区河道再生水生态利用适宜性评价指标体系，如表 8-11 所列。

表 8-11 再生水河道回补适宜性区划指标体系

准则层		指标层		指标说明
B1	水文地质指标	D_1	地下水埋深	指地下水潜水面与地面的距离，限制距离为 5m
		D_2	包气带典型介质	指包气带中渗透性最差的介质并要满足相应厚度要求（见 D_3），限制介质不得优于（并包括）砂卵砾石的渗透性，无量纲
		D_3	典型介质厚度	指所选包气带典型介质的厚度，限制厚度为 1m
		D_4	含水层厚度	指潜水面与下部第一稳定隔水层间的距离，限制厚度为 10m
B2	环境指标	R_1	与地下饮用水水源地的距离	保护区范围可参考《饮用水水源保护区划分技术规范》（HJ 338—2018），限制距离为 500m
		R_2	与居民区的距离	居民区外围边界至拟回补河道的最短直线距离，限制距离为 200m
B3	地下水水质指标	C_1	氯离子	反映再生水对地下水水化学类型的影响，单位为 mg/L
		C_2	钠离子	反映再生水对地下水水化学类型的影响，单位为 mg/L
		C_3	氨氮	反映再生水对地下水中氮营养盐的影响，单位为 mg/L

8.3.2.2 指标的量化分级

在指标分级与量化过程中，目前大多数研究中对其量化采取分级赋值法，还有学者采用德尔菲法（Delphi）确定指标分级标准并确定其对应的等级指数。如王筱明将德尔菲法用于济南市未利用地适宜性评价指标中，将各指标合理分为 3～4 级，相应指数区间为 0～100；袁磊等人也是用同种方法将云南山区宜耕未利用地开发适宜性指标分为 3～4 级，赋值指数区间为 0～10。本书对于指标的量化分级方式共有两种，分别针对限制性指标和适宜性指标。针对限制性指标，其量化方法遵循布尔逻辑原则，只要研究区域不在表 8-11 中的限制距离范围内，就对该区域赋值为 1，表示这块区域为适宜区域。如场地在限制距离范围内则赋值为 0，表示该区域为不适宜区域。针对适宜性指标，则需对各项指标进行标准化处理，以消除不同指标量纲不同的影响。对于水文地质指标，则需利用 DRTA 评分的属性值进行标准化计算，将数据统一映射在区间 0～1 内，值越大代表越适宜，详见表 8-12。表中标准值的计算公式为分段线性标准化函数，具体公式为式(8-6)。

表 8-12 水文地质条件指标标准化赋值表

埋深(D)			包气带典型介质(R)			典型介质厚度(T)			含水层厚度(A)		
埋深/m	评分	标准值	介质	评分	标准值	厚度/m	评分	标准值	厚度/m	评分	标准值
$D<2$	10	0.1	岩溶发育的灰岩	9~10(10)	0.09	$1<T\leqslant1.5$	10	0.1	$A<10$	10	0.1
$2<D\leqslant4$	9	0.2	玄武岩	2~10(8)	0.18	$1.5<T\leqslant2$	9	0.2	$10<A\leqslant15$	9	0.2
$4<D\leqslant6$	8	0.3	粉粒和黏粒少的砂砾石	6~9(8)	0.27	$2<T\leqslant2.5$	8	0.3	$15<A\leqslant20$	8	0.3
$6<D\leqslant8$	7	0.4	裂隙和溶隙少的灰岩、中粗砂	4~8(6)	0.36	$2.5<T\leqslant3$	7	0.4	$20<A\leqslant25$	7	0.4
$8<D\leqslant10$	6	0.5	粉粒和黏粒多的砂砾石、细砂砂岩、风化的火成岩和变质岩	3~5(4)	0.45	$3<T\leqslant3.5$	6	0.5	$25<A\leqslant30$	6	0.5
$10<D\leqslant15$	5	0.6	火成岩、变质岩	2~5(3)	0.54	$3.5<T\leqslant4$	5	0.6	$30<A\leqslant35$	5	0.6
$15<D\leqslant20$	4	0.7	粉砂、页岩	2~4(3)	0.64	$4<T\leqslant4.5$	4	0.7	$35<A\leqslant40$	4	0.7
$20<D\leqslant25$	3	0.8	粉土、泥质页岩	2~4(3)	0.73	$4.5<T\leqslant5$	3	0.8	$40<A\leqslant45$	3	0.8
$25<D\leqslant30$	2	0.9	亚砂土、泥岩	2~3(2)	0.82	$5<T\leqslant5.5$	2	0.9	$45<A\leqslant50$	2	0.9
$D>30$	1	1	亚黏土	1~3(2)	0.91	$T>5.5$	1	1	$A>50$	1	1
—	—	—	黏土、淤泥	1~2(1)	1	—	—	—	—	—	—

注：表中括号内为典型评分值。

$$y_1=\frac{1}{n}(n-i+1)\quad i\in(1,2,\cdots,n) \tag{8-6}$$

式中，y_1 为指标的标准值；i 为表 8-12 中同一指标不同等级的评分顺序（由 1 到 n），评分越低顺序排名越靠前。

对于地下水水质指标，由于其属于连续型数值指标，且研究区地下水水质越好，越适宜再生水利用，因此采用直线线性标准化函数对其进行标准处理，见式(8-7)。

$$y_2=\frac{(x_{\max}-x)}{(x_{\max}-x_{\min})} \tag{8-7}$$

式中，y_2 为指标的标准值；x 为地下水水质指标检测值；$x_{\min}$，$x_{\max}$ 分别为该指标属性的最小值和最大值。

8.3.2.3 指标权重的确定

权重的确定主要采用专家赋值法与层次分析法相结合的方式。常用的指标权重确定方法可分为主观赋权法和客观赋权法两大类，每类方法都有各自的优缺点和适用范围。

在相关的适宜性区划研究中，层次分析法（analytic hierarchy process，AHP）是最常用的指标权重计算方法。王新娟等人采用层次分析法计算北京平原区水源热泵适宜性区划指标权重；张明洁等人则利用 AHP 对区划指标进行量化分析后，得出相应指标权重，借助 GIS 技术，得到北方地区日光温室发展的气候适宜性区划图；回广荣将层次分析法作为地下水地源热泵适宜性区划指标量化的方法，该区划方案为浅层低温能的开发利用规划提供依据。这种多目标决策分析方法是美国运筹学家 Saaty 于 20 世纪 70 年代初提出的，该方法将决策者的经验判断定量化，从而为决策者提供定量形式的决策数据，实现了定性分析与定量分析的有机结合。具体计算有以下四个步骤。

(1) 建立递阶层次结构模型

利用 AHP 计算指标权重前，需将各指标构造成有层次的结构模型，通常可分为最高层（目标层）、中间层（准则层）、最底层（方案层）三层。层次数与问题的复杂程度及需要分析的详尽程度有关，通常层次数不受限制，但每层中各元素支配的元素不要超过 9 个。

(2) 构造各层次中的所有判断矩阵

层次结构反映了因素之间的关系，但准则层中的各准则在目标衡量中所占的比重并不一定相同，在决策者的心中，它们各占有一定的比例。以数字 1～9 及其倒数作为标度来定义判断矩阵 $\mathbf{A}=(a_{ij})_{n\times n}$（见表 8-13）。

表 8-13　判断矩阵的标度含义

标度	含义
1	表示两个因素相比，具有相同重要性
3	表示两个因素相比，前者比后者稍重要
5	表示两个因素相比，前者比后者明显重要
7	表示两个因素相比，前者比后者强烈重要
9	表示两个因素相比，前者比后者极端重要
2,4,6,8	表示上述相邻判断的中间值
倒数	若因素 i 与因素 j 的重要性之比为 a_{ij}，那么因素 j 与因素 i 重要性之比为 $a_{ij}=1/a_{ij}$

(3) 层次单排序及一致性检验

计算一致性指标 CI（consistency index），如式(8-8)，其中 λ_{max} 为判断矩阵的最大特征值。再计算一致性比例 CR（consistency radio），如式(8-9)，RI 为平均随机一致性指标，查表可知。当 CR <0.1 时，认为判断矩阵的一致性是可以接受的，否则应对判断矩阵进行适当修正。

$$CI=(\lambda_{max}-n)/(n-1) \tag{8-8}$$

$$CR=CI/RI \tag{8-9}$$

(4) 层次总排序及一致性检验

由于综合考察时，各层次的非一致性仍有可能积累起来，引起最终分析结果产生较严重的非一致性，因此对层次总排序也需进行如上一致性检验，如式(8-10)。当 CR<0.1

时，认为层次总排序结果具有较满意的一致性并接受该分析结果。

$$CR=\frac{\sum_{j=1}^{m}CR(j)a_j}{\sum_{j=1}^{m}RI(j)a_j} \tag{8-10}$$

式中，j 表示层次分析法中判断矩阵里不同因素或指标的序号；a_j 表示第 j 个因素或指标的权重；CR(j) 表示第 j 个判断矩阵的一致性比率，反映了判断矩阵偏离一致性的程度；RI(j) 表示第 j 个判断矩阵的随机一致性指标。

本书中适宜性评价指标体系按照层次分析法的结构分为三级结构，第一层为目标层，即对潮白河（密云、怀柔、顺义区域河段）河道再生水生态利用进行适宜性评价。第二层为准则层，即指标体系按照类别分为水文地质指标和地下水水质指标，限制性指标图层无需赋权。第三层则是具体的方案层，列出了参与计算的 7 项指标。接着，通过建立同一层级指标两两对比矩阵计算得出各指标权重。在此过程中，听取了业内部分专家的意见，最终权重结果如表 8-14。至此，适宜性评价指标体系的构建已经完成，下一步将对指标数据进行空间化处理和线性加权得出适宜性评价结果。

表 8-14 再生水河道回补适宜性区划指标权重

<table>
<tr><th colspan="2">目标层</th><th colspan="2">准则层</th><th colspan="2">方案层</th><th>权重</th></tr>
<tr><td rowspan="9">1</td><td rowspan="9">潮白河（密云、怀柔、顺义区域河段）河道再生水生态利用适宜性评价</td><td rowspan="4">0.6</td><td rowspan="4">水文地质指标</td><td>0.3</td><td>地下水埋深</td><td>0.18</td></tr>
<tr><td>0.4</td><td>包气带典型介质</td><td>0.24</td></tr>
<tr><td>0.1</td><td>典型介质厚度</td><td>0.06</td></tr>
<tr><td>0.2</td><td>含水层厚度</td><td>0.12</td></tr>
<tr><td rowspan="2">B2</td><td rowspan="2">环境指标</td><td>R1</td><td>与地下水饮用水源地的距离</td><td>—</td></tr>
<tr><td>R2</td><td>与居民区的距离</td><td>—</td></tr>
<tr><td rowspan="3">0.4</td><td rowspan="3">地下水水质指标</td><td>0.3</td><td>氯离子</td><td>0.12</td></tr>
<tr><td>0.3</td><td>钠离子</td><td>0.12</td></tr>
<tr><td>0.4</td><td>氨氮</td><td>0.16</td></tr>
</table>

8.3.3 指标数据来源及处理

8.3.3.1 数据来源及处理

研究区河道再生水生态利用适宜性评价指标数据来源及处理方法如下。

(1) 地下水埋深

收集研究区地下水监测井水位资料，利用 ArcGIS 软件进行空间插值，获取研究区地下水位图。再通过 Google 地球获取高程信息，最终将地表高程与地下水水位高程相减，得出相应地下水埋深图。

(2) 包气带典型介质

收集研究区钻孔、打井和勘探资料等，对地层岩性进行初步筛选概化并录入地下水模拟系统（GMS）中进行差分，经过对剖面线的调整后得出研究区三维地质体，选取其中渗透性最差的介质作为所需图层。

（3）典型介质厚度

根据上述得出的结果，提取相应指标图层。

（4）含水层厚度

利用地层概化结果，确定第一层隔水顶板高程，将地下水水位高程与其作差即可得出。

（5）与地下水饮用水源地的距离

收集地下水水源地的开采井信息，在 ArcGIS 中以开采井为中心作 500m 缓冲区，并进行融合后得出限制范围。

（6）与居民区的距离

从国家地理信息公共服务平台“天地图”上获取研究区的矢量数据及遥感影像数据，识别并画出研究区的居民区范围，最后再用 ArcGIS 创建 200m 缓冲区。

（7）氯离子、钠离子和氨氮

通过收集研究区地下水水质监测数据，利用 Surfer10 对数据进行插值分析并加以调整。三种指标图层均用此法获取。

8.3.3.2 指标数据图层

根据上述方法得出以下指标图层（图 8-33～图 8-35）。

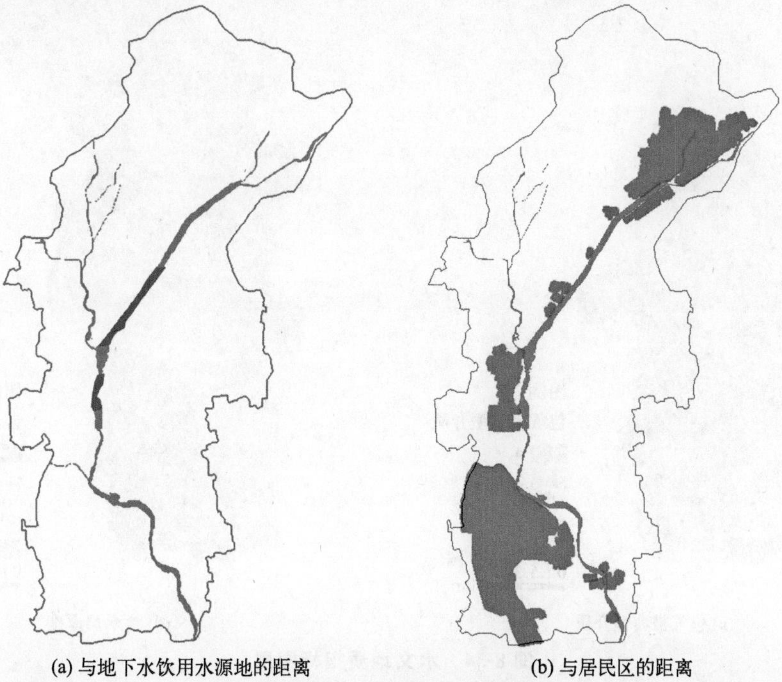

(a) 与地下水饮用水源地的距离　　(b) 与居民区的距离

图 8-33 限制性指标图层

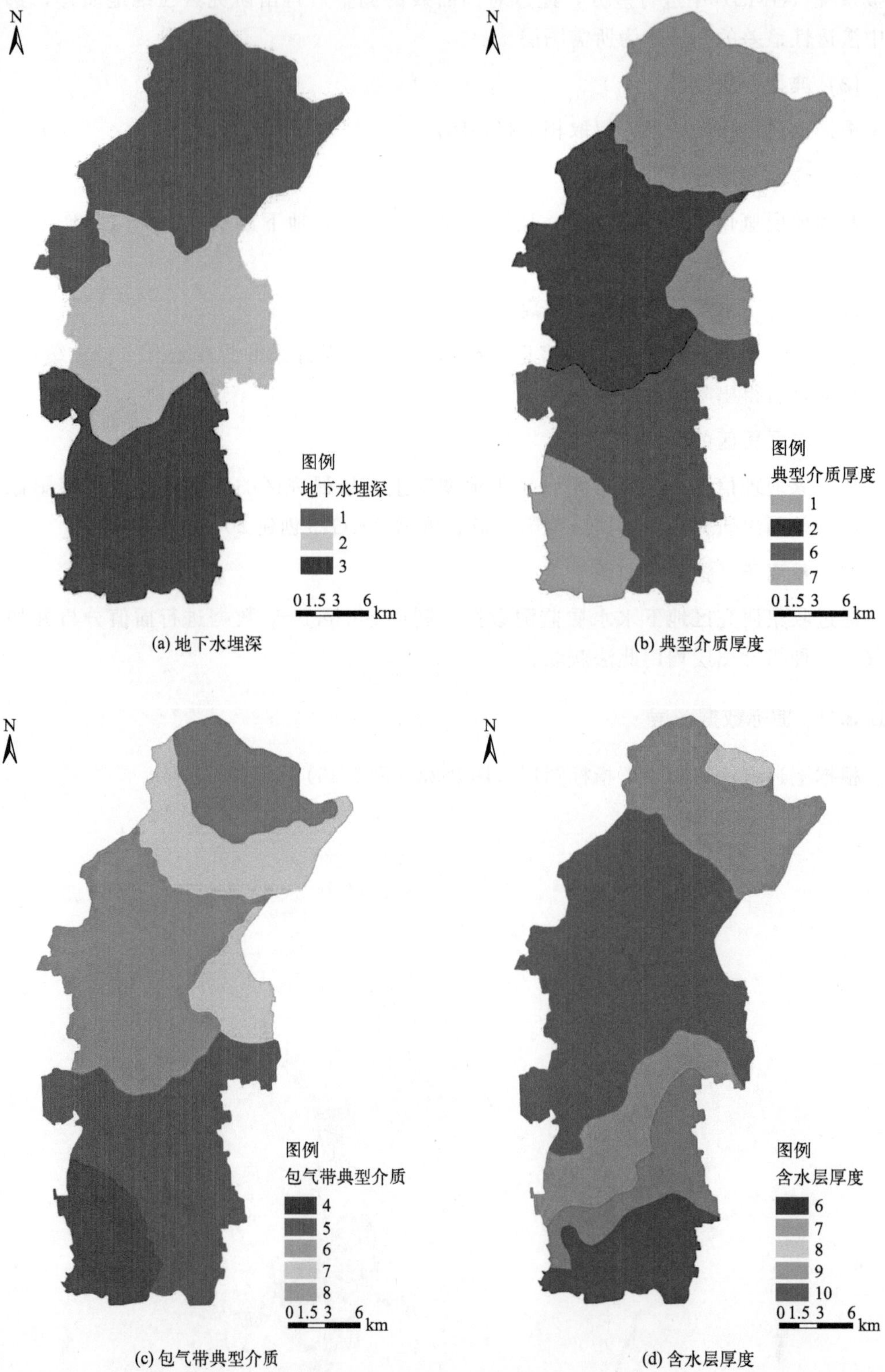

图 8-34　水文地质指标图层

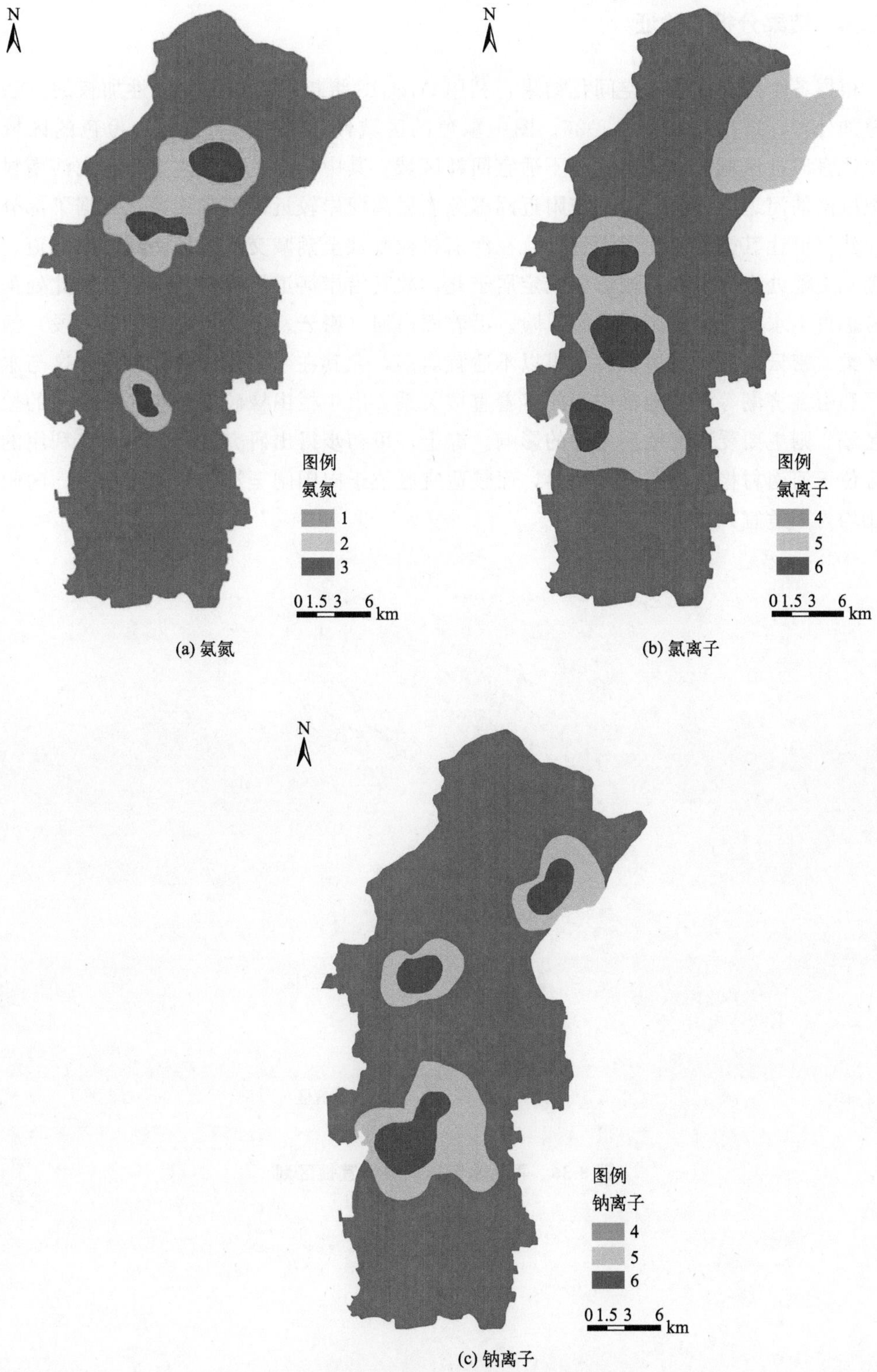

(a) 氨氮 (b) 氯离子 (c) 钠离子

图 8-35 地下水水质指标图层

8.3.4 结果分析与验证

根据各个指标图层的空间化结果，利用 ArcGIS 将指标图层按照线性加权的方法进行叠加处理，得出结果如图 8-36。图中绿色的区域代表适宜回补区域，橙色的区域代表较适宜回补区域，红色则代表不适宜回补区域。其中，绿色区域主要分布在河南村橡胶坝以南的河道上，其下游苏庄附近因部分农居离河岸较近而使其缓冲区占据了部分河道，建议可让其搬至离河道稍远处。在河南村橡胶坝至潮减交汇处的南部沿岸河道，由于潮减交汇处南岸有大量城市居民定居于此，故其沿岸河道被评价为不适宜，此处需重点考虑再生水对人体健康的暴露风险。沿着潮白河（密云、怀柔、顺义区域河段）河道往怀柔、密云方向，河道评价结果以不适宜居多，尤其在牛栏山橡胶坝附近。这与水源八厂和引温济潮等水源地集中于此有着直接关系。由牛栏山橡胶坝至潮汇大桥段的较适宜区域，则主要受水文地质条件的影响。综上，可初步得出研究区再生水生态利用的适宜区位于河南村橡胶坝至南部边界，而较适宜区位于向阳闸至河南村橡胶坝段，向阳闸以北均为不适宜区域。

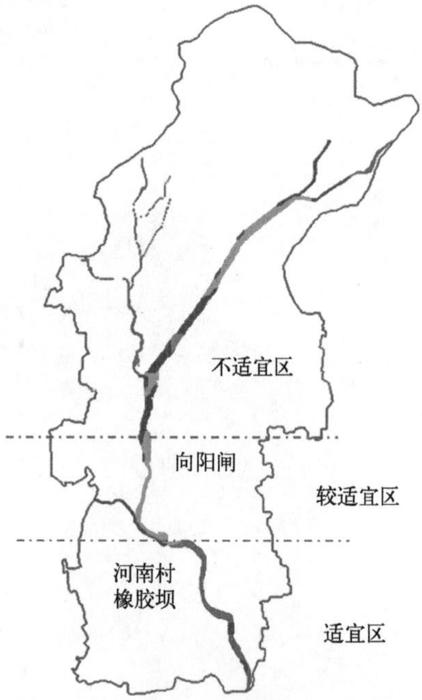

图 8-36　再生水河道回补适宜性区划

第 9 章 再生水利用对受水区地下水环境影响预测

为了预测未来若干年后再生水利用对受水区地下水水位和水质的变化，为地下水环境保护提供决策依据，本书通过构建受水区地下水环境数值模拟模型，对未来的地下水环境变化进行了模拟预测。

9.1 水文地质概念模型

概念模型是数值模拟模型的基础，只有概念模型客观反映了水文地质条件，才会使数值模拟模型的计算结果具有可靠性和可行性。概念模型包括预测范围、边界条件、地层结构、初始地下水流场、地下水补径排条件等，这些因素均是模型构建必备且必须充分考虑的重要因素。

9.1.1 预测范围

受水区位于潮白河道冲积扇粗颗粒含水层向细颗粒含水层的过渡区域，地层结构自北向南由砂卵石层、薄层粉质黏土过渡到粉细砂与粉质黏土交互的多层结构。水源八厂以南潮白河两岸顺义平原区是一个完整的地下水系统，水平方向和垂向上具有较好的水力联系。因顺义平原区面积较大，而受水区范围较小，预测范围需要考虑两方面的因素。

(1) 水源地分布

水源八厂地下水水源地和燕京啤酒厂水源地是河道受水后未来可能影响到的饮用水水源地，因此，将两水源地及其开采影响范围纳入研究区范围。

(2) 长期监测井分布

为重点突出受水区及其外围水源地的地下水环境变化，结合现有顺义区地下水长观井的分布及地下水流场情况，将预测范围边界设置在长观井处。

据上述两方面确定的模型预测范围，模拟预测面积为 403km^2，北部至怀柔的庙城镇、杨宋镇，密云的河南寨镇，南部至顺义仁和镇南边界、李桥镇，西部至顺义赵全营镇、马坡镇、南法信镇，东部至顺义木林镇、南彩镇。

9.1.2 边界条件

预测范围自受水区外扩是必要的，但外扩后的边界条件设置也是非常重要的环节。外扩边界上的监测井明确反映了不同时刻地下水水位变化，因此，将位置较近的监测井连接起来设定为一类水头边界。其余边界设定为二类流量边界，可根据地下水流场和地层的渗透性、含水层厚度计算出边界流量。

9.1.3 地层结构

如上所述，研究区范围内的地层结构较为复杂，含水层由北部的少数砂卵砾石层过渡到南部的多层细砂结构。根据研究区内的钻孔资料和受水区范围内三个深度含水层情况，并结合 80m 以下的地层分布，在垂向上将研究区含水层概化为四个含水层，第 1 含水层为 30m 含水层，第 2 含水层为 50m 含水层，第 3 含水层为 80m 含水层，第 4 含水层为 80～200m 深含水层，各含水层之间为粉质黏土层，北部较薄，南部较厚。北部潮白河两岸部分地段 100m 左右见灰岩或白云岩。

垂向上向深部拓展是因为水源地水源井较深，80m 以下有开采层位。包括深层含水层不仅符合研究区地下水开采的实际情况，是模型所需，而且使得据此构建的数值模型具有更强的适用性和前瞻性。

由于研究区范围内的地层较为复杂，构造三维地层结构时，先连接研究区内钻孔形成数条地层剖面，根据剖面上的地层情况确定各钻孔含水层的顶部和底部高程，然后利用 GMS 软件生成研究区三维地层结构，见图 9-1（书后另见彩图）。

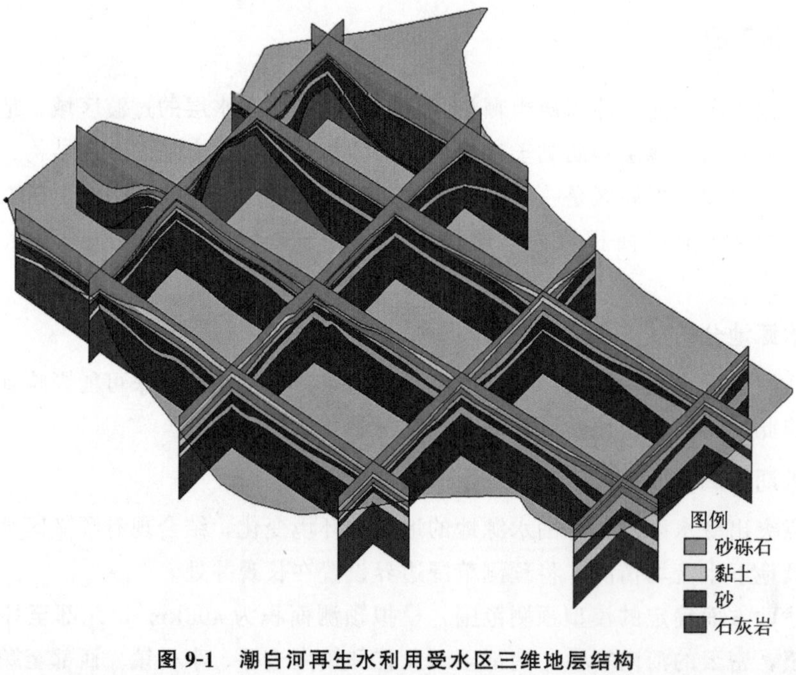

图 9-1 潮白河再生水利用受水区三维地层结构

9.1.4　地下水补径排及初始流场

(1) 补径排条件

研究区内地下水补给来源主要为大气降水入渗补给、潮白河道受水后河道渗漏补给、农业灌溉回归入渗补给以及边界侧向径流补给。研究区内除小中河各橡胶坝前河道内有少许水外，其余河道大多干涸，因此，潮白河外的河道对地下水的补给量甚微。

研究区内包括顺义一、二、三厂水源地，水源八厂水源地，东府水源地，燕京啤酒厂水源地和引潮入城水源地，水源井开采是研究区地下水主要排泄方式。由于水源地大规模开采，地下水水位大幅下降，不再通过边界侧流向外排泄。各层含水层地下水埋深均大于3m，地下水蒸发可忽略不计。因地下水大量开采，在水平方向上地下水径流方向自研究区外围向水源井流动，在垂向上，因浅层含水层水位高，深层含水层水位低，地下水自上而下越流。

(2) 初始流场

根据河道受水前受水区不同深度地下水环境监测井的地下水水位及外围监测井的地下水水位，可绘制出不同深度含水层的初始水位等值线图，见图9-2。从图上可以看出，30m含水层水位＞50m含水层水位＞80m含水层水位，表明深层含水层地下水的大量开采，引起了垂向上各含水层之间自上而下的越流。

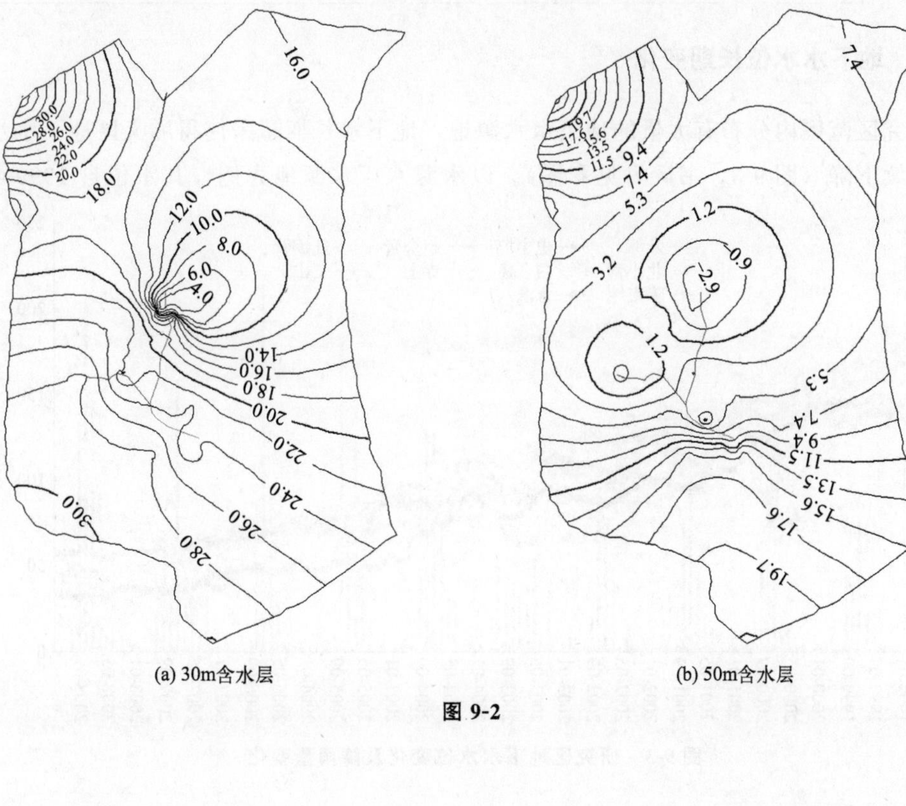

(a) 30m含水层　　(b) 50m含水层

图 9-2

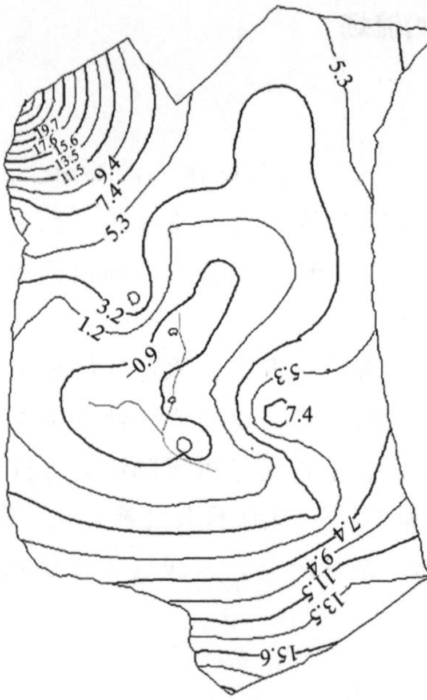

(c) 80m含水层

图 9-2　研究区含水层初始水位等值线

9.2　地下水水位变化与均衡量计算

9.2.1　地下水水位长期变化

研究区范围内分布有大量的地下水水源地，地下水长期超采使得顺义区地下水水位大幅持续下降（图 9-3，书后另见彩图）。以水源八厂水源地为例，其水位自 1999 年 1

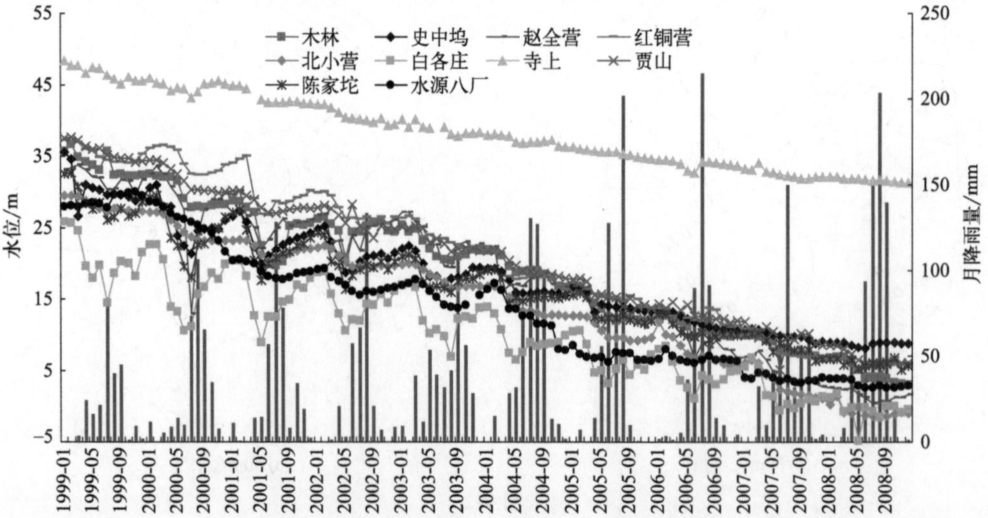

图 9-3　研究区地下水水位变化及降雨量变化

月的 28.02m 下降至 2008 年 12 月的 2.87m，10 年中降幅达 25.15m，平均每年降低 2.5m。

从 1999 年至 2008 年的地下水水位变化与降雨量关系图可以看出：

① 长观井的水位变化明显滞后于降雨，高水位多出现于每年的 6 月、7 月、8 月、9 月四个月丰水期以后。长观井是农业机井或水源地开采井，具有多个开采层位，其水位反映的是多个开采层位的混合水位，因这些层位具有承压性质，不直接接收降雨入渗的补给，故降雨入渗需要经过较长的时间才能对地下水水位变化产生影响。

② 2004 年以后降雨量明显增大，虽然没有改变地下水水位下降趋势，但水位下降速率却明显降低并渐趋平稳，表明降雨对地下水补给具有显著作用，抑制了地下水水位的大幅降低。

9.2.2 各均衡量计算

长观井水位不断降低表明研究区地下水处于负均衡状态，地下水补给量小于排泄量，大量消耗了地下水的储存量。根据研究区的补径排条件，可估算出各源汇项的量。因河道自 2007 年底以后受水，选定 2008 年估算研究区内地下水的补给量和排泄量。

(1) 地下水补给量

1）降雨入渗量

地表岩性是决定降雨入渗量大小的主要因素。根据研究区的地表岩性，可将研究区分为三个区域，如图 9-4 所示。Ⅰ区为砂、砂砾石浅埋区，十分有利于降雨入渗，参照北京市地表岩性降雨入渗系数经验值，该区降雨入渗系数取 0.59；Ⅱ区为以砂为主的老河床，也有利于降雨入渗，参照经验值，降雨入渗系数取 0.5；Ⅲ区的地表岩性为粉细砂，降雨入渗系数取 0.39。降雨入渗量（W）的计算公式如下：

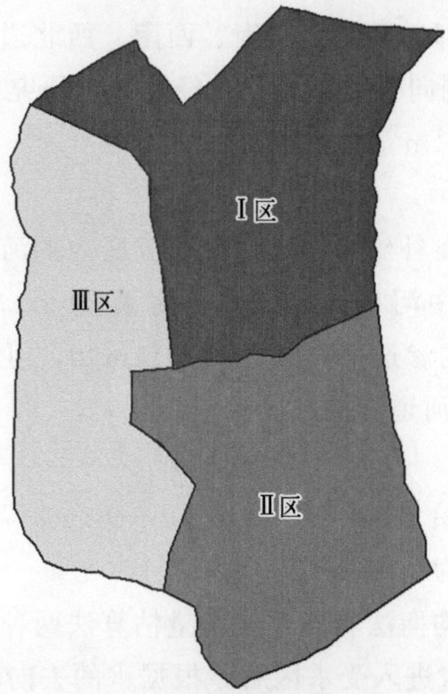

图 9-4　降雨入渗系数分区

$$W=\alpha PF\times10^{-1} \tag{9-1}$$

式中，α 为降雨入渗系数；P 为降雨量，mm；F 为分区面积，km^2。各区 2008 年的降雨量及降雨入渗量计算结果见表 9-1。据表，2008 年研究区内的降雨入渗量为 $1.36\times10^8 m^3$。

表 9-1　降雨入渗量

区号	降雨入渗系数 α	降雨量/mm	面积/km^2	入渗量/$\times10^4 m^3$
Ⅰ区	0.59	686.8	147.1	5960.7
Ⅱ区	0.50	652.0	136.6	4453.2
Ⅲ区	0.39	697.1	118.8	3229.8

2）农田灌溉入渗量

农田灌溉入渗量即农业机井开采地下水经农田灌溉渗透进入地下的水量。农田灌溉时间主要集中于春季和秋季。经统计，研究区内农业机井数为 1805 眼，每年地下水开采量为 $6475\times10^4 m^3$。北京地区农田灌溉的回归入渗补给系数为 10%～15%，因研究区的地表岩性为透水性较好的砂性土，故本次计算取 15%。因此，研究区每年的农田灌溉入渗量为：$6475\times10^4\times15\%=971\times10^4 m^3$。

3）侧向径流补给量

因研究区大量开采地下水，地下水基本不向研究区外径流排泄。边界径流补给是研究区地下水补给的重要来源之一，综合考虑研究区含水层地下水的流场及其水力坡度、含水层渗透系数和厚度、边界长度，可估算出边界侧向径流补给量。径流补给计算公式为：

$$Q_{侧补}=KMIL\times8.64\times10^{-4} \tag{9-2}$$

式中，$Q_{侧补}$ 为侧向补给量，m^3/d；K 为含水层渗透系数，m/s；M 为含水层厚度，m；I 为地下水水力坡度；L 为边界上含水层的长度，m。

可将研究区边界分为北部、西部、东南、西南、西北边界，根据上述计算公式，可估算出研究区各条边界上的侧向径流补给量。经统计，研究区的侧向补给总量为 $18.9\times10^4 m^3/d$，平均每年 $6898\times10^4 m^3$。

4）河流渗漏补给量

河流入渗是地下水的重要补给来源，然而研究区内的河流基本干涸，仅有小中河有地表水。根据河道资料，小中河在研究区内长度 L 为 20.33km，河道平均宽度 W 为 30m，河道底部底泥及砂土的渗透系数 K 为 0.011m/d，河水入渗进入地下水的水力梯度 I 为 1.05。根据下式计算河道渗漏补给量（Q）：

$$Q=KILW \tag{9-3}$$

计算出小中河的渗漏补给量 Q 为 $7044m^3/d$，折合 $257\times10^4 m^3/a$。向阳闸上游蓄水后对地下水的渗漏补给量为 $70\times10^4 m^3/a$。

受水区的渗漏量通过水均衡法和储存量增量估算法两种方式计算。

① 水均衡法：MBR 出水进入受水区后，根据水的去向可分为四部分。一是滞留于河道形成地表景观，二是引水至向阳闸上游，三是蒸发，四是向地下渗漏。2007 年 10

月至 12 月，MBR 处于调试阶段，没有精确统计其出水量，约 $200\times10^4m^3$。自 2008 年 1 月开始，以计量设施统计出水量，MBR 出水量见图 9-5。

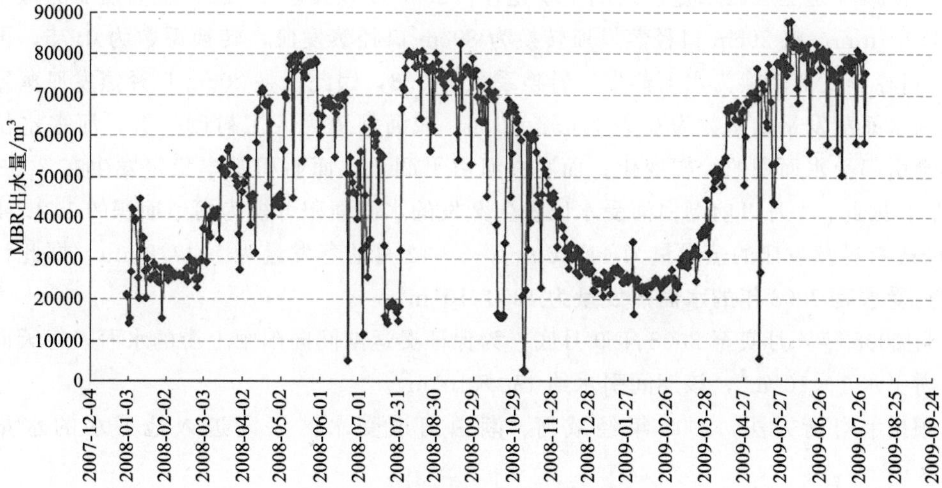

图 9-5　2008 年以来 MBR 出水量

据 MBR 出水历时曲线，日出水量不稳定，由数千立方米到数万立方米不等，且夏季出水量明显高于冬季出水量，冬季日出水量 $2\times10^4\sim4\times10^4m^3$，夏季日出水量 $5\times10^4\sim8\times10^4m^3$。这主要是因为冬季 MBR 对氮、磷等去除效果相对较差，且冬季河道结冰，河道内不需要太多水量，而夏季为满足河道景观，需要较多水量。经统计，2008 年，MBR 出水总量为 $1807\times10^4m^3$，平均每天 $4.95\times10^4m^3$。

MBR 出水中一部分滞留于河道形成地表景观。根据潮减交汇处以西减河闸上下游水位变化及受水面积，可估算出滞留于河道的水量。据减河闸上下游水位变化历时曲线(图 9-6)，减河上游水位自受水后水位由 28.3m 缓慢升至 28.7m，水位升幅为 0.4m；减河下游水位自受水后快速上升，由 26.4m 升至 28.5m 后变化趋于平稳，稳定于 28.3m 左右，表明潮白河道由干涸至受水后水位升幅为 1.9m。减河河道面积为 22.48×

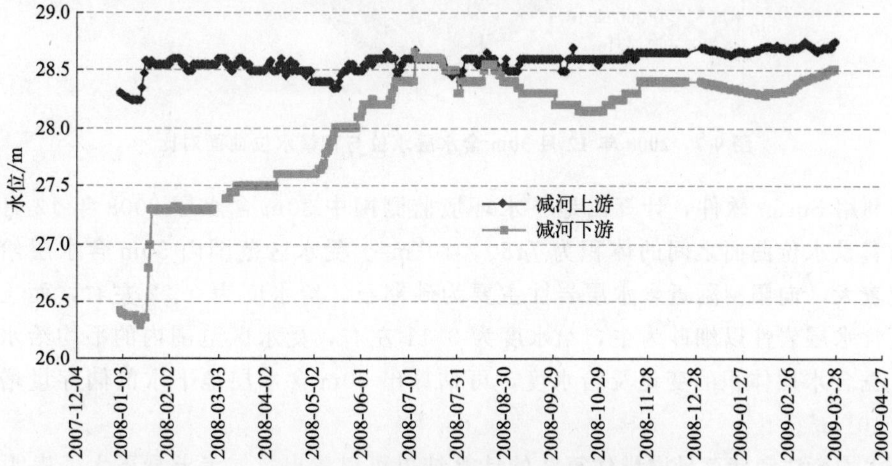

图 9-6　减河闸上下游水位历时变化

$10^4 m^2$，潮白河受水河道面积为 $150.42\times10^4 m^2$。据此，可计算出滞留于河道中的水量为 $295\times10^4 m^3$。

水面蒸发是受水区水量损失的重要途径。2008 年顺义区 20cm 口径蒸发皿的蒸发量为 1459.4mm。将 20cm 口径蒸发皿转换为 80cm 口径蒸发皿，转换系数为 0.75，再将 80cm 口径蒸发皿转换为水面蒸发，转换系数为 0.8，因此，将 20cm 口径蒸发皿蒸发量转换为水面蒸发量的系数为 0.75×0.8=0.6。减河河道为人工衬砌护坡，河水水位变化不会引起受水面积的大幅变化；而潮白河由干涸至水面面积基本稳定发生在 2008 年 4 月底，因此，4 月以前潮白河受水区发生蒸发的水面面积可视为河道面积的 1/2。4 月前 20cm 口径蒸发皿的蒸发量为 411.6mm，5～12 月的蒸发量为 1047.8mm。据此计算出河道受水后 2008 年的水面蒸发量为 $133\times10^4 m^3$。

自 2008 年 4 月底至 2008 年 9 月底，为保证奥运期间向阳闸上游的水面，每天向阳闸上游引水 $1\times10^4 m^3$，该期间引水约 $150\times10^4 m^3$。

根据水均衡方法，2008 年经减河、潮白河道受水区渗漏进入地下水的水量为 $1229\times10^4 m^3$。

② 地下水储存增量估算法：受水河道与 30m 含水层具有直接的水力联系，河水入渗直接引起地下水水位的升高。由于 30m 含水层不是地下水的主要开采层位，在没有河道受水情况下，可认为年际水位基本不变，因此，如不考虑 30m 含水层地下水水位升高对 50m 含水层的越流补给增加，可将受水区范围内 30m 含水层地下水储存量的增量视为受水河道对地下水的渗漏补给量。根据前述 30m 含水层 2008 年 12 月水位与背景水位对比，受水后地下水水位显著升高，如图 9-7 所示。

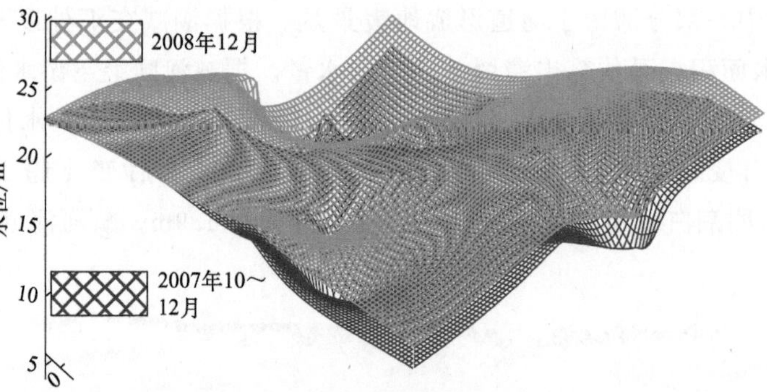

图 9-7　2008 年 12 月 30m 含水层水位与背景水位曲面对比

可利用 Surfer 软件，计算出地下水环境监测网中 30m 含水层 2008 年 12 月水位曲面与背景水位曲面之间的体积为 $7480\times10^4 m^3$。受水区范围内 30m 含水层给水度的变化较大，向阳闸附近含水层岩性主要为砂卵石，给水度为 0.22 左右，而土坝以南地区含水层岩性以细砂为主，给水度为 0.11 左右，受水区范围内的平均给水度为 0.16。据含水层体积的变化及给水度，可估算出 30m 含水层地下水的储存量增量为 $1197\times10^4 m^3$。

从水均衡法和储存量增量估算法的计算结果可以看出，二者差异不大，表明 2008

年受水河道对地下水的渗漏补给量约为 $1200\times10^4\,m^3$ 是可靠、可信的。

5）总补给量

根据上述估算的补给量，得出研究区内 2008 年补给总量为 $2.30\times10^8\,m^3$，见表 9-2。

表 9-2　2008 年研究区地下水补给量

补给源	降雨入渗	农田灌溉回归入渗	侧向径流补给	小中河渗漏	受水区渗漏	向阳闸上游河道渗漏
补给量/$\times10^4\,m^3$	13600	971	6898	257	1200	70
合计	$2.30\times10^8\,m^3$					

(2) 地下水排泄量

研究区内的地下水排泄主要为各水源地开采、城区工业自备井开采以及农业开采，经统计，2008 年地下水开采量见表 9-3，总计 $2.74\times10^8\,m^3$。

表 9-3　2008 年研究区地下水开采量

水源地	引潮入城	水源八厂	顺义一水厂	顺义二水厂	顺义三水厂
开采量/$\times10^4\,m^3$	5473	8213	246	795	1223
水源地	燕京啤酒厂	北小营	东府	工业自备井	农业机井
开采量/$\times10^4\,m^3$	876	591	1380	2162	6475
合计	$2.74\times10^8\,m^3$				

(3) 地下水均衡

根据研究区内 2008 年地下水资源的补给总量和排泄总量（表 9-2、表 9-3），研究区的地下水资源处于负均衡状态，亏损 $0.44\times10^8\,m^3$。在现状开采下，地下水储量的减少将会继续引起地下水水位的下降。

9.3　地下水渗流运移数值模型构建

9.3.1　地下水渗流方程及定解条件

研究区地下水渗流及溶质运移数学模型是数值模型的基础，根据前述研究区含水层特征及边界条件和源汇项，研究区地下水渗流的数学模型及其定解条件为：

$$\begin{cases}\dfrac{\partial}{\partial x}\left[K(H-Z)\dfrac{\partial H}{\partial x}\right]+\dfrac{\partial}{\partial y}\left[K(H-Z)\dfrac{\partial H}{\partial y}\right]+\dfrac{\partial}{\partial z}\left[K(H-Z)\dfrac{\partial H}{\partial z}\right]+\varepsilon=\mu\dfrac{\partial H}{\partial t}\\ \dfrac{\partial}{\partial x}\left(KM\dfrac{\partial H}{\partial x}\right)+\dfrac{\partial}{\partial y}\left(KM\dfrac{\partial H}{\partial y}\right)+\dfrac{\partial}{\partial z}\left(KM\dfrac{\partial H}{\partial z}\right)+W+p=SM\dfrac{\partial H}{\partial t}\\ H(x,y,z)|_{t=0}=H_0(x,y,z)\\ H(x,y,z,t)|_{\Gamma_1}=H_1(x,y,z,t)\quad x,y,z\in\Gamma_1\quad t>0\\ KM\dfrac{\partial H}{\partial n}|_{\Gamma_2}=q(x,y,t)\quad x,y,z\in\Gamma_2\quad t>0\end{cases}\tag{9-4}$$

式中，H 为水位，m；Z 为第一潜水含水层底板高程，m；K 为含水层渗透系数，m/d；ε 为降雨入渗及农业回归入渗强度，m/d；μ 为第一潜水含水层给水度；M 为承压含水层厚度，m；W 为越流强度，m/d；p 为单位面积含水层开采强度，m/d；S 为承压含水层贮水率，m^{-1}；H_0 为初始水头，m；Γ_1 为一类水头边界；H_1 为一类边界水位，m；x、y、z 为空间坐标，分别用于确定点在水平方向（x 轴和 y 轴）和垂直方向（z 轴）的位置；t 为时间，d；n 为边界 Γ_2 的外法线方向；Γ_2 为二类流量边界；q 为边界流量，m^2/d。

9.3.2 数值模型

（1）数字离散

本次研究区地下水渗流模型借助德国著名的 WASY 水资源规划和系统研究所研制的 Feflow 软件，将研究区离散为三角单元，利用有限单元法进行数值求解。利用 Feflow 软件进行单元离散，将研究区剖分为 74025 个单元，共计 43088 个结点。剖分原则为：河道受水区及地下水水源地实施加密，外围稀疏。网格剖分见图 9-8。

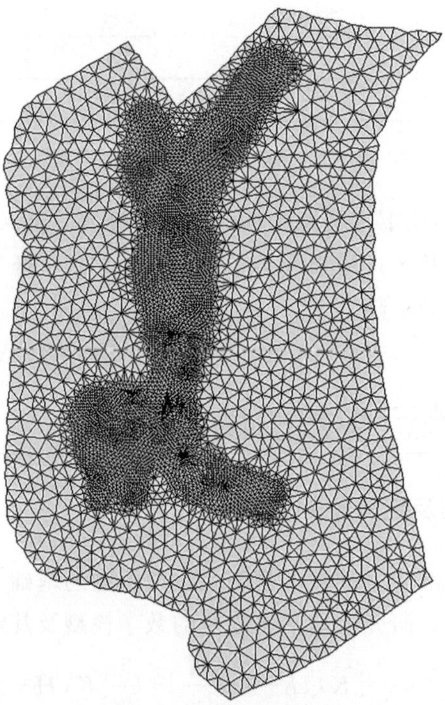

图 9-8 研究区单元剖分

研究区可分为 4 个含水层和 3 个弱透水层，按照自上而下的顺序，依次为：第 1 含水层（30m），第 2 弱透水层，第 3 含水层（50m），第 4 弱透水层，第 5 含水层（80m），第 6 弱透水层，第 7 含水层（80～200m）。赋予各层顶底板高程后，可利用 Feflow 软件的三维可视化功能查看地层的分层情况，见图 9-9。

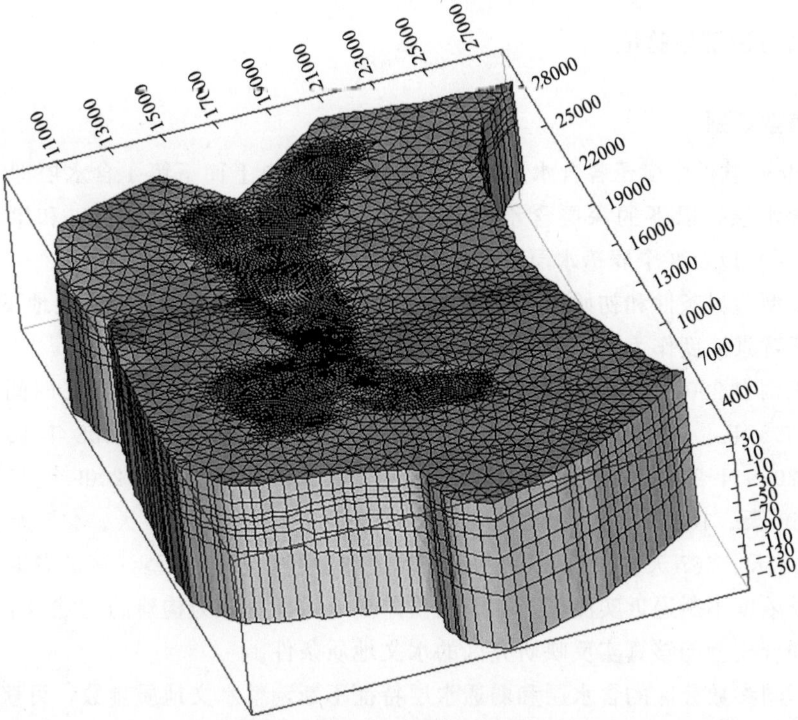

图 9-9　研究区地层结构分层

(2) 参数分区

根据地下水环境监测网中钻孔揭示的地层岩性资料和初始地下水流场所蕴含的信息，将各含水层和弱透水层细化分区，含水层分为 21 个水文地质参数区，弱透水层分为 19 个区，详见图 9-10 和图 9-11。

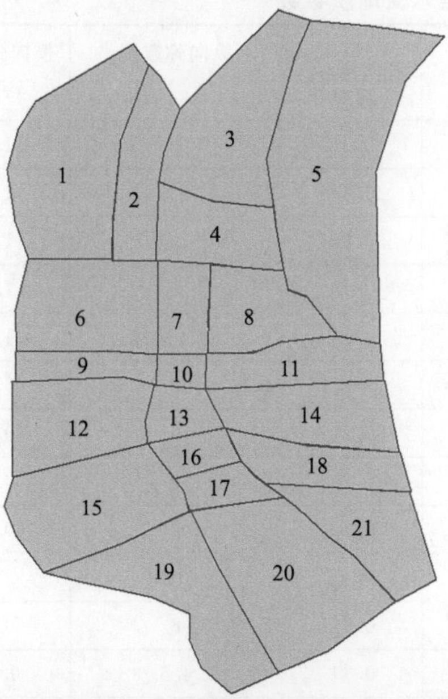

图 9-10　各含水层水文地质参数分区

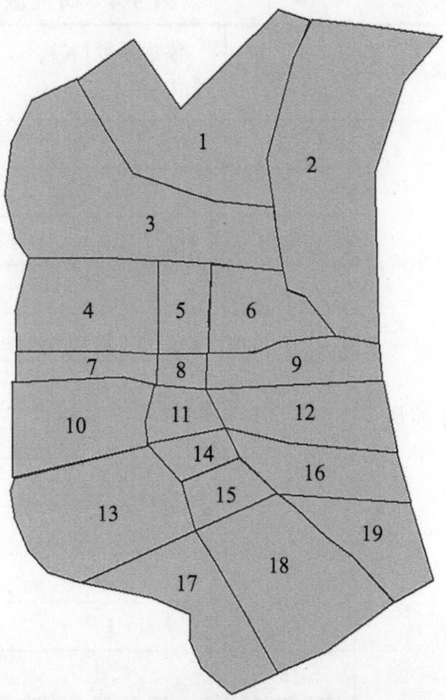

图 9-11　各弱透水层水文地质参数分区

9.3.3 模型识别与验证

(1) 模型识别

在 Feflow 软件中赋予各含水层及弱透水层特征，自上而下第 1 含水层即 30m 含水层为潜水含水层，以下的深层含水层包括第 3 含水层（50m 含水层）和第 5 含水层（80m 含水层）以及 3 个弱透水层具有承压性质。

赋予模型边界条件和初始条件，以 2007 年底至 2008 年初的各含水层地下水背景水位和氯离子背景浓度作为初始值，进行模型的识别与验证。

模型识别自 2008 年初开始至 2009 年 11 月截止，共分 12 个时段，各时间点为 2008 年 1 月、2008 年 4 月、2008 年 5 月、2008 年 6 月、2008 年 8 月、2008 年 10 月、2008 年 12 月、2009 年 2 月、2009 年 5 月、2009 年 7 月、2009 年 9 月、2009 年 11 月，分别为受水后 50 天、100 天、140 天、175 天、230 天、290 天、345 天、415 天、500 天、566 天、618 天、667 天。通过模型的不断调试和运行，使得模型计算的各时间点的水位和氯离子浓度不断逼近实测值，在满足误差要求后，可认为构建的三维地下水渗流与溶质运移耦合模型能够真实反映研究区的水文地质条件。

根据不同参数分区的含水层和弱透水层特征不断调整水文地质参数，可获得符合研究区实际情况的水文地质参数，即渗透系数、给水度或弹性贮水率、孔隙度、纵横向弥散度。识别后的第 1、3、5 含水层的水文地质参数，见表 9-4～表 9-6。根据地层结构数据，第 7 含水层的岩性与第 5 含水层岩性基本一致，因缺乏该层的地下水监测资料，故第 7 含水层的水文地质参数与第 5 含水层保持一致。模型识别后的第 2、4、6 弱透水层的水文地质参数见表 9-7～表 9-9。

表 9-4 研究区第 1 含水层水文地质参数

含水层	分区号	渗透系数(K)/($\times 10^{-4}$m/s)	给水度(μ)	孔隙度(n)	纵向弥散度(α_L)/m	横向弥散度(α_T)/m
第 1 含水层(30m)	1	4	0.18	0.18	12	1.2
	2	7	0.18	0.18	12	1.2
	3	10	0.24	0.24	13	1.3
	4	9.5	0.24	0.24	12	1.2
	5	8	0.21	0.21	11	1.1
	6	0.15	0.22	0.22	3	0.3
	7	7	0.26	0.26	6	0.6
	8	6.5	0.23	0.23	9	0.9
	9	1	0.15	0.15	8	0.8
	10	1.8	0.11	0.11	10	1
	11	1	0.12	0.12	8	0.8
	12	2.5	0.11	0.11	4.5	0.45
	13	4	0.2	0.2	10	1

续表

含水层	分区号	渗透系数(K)/(×10⁻⁴m/s)	给水度(μ)	孔隙度(n)	纵向弥散度(α_L)/m	横向弥散度(α_T)/m
第1含水层(30m)	14	0.85	0.11	0.11	2	0.2
	15	1.3	0.13	0.13	1.5	0.15
	16	3	0.17	0.17	8	0.8
	17	2	0.11	0.11	2	0.2
	18	1.1	0.14	0.14	4	0.4
	19	0.6	0.11	0.11	1.5	0.1
	20	0.8	0.11	0.11	1.5	0.1
	21	0.6	0.11	0.11	1.5	0.1

表9-5　研究区第3含水层水文地质参数

含水层	分区号	渗透系数(K)/($\times10^{-4}$m/s)	给水度(μ)	孔隙度(n)	纵向弥散度(α_L)/m	横向弥散度(α_T)/m
第3含水层(50m)	1	0.7	6.0×10^{-5}	0.18	12	1.2
	2	9	6.0×10^{-5}	0.18	12	1.2
	3	9.9	3.0×10^{-6}	0.21	13	1.3
	4	9.9	3.0×10^{-6}	0.21	12	1.2
	5	6	3.0×10^{-6}	0.21	11	1.1
	6	3	6.0×10^{-5}	0.16	3.5	0.35
	7	8	3.0×10^{-6}	0.24	9	0.9
	8	6	3.0×10^{-6}	0.22	9	0.9
	9	3.5	1.0×10^{-4}	0.15	9	0.8
	10	1.8	1.0×10^{-4}	0.11	10	1
	11	1.1	1.0×10^{-4}	0.12	8	0.8
	12	3.5	1.0×10^{-4}	0.08	12	1.2
	13	1.3	1.0×10^{-4}	0.09	12	1.2
	14	1.1	1.0×10^{-4}	0.11	3	0.3
	15	0.7	1.4×10^{-4}	0.13	1.2	0.12
	16	0.7	1.3×10^{-4}	0.12	1	0.1
	17	0.5	1.4×10^{-4}	0.11	2	0.2
	18	0.8	1.4×10^{-4}	0.15	4	0.4
	19	0.6	1.4×10^{-4}	0.11	1.5	0.15
	20	0.72	1.2×10^{-4}	0.11	1.5	0.15
	21	0.6	1.4×10^{-4}	0.11	1.5	0.15

表 9-6 研究区第 5 含水层水文地质参数

含水层	分区号	渗透系数(K)/($\times10^{-4}$m/s)	给水度(μ)	孔隙度(n)	纵向弥散度(α_L)/m	横向弥散度(α_T)/m
第 5 含水层(80m)	1	0.7	2.0×10^{-5}	0.18	12	1.2
	2	9	2.0×10^{-5}	0.18	12	1.2
	3	9	2.0×10^{-4}	0.21	13	1.3
	4	8.5	2.0×10^{-4}	0.21	12	1.2
	5	5.5	2.0×10^{-4}	0.21	11	1.1
	6	4	4.0×10^{-4}	0.16	3.5	0.35
	7	7.5	3.0×10^{-4}	0.24	9	0.9
	8	5	2.0×10^{-4}	0.22	9	0.9
	9	3.5	5.0×10^{-5}	0.15	9	0.9
	10	5	5.0×10^{-5}	0.12	10	1
	11	1.3	5.0×10^{-5}	0.12	8	0.8
	12	2.5	5.0×10^{-5}	0.18	5	0.5
	13	2	5.0×10^{-5}	0.12	12	1.2
	14	1.1	5.0×10^{-5}	0.12	3	0.3
	15	0.8	7.0×10^{-5}	0.13	1.2	0.12
	16	2.5	7.0×10^{-5}	0.21	12	1.2
	17	1.5	7.0×10^{-5}	0.11	2	0.2
	18	0.8	7.0×10^{-5}	0.15	4	0.4
	19	0.6	7.0×10^{-5}	0.11	1.5	0.15
	20	0.72	6.0×10^{-5}	0.11	3	0.3
	21	0.6	7.0×10^{-5}	0.11	1.5	0.15

表 9-7 研究区第 2 弱透水层水文地质参数

	分区号	渗透系数(K)/($\times10^{-4}$m/s)	弹性贮水率(S)/m^{-1}	孔隙度(n)	纵向弥散度(α_L)/m	横向弥散度(α_T)/m
第 2 弱透水层(30m 含水层与 50m 含水层之间)	1	5.0×10^{-4}	1.20×10^{-4}	0.07	0.75	0.08
	2	5.0×10^{-4}	1.10×10^{-4}	0.07	0.7	0.07
	3	2.0×10^{-4}	1.50×10^{-4}	0.07	0.5	0.05
	4	1.2×10^{-4}	1.50×10^{-4}	0.07	0.5	0.05
	5	3.2×10^{-4}	1.50×10^{-4}	0.07	0.5	0.05
	6	2.8×10^{-4}	1.50×10^{-4}	0.07	0.5	0.05
	7	1.2×10^{-4}	1.50×10^{-4}	0.07	0.5	0.05
	8	1.7×10^{-4}	1.50×10^{-4}	0.07	0.5	0.05
	9	1.2×10^{-4}	1.50×10^{-4}	0.07	0.5	0.05
	10	9.0×10^{-5}	1.50×10^{-4}	0.07	0.5	0.05

续表

	分区号	渗透系数(K)/(×10⁻⁴m/s)	弹性贮水率(S)/m^{-1}	孔隙度(n)	纵向弥散度(α_L)/m	横向弥散度(α_T)/m
第2弱透水层(30m含水层与50m含水层之间)	11	1.2×10^{-4}	1.50×10^{-4}	0.11	0.5	0.05
	12	1.2×10^{-4}	1.50×10^{-4}	0.07	0.5	0.05
	13	3.0×10^{-5}	1.50×10^{-4}	0.07	0.5	0.05
	14	1.5×10^{-4}	1.50×10^{-4}	0.11	0.5	0.05
	15	1.8×10^{-4}	1.50×10^{-4}	0.07	0.5	0.05
	16	1.0×10^{-4}	1.50×10^{-4}	0.07	0.5	0.05
	17	1.2×10^{-4}	1.50×10^{-4}	0.07	0.5	0.05
	18	1.3×10^{-4}	1.50×10^{-4}	0.07	0.5	0.05
	19	1.2×10^{-4}	1.50×10^{-4}	0.07	0.5	0.05

表 9-8 研究区第4弱透水层水文地质参数

	分区号	渗透系数(K)/(×10⁻⁴m/s)	弹性贮水率(S)/m^{-1}	孔隙度(n)	纵向弥散度(α_L)/m	横向弥散度(α_T)/m
第4弱透水层(50m含水层与80m含水层之间)	1	1.0×10^{-2}	1.50×10^{-5}	0.12	0.95	0.09
	2	1.0×10^{-1}	1.00×10^{-5}	0.16	0.85	0.08
	3	2.0×10^{-4}	1.50×10^{-4}	0.12	0.5	0.05
	4	2.0×10^{-4}	1.50×10^{-4}	0.07	0.5	0.05
	5	8.0×10^{-4}	1.50×10^{-4}	0.07	0.5	0.05
	6	2.0×10^{-4}	1.50×10^{-4}	0.07	0.5	0.05
	7	2.0×10^{-4}	1.50×10^{-4}	0.07	0.5	0.05
	8	2.0×10^{-4}	1.50×10^{-4}	0.07	0.5	0.05
	9	2.0×10^{-4}	1.50×10^{-4}	0.07	0.5	0.05
	10	2.0×10^{-4}	1.50×10^{-4}	0.07	0.5	0.05
	11	9.0×10^{-5}	1.50×10^{-4}	0.07	0.5	0.05
	12	1.5×10^{-4}	1.50×10^{-4}	0.07	0.5	0.05
	13	9.0×10^{-5}	1.50×10^{-4}	0.07	0.5	0.05
	14	8.0×10^{-4}	1.50×10^{-4}	0.07	0.5	0.05
	15	9.0×10^{-5}	1.50×10^{-4}	0.07	0.5	0.05
	16	1.0×10^{-4}	1.50×10^{-4}	0.07	0.5	0.05
	17	1.0×10^{-4}	1.50×10^{-4}	0.07	0.5	0.05
	18	1.0×10^{-4}	1.50×10^{-4}	0.07	0.5	0.05
	19	1.0×10^{-4}	1.50×10^{-4}	0.07	0.5	0.05

表 9-9 研究区第 6 弱透水层水文地质参数

	分区号	渗透系数(K)/($\times10^{-4}$m/s)	弹性贮水率(S)/m^{-1}	孔隙度(n)	纵向弥散度(α_L)/m	横向弥散度(α_T)/m
第 6 弱透水层(80m 含水层与 200m 含水层之间)	1	5.0×10^{-4}	1.10×10^{-4}	0.13	0.65	0.07
	2	5.0×10^{-4}	1.10×10^{-4}	0.11	0.75	0.07
	3	5.0×10^{-4}	9.00×10^{-5}	0.1	0.8	0.08
	4	5.0×10^{-4}	9.50×10^{-5}	0.07	0.5	0.05
	5	9.0×10^{-4}	1.50×10^{-4}	0.07	0.9	0.07
	6	5.0×10^{-4}	1.50×10^{-4}	0.07	0.5	0.05
	7	2.0×10^{-4}	1.50×10^{-4}	0.07	0.5	0.05
	8	2.0×10^{-4}	1.50×10^{-4}	0.07	0.5	0.05
	9	2.0×10^{-4}	1.50×10^{-4}	0.07	0.5	0.05
	10	2.4×10^{-4}	1.50×10^{-4}	0.07	0.8	0.08
	11	1.2×10^{-4}	1.50×10^{-4}	0.07	0.5	0.05
	12	1.2×10^{-4}	1.50×10^{-4}	0.07	0.5	0.05
	13	1.2×10^{-4}	1.50×10^{-4}	0.06	0.5	0.05
	14	6.3×10^{-4}	1.50×10^{-4}	0.07	0.1	0.01
	15	6.3×10^{-4}	1.50×10^{-4}	0.08	0.1	0.01
	16	1.2×10^{-4}	1.50×10^{-4}	0.05	0.5	0.05
	17	1.2×10^{-4}	1.50×10^{-4}	0.05	0.5	0.05
	18	6.3×10^{-4}	1.50×10^{-4}	0.05	0.1	0.01
	19	1.2×10^{-4}	1.50×10^{-4}	0.08	0.5	0.05

(2) 模型验证

模型识别后，保持各含水层与弱透水层的水文地质参数不变，在确知研究区边界条件和源汇项变化条件下，向后运行模型，以验证计算出的水位、氯离子浓度是否与实测值相吻合。模型验证时间点为 2010 年 1 月、2010 年 3 月、2010 年 5 月、2010 年 7 月、2010 年 9 月、2010 年 11 月、2011 年 1 月，分别为受水后 745 天、809 天、865 天、926 天、978 天、1049 天、1107 天，通过观察水位和氯离子浓度计算值与实测值的吻合程度，验证模型的正确程度。

(3) 水位识别及验证曲线、等值线

根据模型识别和验证结果，可绘制出不同层位各观测孔的水位拟合及验证曲线（详见图 9-12）以及 2010 年 1 月各含水层平面水位等值线对比图（详见图 9-13～图 9-15）。

根据水位拟合及验证曲线，该数值模型较准确地刻画了研究区的实际情况。30m 含水层水位拟合较为理想，而 50m、80m 含水层水位在某些时刻拟合稍差。这是因为 30m 含水层基本不作为开采层位，地下水均衡较为准确；而 50m、80m 含水层作为农业机井和水源井的开采层位，农业开采量及开采时间缺乏详细的资料，且水源地开采只有年开采量大数，缺乏详细的逐月或逐日开采数据。而在研究区地下水资源处于严重负均衡状态下，地下水开采对水位变化具有决定性的控制作用。

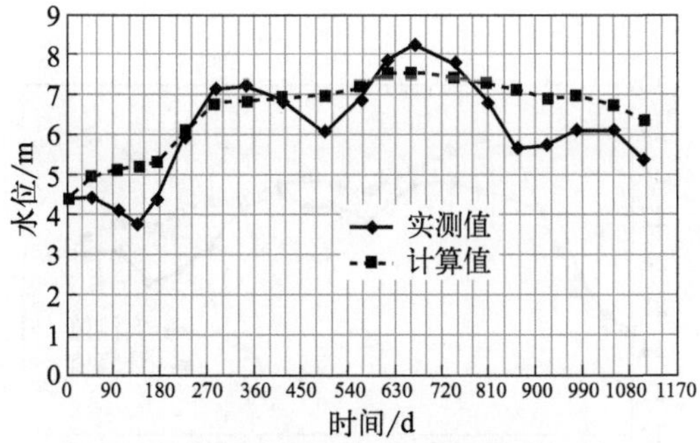

01(30)井水位拟合及验证曲线

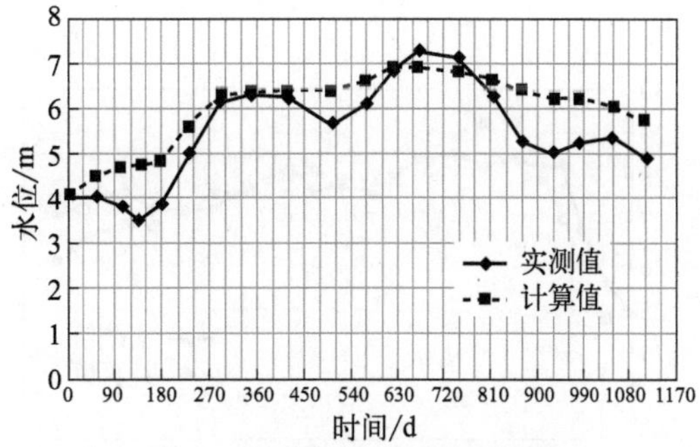

03(30)井水位拟合及验证曲线

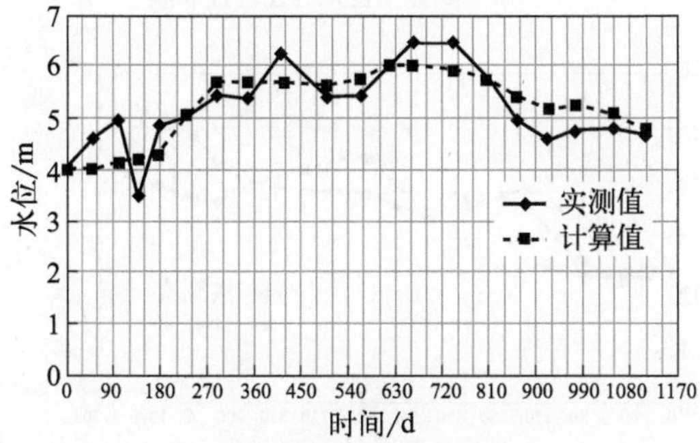

04(30)井水位拟合及验证曲线

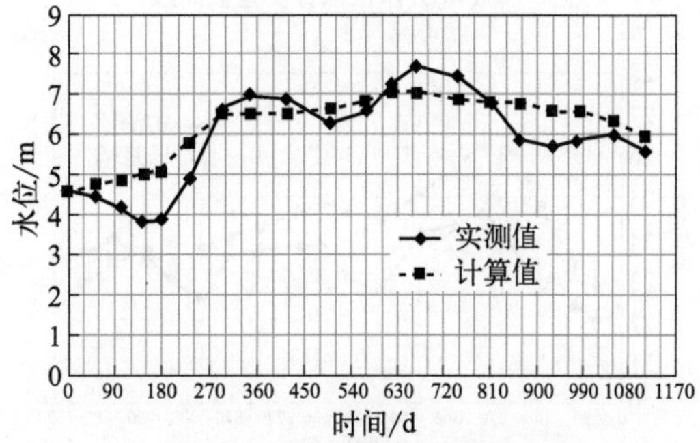

11(30)井水位拟合及验证曲线

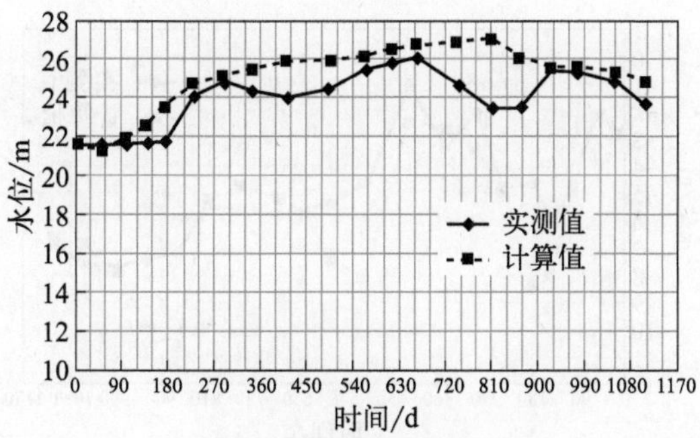

15(30)井水位拟合及验证曲线

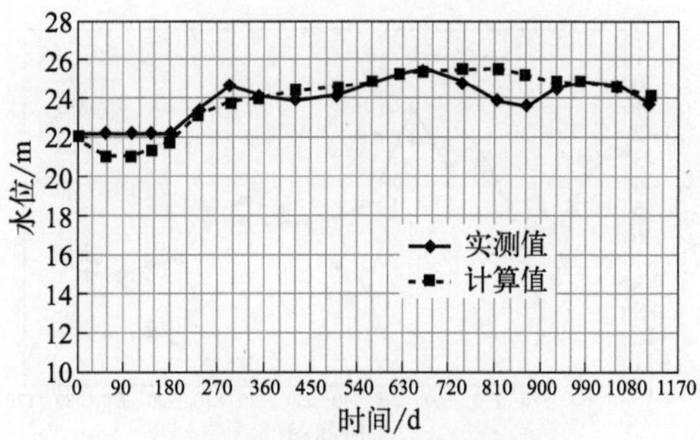

13(30)井水位拟合及验证曲线

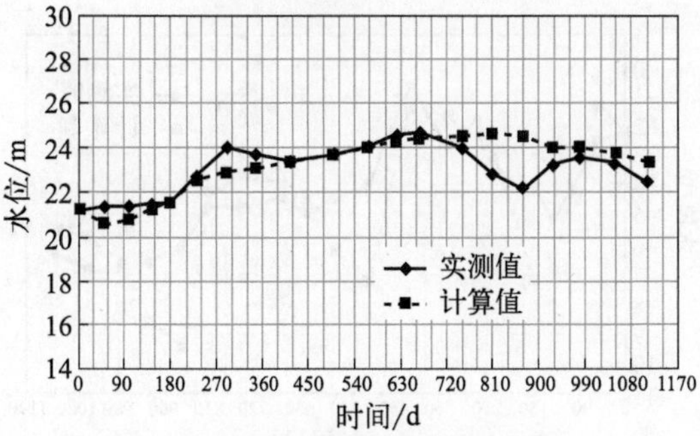

17(30)井水位拟合及验证曲线

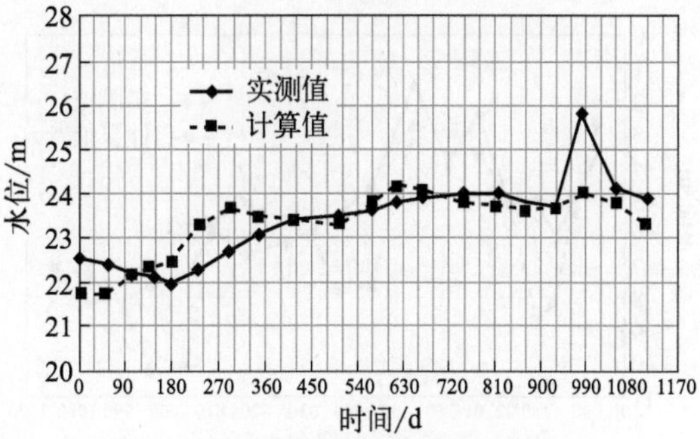

19(30)井水位拟合及验证曲线

图 9-12

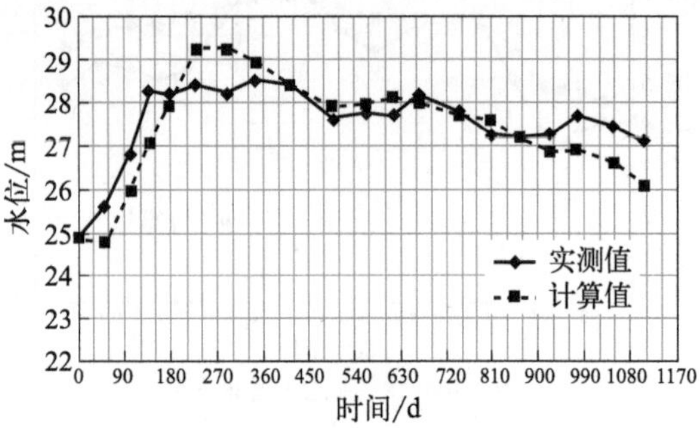

22(30)井水位拟合及验证曲线

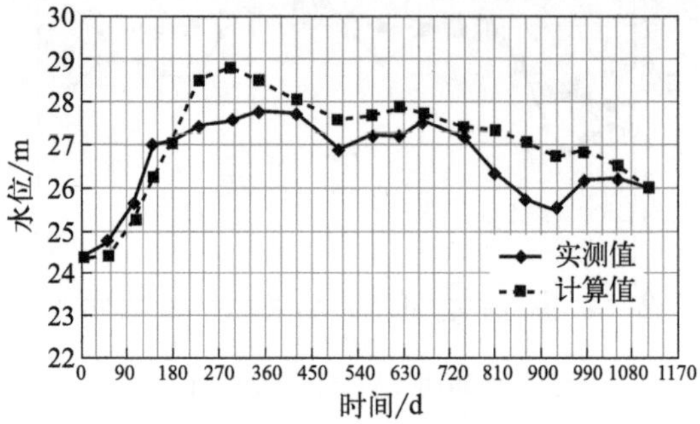

23(30)井水位拟合及验证曲线

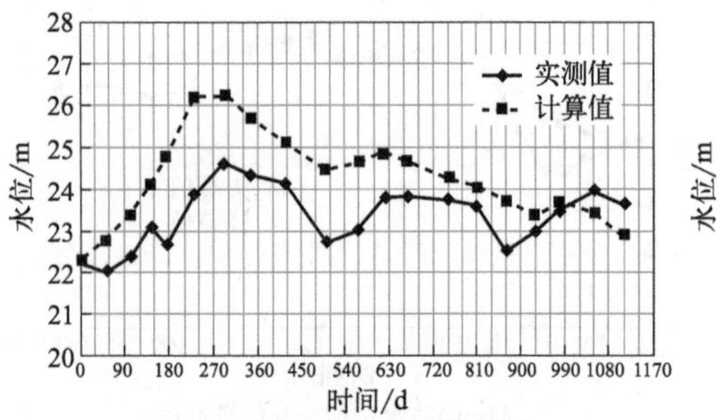

28(30)井水位拟合及验证曲线

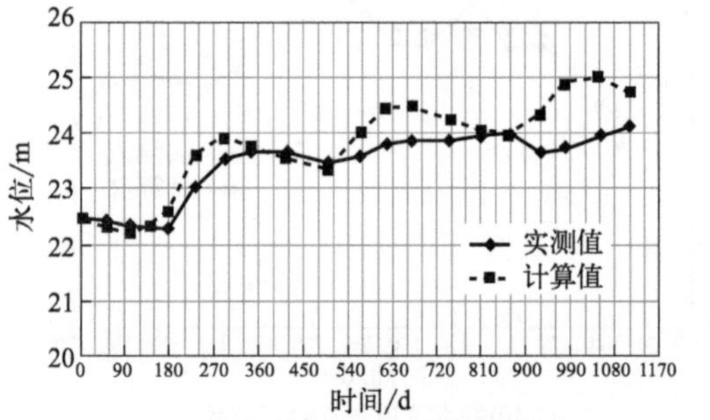

34(30)井水位拟合及验证曲线

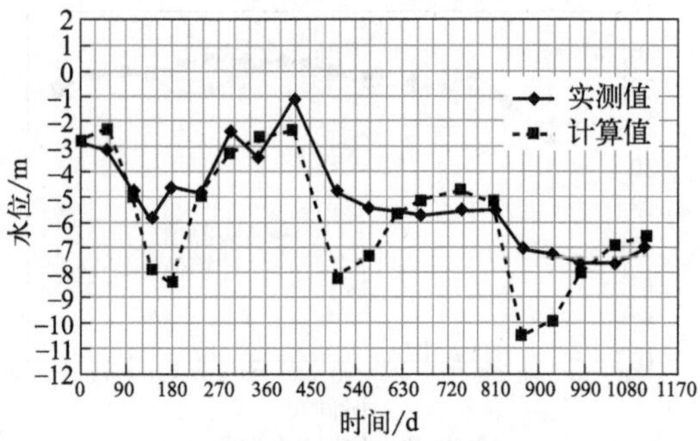

01(50)井水位拟合及验证曲线

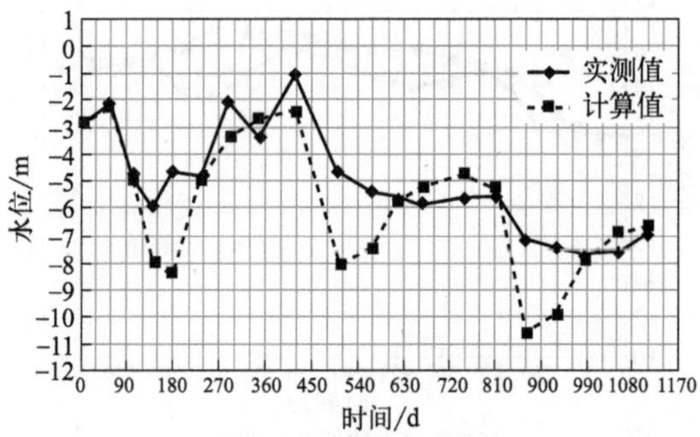

02(50)井水位拟合及验证曲线

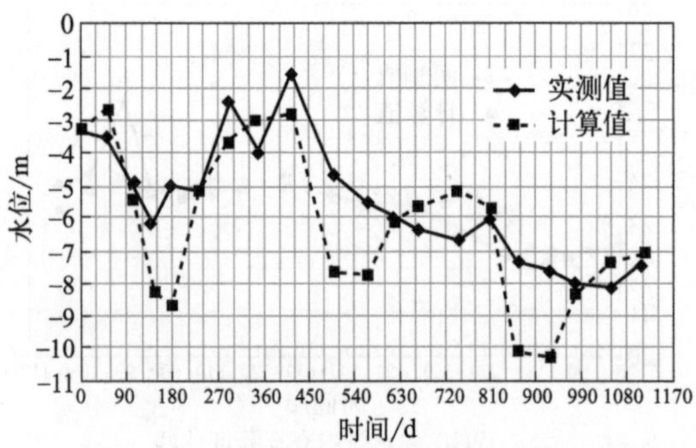

04(50)井水位拟合及验证曲线

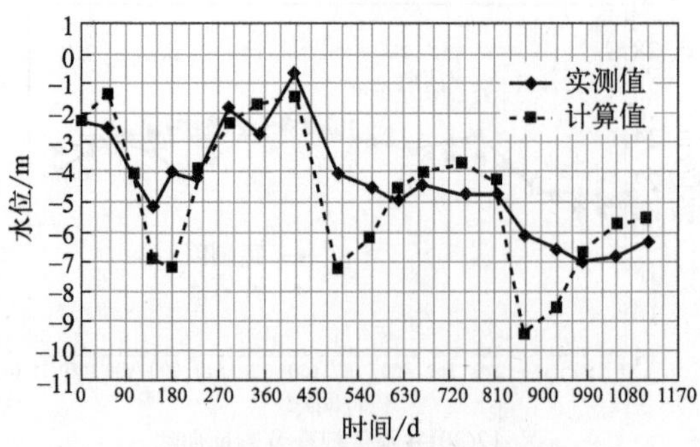

10(50)井水位拟合及验证曲线

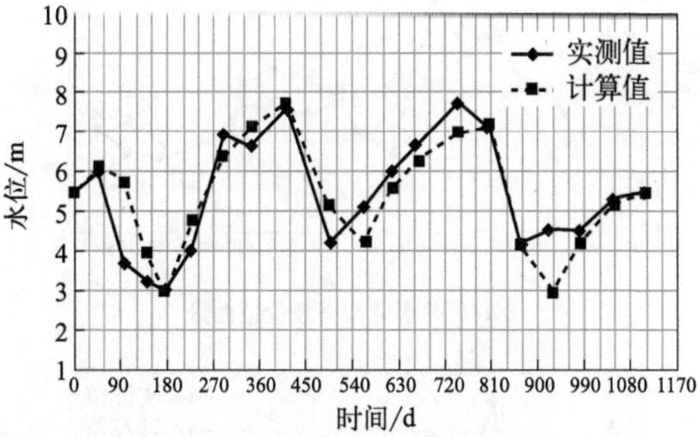

15(50)井水位拟合及验证曲线

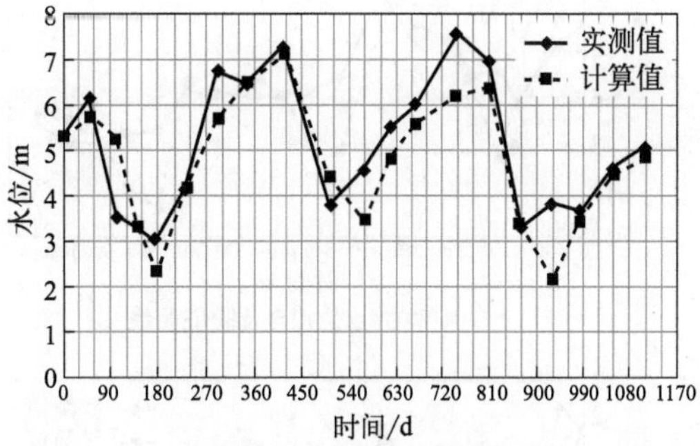

17(50)井水位拟合及验证曲线

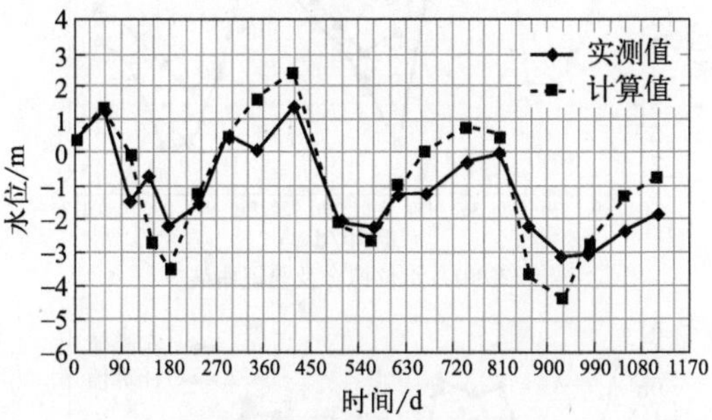

18(50)井水位拟合及验证曲线

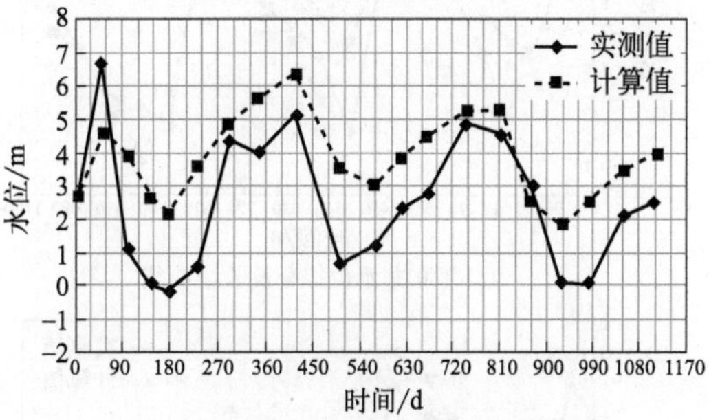

22(50)井水位拟合及验证曲线

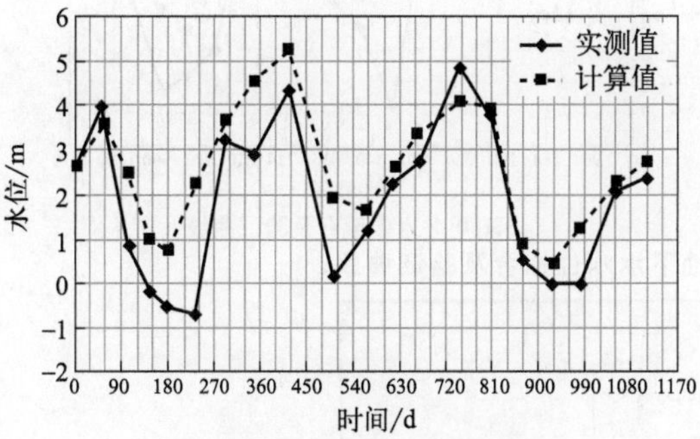

26(50)井水位拟合及验证曲线

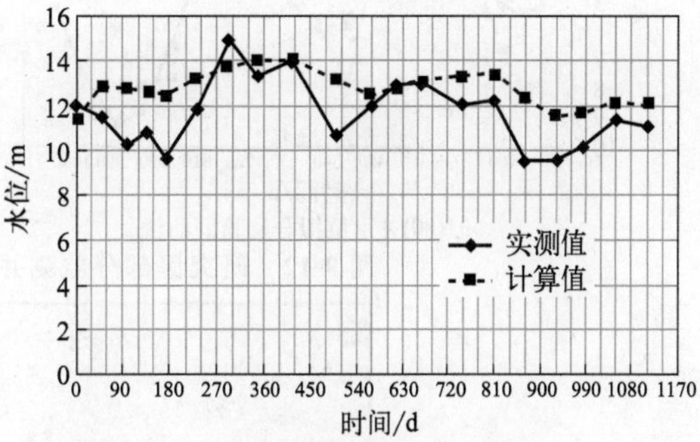

27(50)井水位拟合及验证曲线

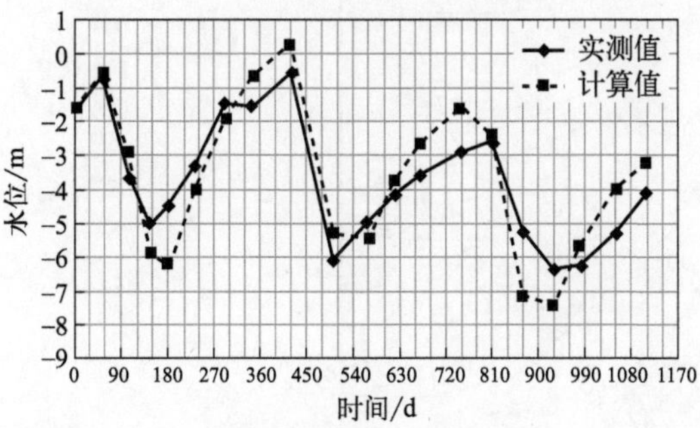

31(50)井水位拟合及验证曲线

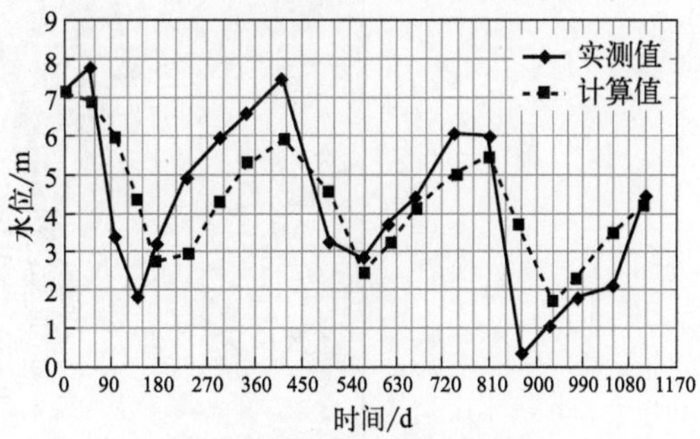

34(50)井水位拟合及验证曲线

图 9-12

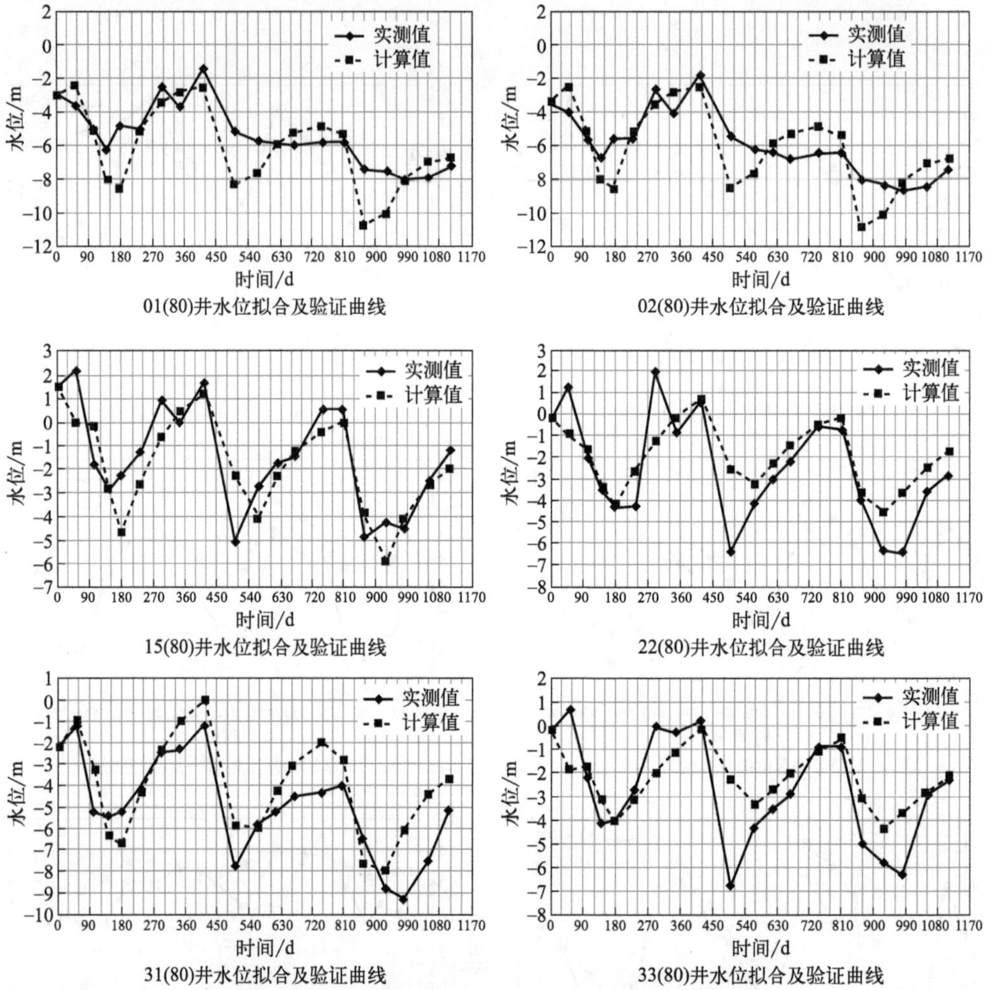

图 9-12　研究区部分监测井地下水水位拟合及验证曲线

图 9-13　研究区 2010 年 1 月 30m 含水层拟合水位等值线

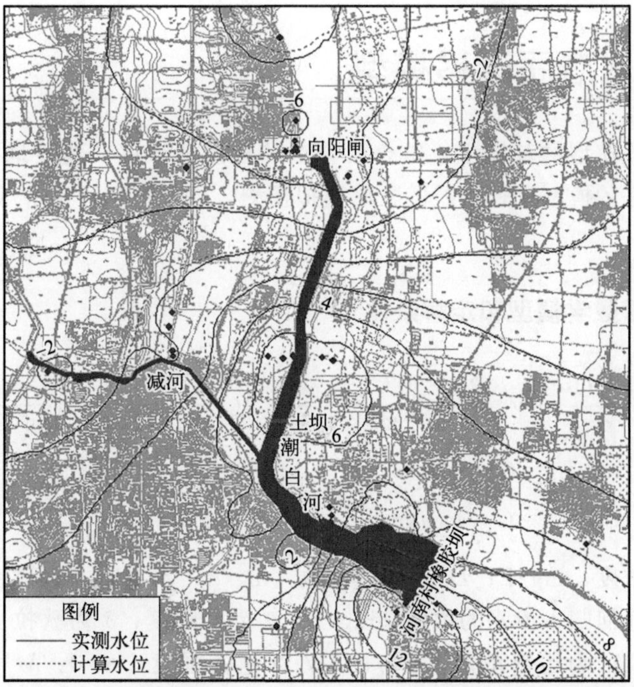

图 9-14　研究区 2010 年 1 月 50m 含水层拟合水位等值线

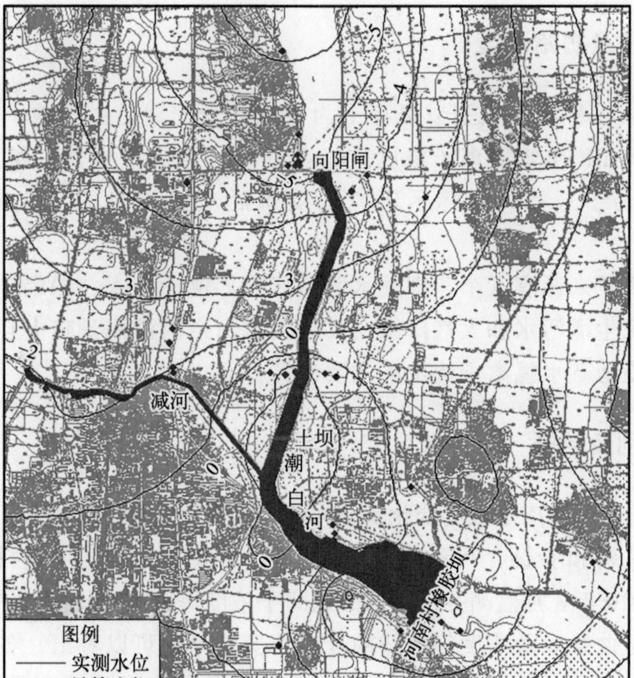

图 9-15　研究区 2010 年 1 月 80m 含水层拟合水位等值线

9.4 地下水溶质运移模型

在地下水渗流模型的基础上，结合研究区的背景值浓度，建立地下水溶质运移模型，并利用校验好的模型进行水质的长期模拟预测，以反映河道受水对不同深度含水层的水环境影响。

9.4.1 溶质运移数学模型和定解条件

$$\begin{cases}\dfrac{\partial}{\partial x_i}\left(D_{ij}\dfrac{\partial C}{\partial x_j}\right)-V_i\dfrac{\partial C}{\partial x_j}+\dfrac{WC_{\mathrm{w}}}{Mn}-\dfrac{pC}{Mn}\times\delta(x-x_i,y-y_i,z-z_i)=\dfrac{\partial C}{\partial t}\\ C(x,y,z)|_{t=0}=C_0(x,y,z)\\ C(x,y,z,t)|_{\Gamma}=C_1(x,y,z,t)\quad (x,y,z)\in\Gamma\quad t>0\end{cases}\tag{9-5}$$

式中，C 为浓度，mg/L；D 为弥散系数，m^2/d；V 为地下水流速，m/d；C_w 为越流或降雨、农业回归入渗水的浓度，mg/L；n 为孔隙度；δ 为狄拉克函数；C_0 为初始浓度，mg/L；C_1 为边界浓度，mg/L；W 为越流强度，m/d；M 为承压含水层厚度，m；i，j 分别为空间坐标的索引变量；Γ 为边界范围；x，y，z 分别为空间坐标；t 为时间，d；n 为孔隙度。

9.4.2 模拟因子及初始浓度

研究区的溶质运移数值模型以氯离子为模拟因子。这是由于地下水背景中的氯离子浓度显著低于 MBR 出水氯离子浓度，二者具有显著的差异性；氯离子在地下水环境中最稳定且最易于迁移，可标示研究区受水后对地下水的最大影响程度和影响范围。

研究区的氯离子来源有五个，即受水河道、边界侧向流入、深层含水层农业机井灌溉回归入渗、居民生活污水和大气降雨，其中受水河道因渗漏量较大且氯离子浓度高达 80～100mg/L，是地下水氯离子浓度的主要来源。

9.4.3 模型识别及验证

影响研究区地下水氯离子浓度变化及分布的主要因素为地下水对流，其次为弥散和分子扩散。经模型识别和验证，可绘制出各观测井氯离子浓度变化的拟合及验证曲线（图 9-16）以及 2010 年 3 月监测井范围内的氯离子浓度等值线对比图（图 9-17～图 9-19）。

从拟合及验证曲线以及浓度等值线的计算与实测对比可以看出，各观测井氯离子浓度变化曲线拟合较好，且计算值能较好地反映观测井氯离子浓度变化的趋势，尤其是 30m 含水层氯离子浓度变化直接反映出了河道受水的作用，这进一步表明构建的地下水渗流与溶质运移耦合的三维模型符合研究区的实际情况，可利用该模型预测地下水水位及水质的长期变化，以反映出河道受水对不同层位含水层的水环境影响。

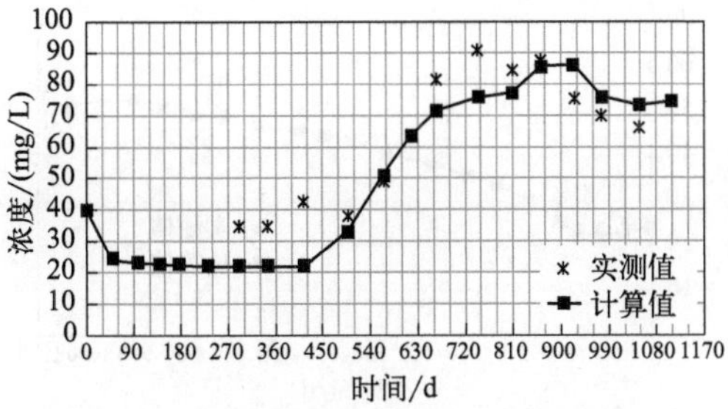

01(30)井氯离子浓度拟合及验证曲线

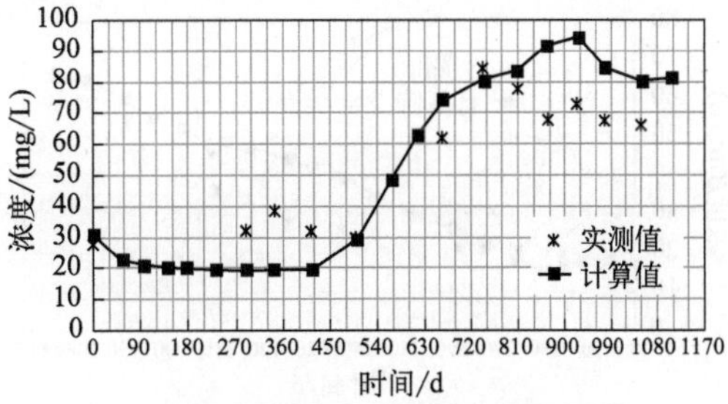

02(30)井氯离子浓度拟合及验证曲线

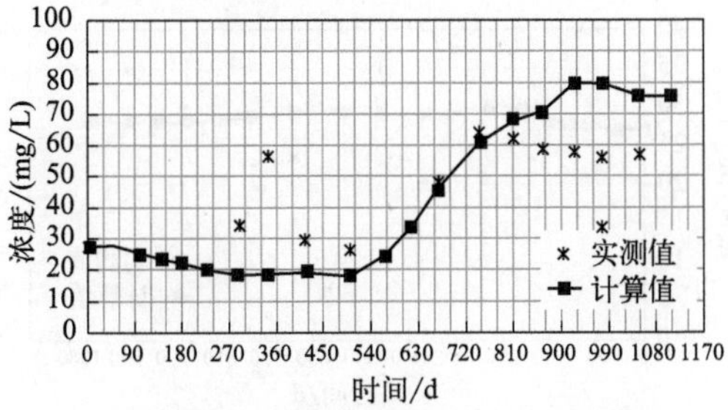

03(30)井氯离子浓度拟合及验证曲线

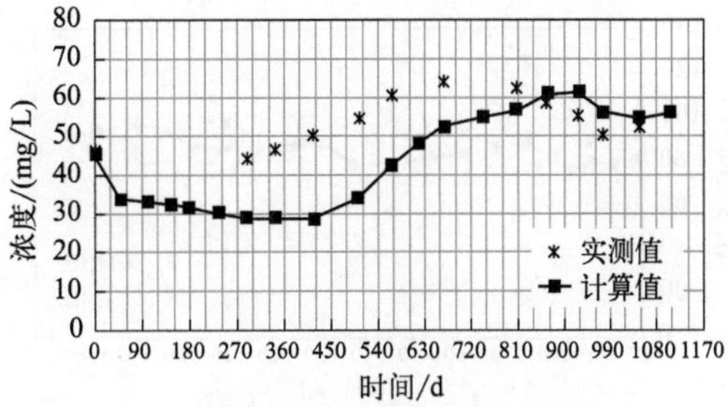

08(30)井氯离子浓度拟合及验证曲线

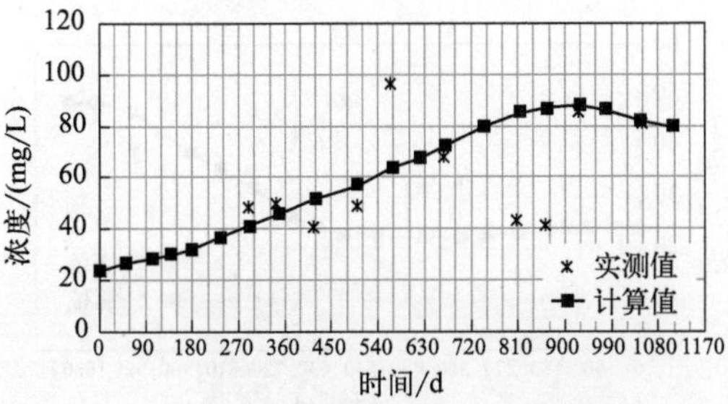

10(30)井氯离子浓度拟合及验证曲线

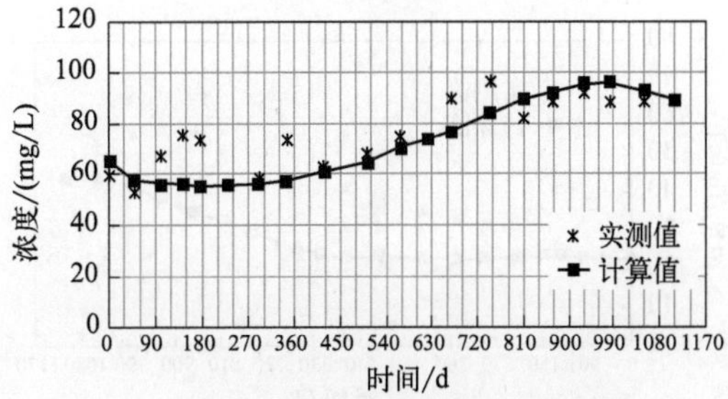

14(30)井氯离子浓度拟合及验证曲线

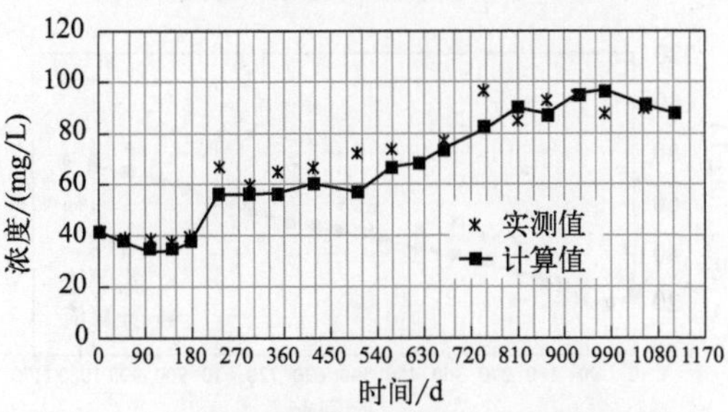

15(30)井氯离子浓度拟合及验证曲线

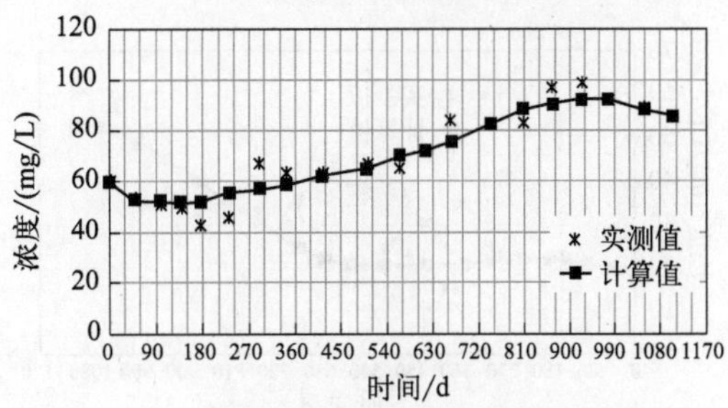

16(30)井氯离子浓度拟合及验证曲线

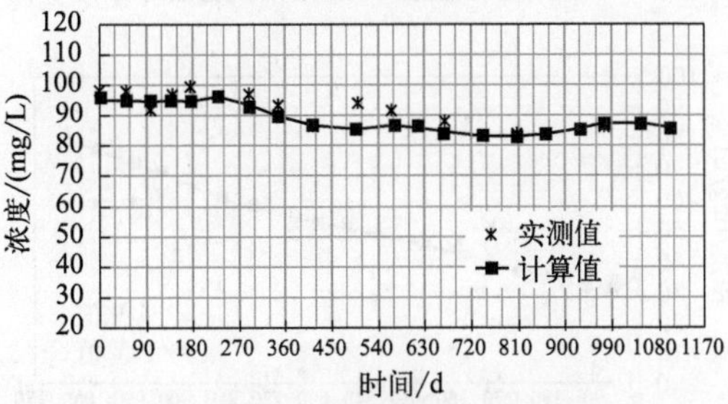

19(30)井氯离子浓度拟合及验证曲线

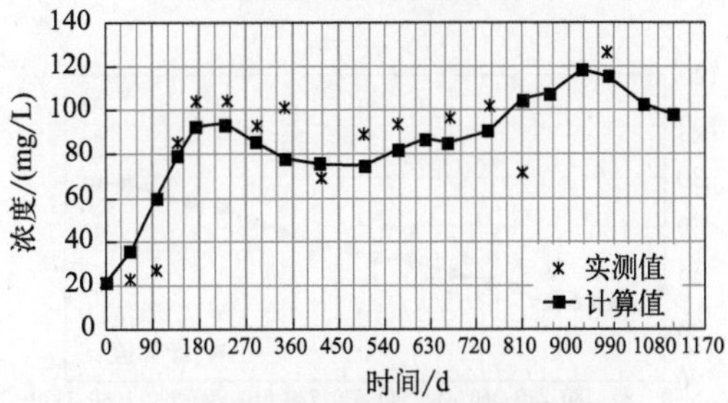

22(30)井氯离子浓度拟合及验证曲线

图 9-16

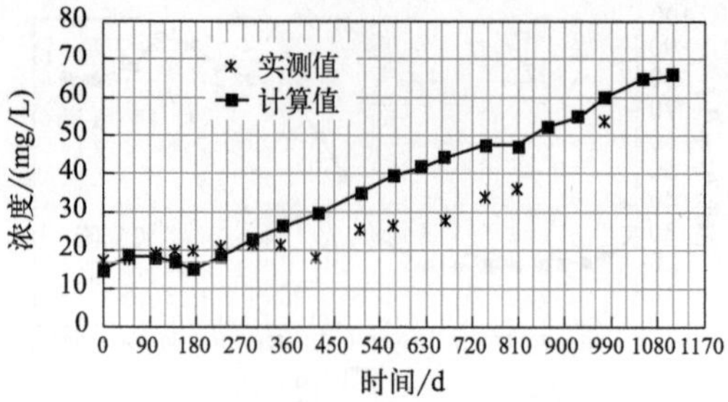

27(30)井氯离子浓度拟合及验证曲线

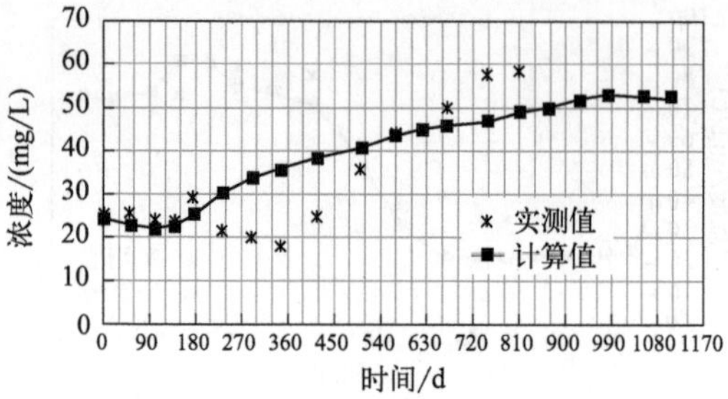

29(30)井氯离子浓度拟合及验证曲线

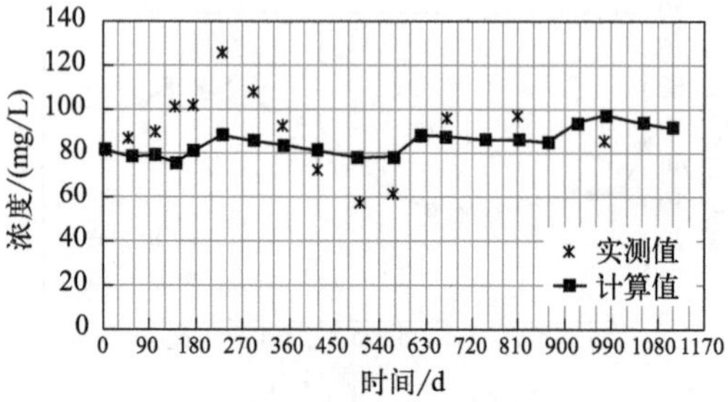

31(30)井氯离子浓度拟合及验证曲线

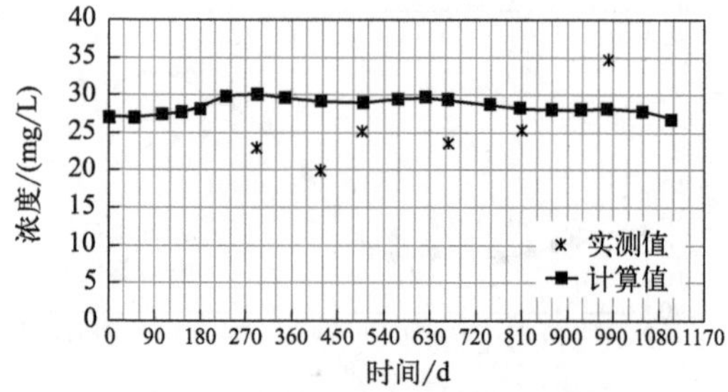

34(30)井氯离子浓度拟合及验证曲线

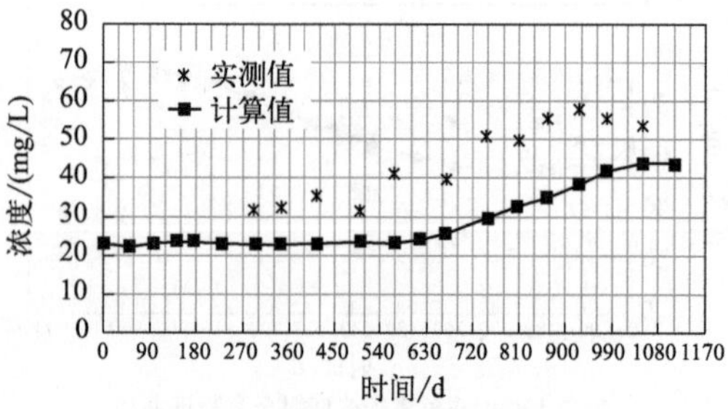

01(50)井氯离子浓度拟合及验证曲线

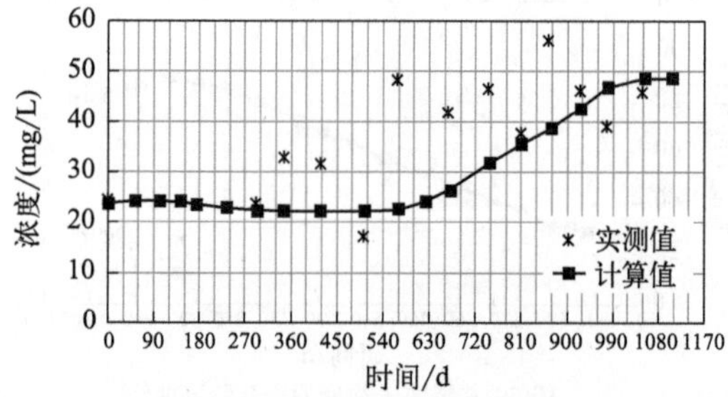

02(50)井氯离子浓度拟合及验证曲线

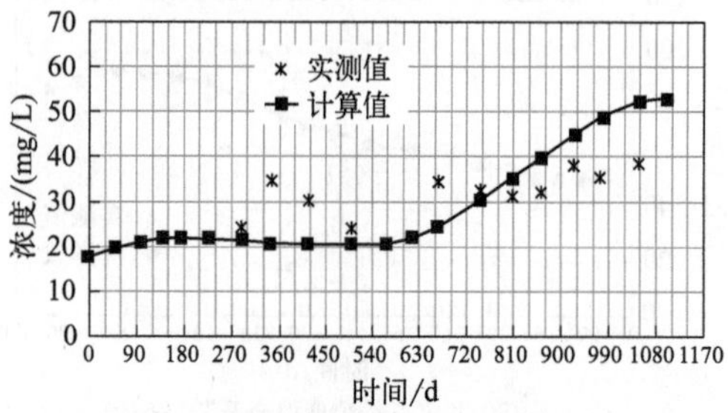

03(50)井氯离子浓度拟合及验证曲线

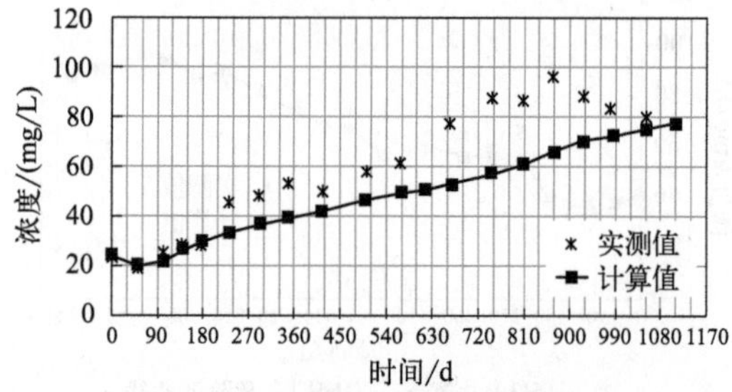

14(50)井氯离子浓度拟合及验证曲线

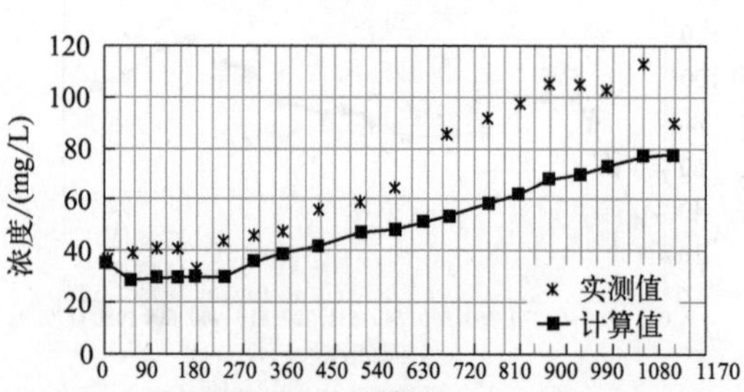

15(50)井氯离子浓度拟合及验证曲线

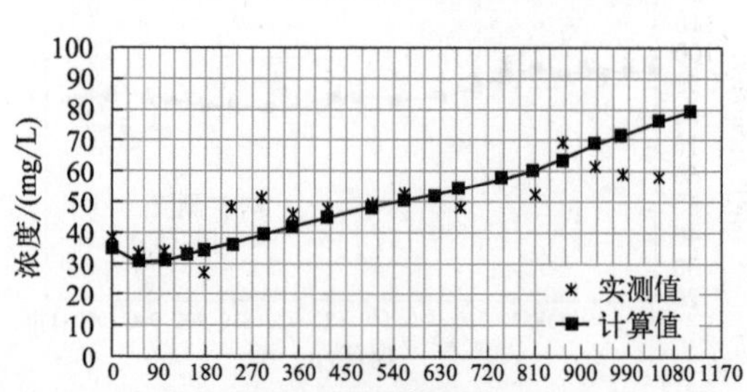

16(50)井氯离子浓度拟合及验证曲线

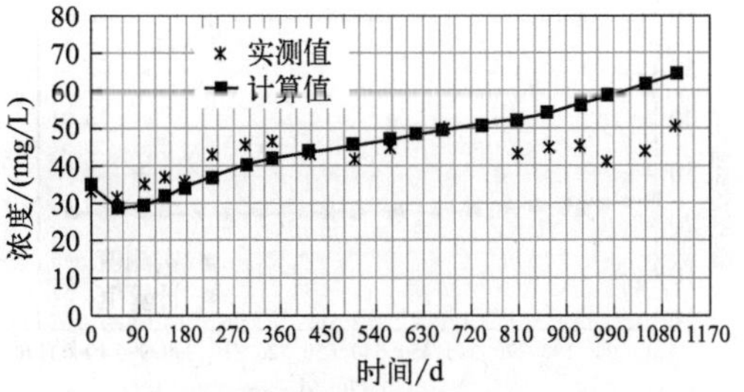

17(50)井氯离子浓度拟合及验证曲线

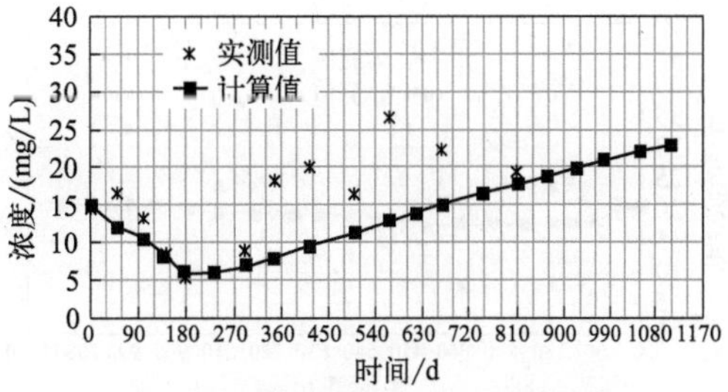

21(50)井氯离子浓度拟合及验证曲线

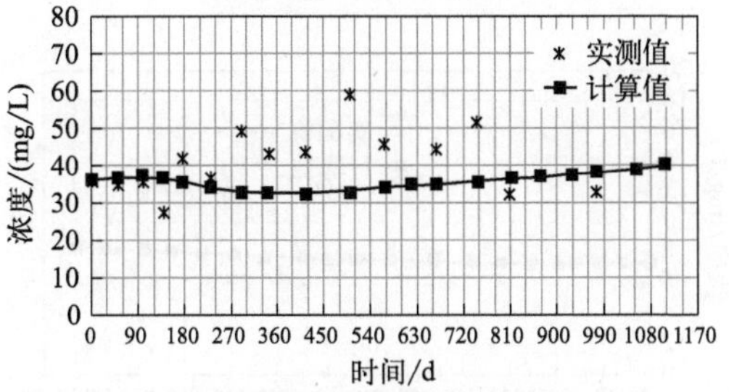

22(50)井氯离子浓度拟合及验证曲线

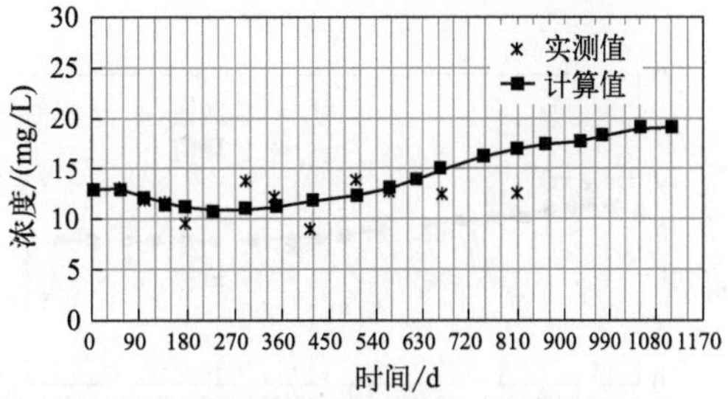

28(50)井氯离子浓度拟合及验证曲线

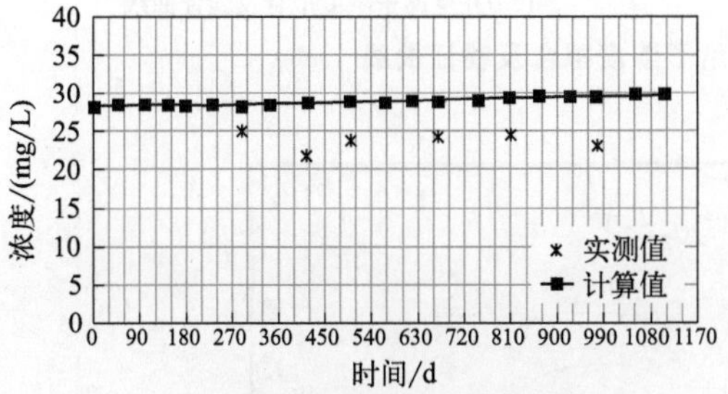

34(50)井氯离子浓度拟合及验证曲线

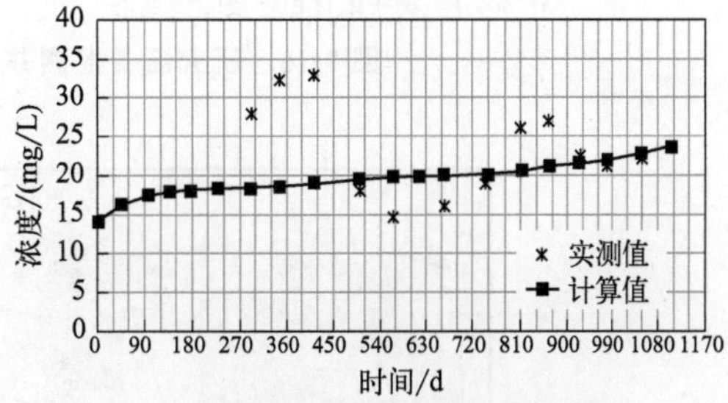

01(80)井氯离子浓度拟合及验证曲线

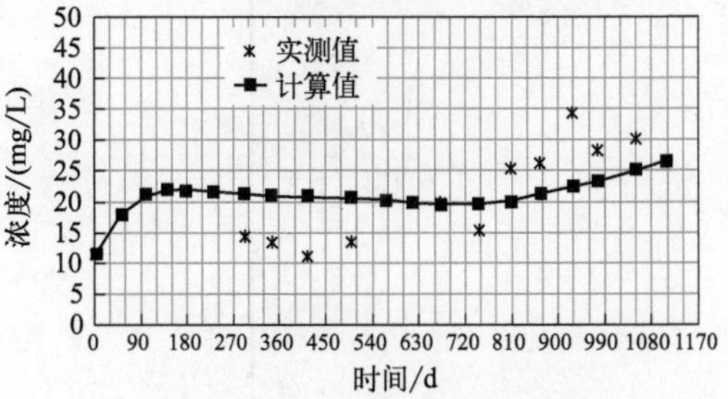

03(80)井氯离子浓度拟合及验证曲线

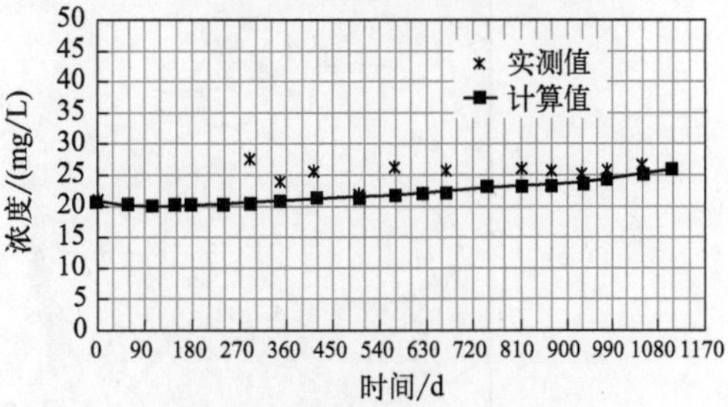

10(80)井氯离子浓度拟合及验证曲线

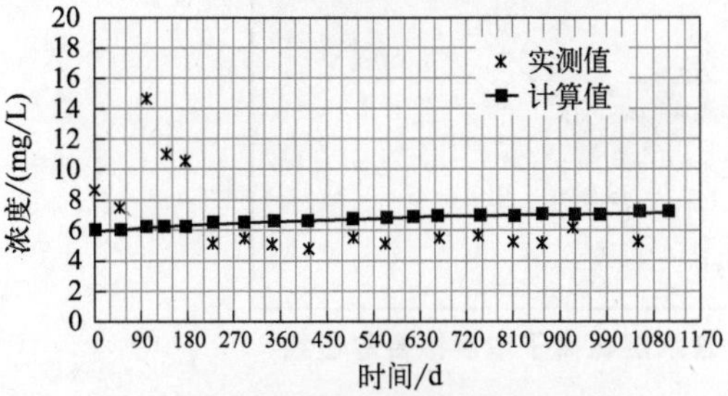

13(80)井氯离子浓度拟合及验证曲线

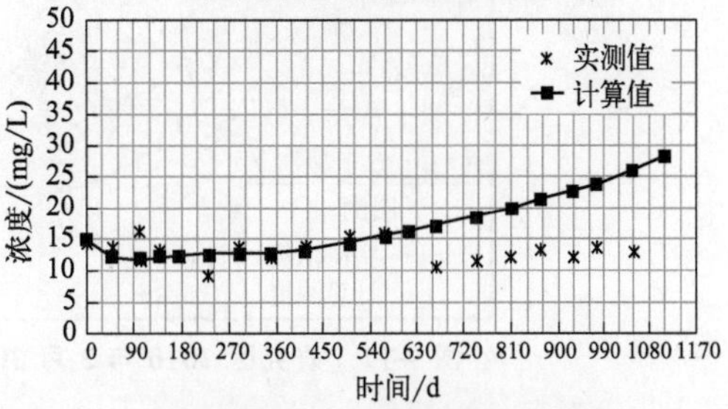

15(80)井氯离子浓度拟合及验证曲线

图 9-16

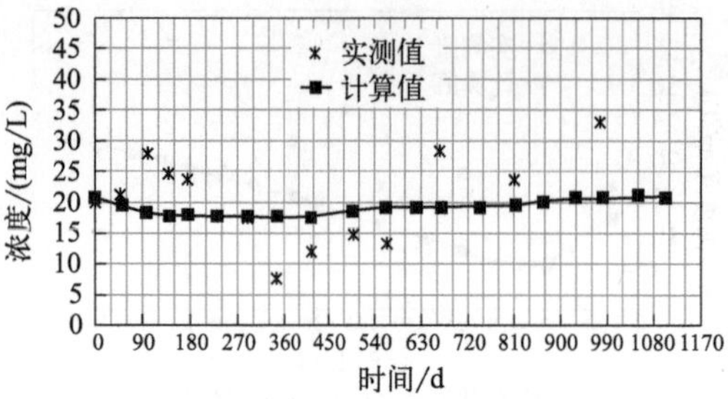

18(80)井氯离子浓度拟合及验证曲线

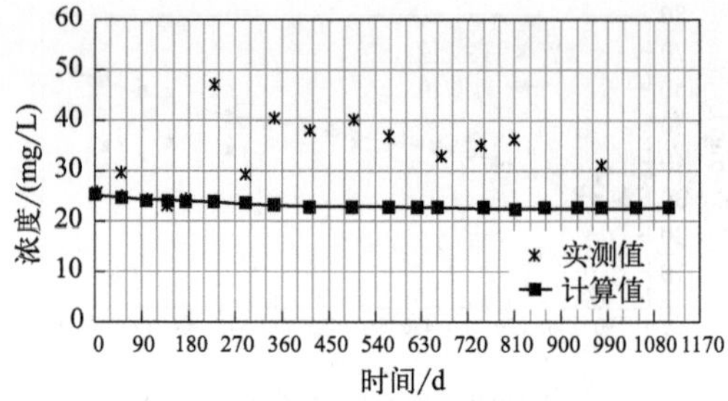

22(80)井氯离子浓度拟合及验证曲线

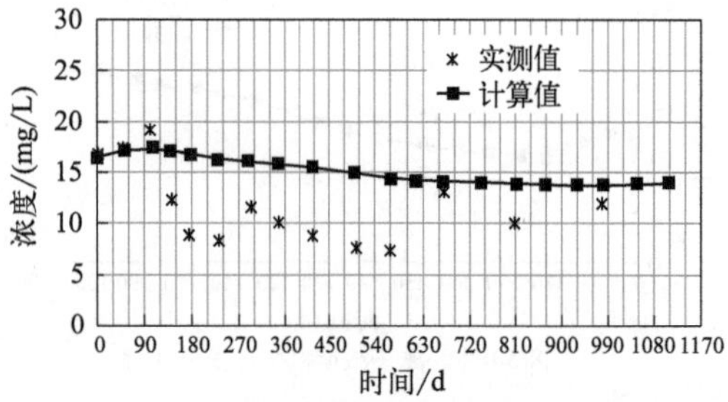

31(80)井氯离子浓度拟合及验证曲线

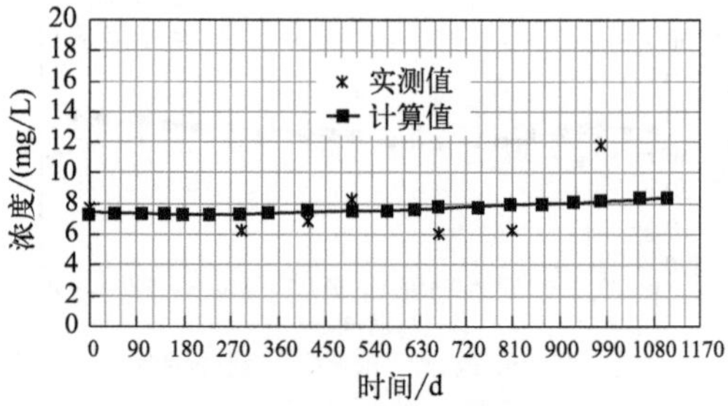

34(80)井氯离子浓度拟合及验证曲线

图 9-16 研究区各监测井氯离子浓度拟合及验证曲线

图 9-17 研究区 2010 年 3 月 30m 含水层氯离子浓度拟合等值线

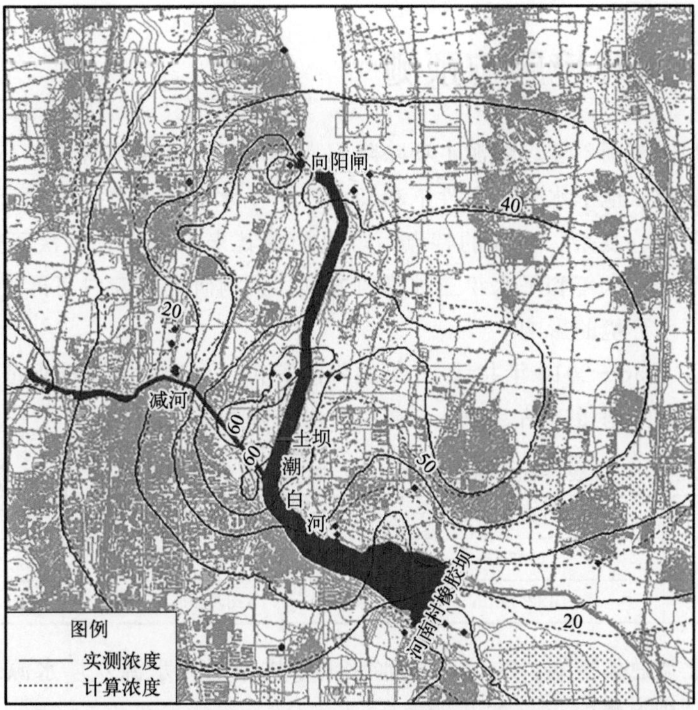

图 9-18　研究区 2010 年 3 月 50m 含水层氯离子浓度拟合等值线

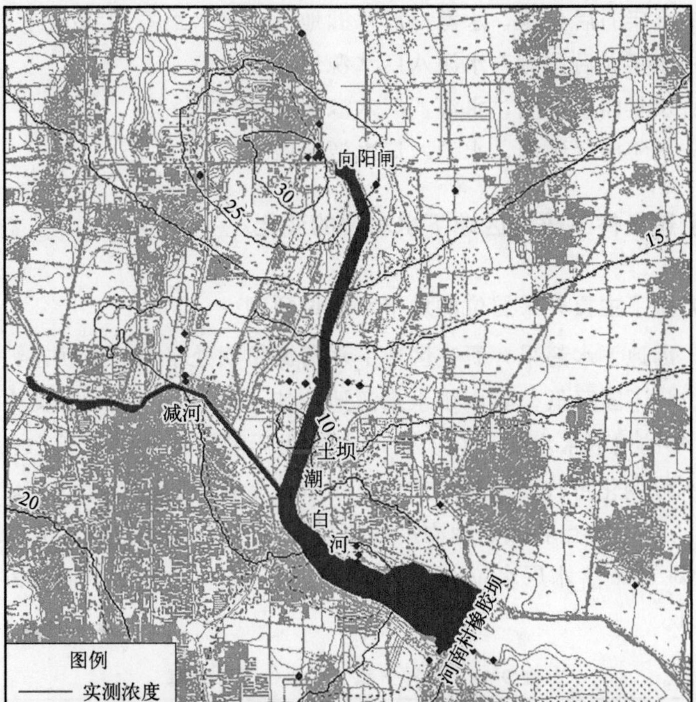

图 9-19　研究区 2010 年 3 月 80m 含水层氯离子浓度拟合等值线

9.5 地下水环境影响预测

在保持受水区范围不变、各源汇项除降雨入渗外不发生变化的条件下，可利用构建的数值模型预测现状地下水开采条件下和潮白河再生水利用条件下的地下水环境变化。因降雨量具有随机、复杂、多变的特点，难以把握其未来变化，本次研究以降水保证率，按照枯水年、丰水年和平水年三种降雨方案，预测研究区潮白河再生水利用对受水区及其周边地下水环境的影响。

根据顺义区1956～2010年共计55年的降雨资料，可计算出不同保证率下的典型降雨年份及其对应的降雨量。枯、平、丰典型年份及降雨量见表9-10。

表9-10　研究区枯、平、丰典型年份及降雨量

项目	枯水年(保证率75%)	平水年(保证率50%)	丰水年(保证率25%)
典型年份	1997年	1983年	1969年
降雨量	482.2mm	638.7mm	683.1mm

根据南水北调总体规划，2014年南水北调水进京后，水源八厂水源地将在现有地下水开采量的基础上减少50%的开采量。

结合枯水年、平水年和丰水年降雨情况，南水北调水进京后的水源地开采计划，以及不利状态下水源地未能减采的可能性，地下水环境预测方案设定为四种：

Ⅰ：按照枯水年向后预测，水源八厂水源地不减采（最不利状况）；

Ⅱ：按照枯水年向后预测，水源八厂水源地减采50%；

Ⅲ：按照平水年向后预测，水源八厂水源地减采50%；

Ⅳ：按照丰水年向后预测，水源八厂水源地减采50%。

9.5.1 不同情景条件下研究区地下水水位的变化

(1) 四种方案下主要开采层位的地下水水位预测

根据前述，因地下水超采，研究区地下水资源长期处于负均衡状态，现状开采条件下，地下水水位将不断降低，集中供水水源地尤甚。根据上述四种预测方案，预测自潮白河受水后20年的地下水水位变化。供水水源地开采层位主要位于80m以下含水层，80m含水层的水位变化可代表水源地的地下水水位变化。

以水源八厂、1#井点和燕京啤酒厂代表研究区及其两端的供水水源地来预测再生水利用20年后对80m含水层水位的影响，详见图9-20～图9-23。四种方案下的水位下降速率见表9-11。

表9-11　四种方案下的水位下降速率　　单位：m/a

水源井	方案Ⅰ	方案Ⅱ	方案Ⅲ	方案Ⅳ
水源八厂	2.3	1.6	1.3	1.2

续表

水源井	方案Ⅰ	方案Ⅱ	方案Ⅲ	方案Ⅳ
01(80)井	2.1	1.6	1.3	1.2
燕京啤酒厂	1.2	0.9	0.6	0.55

从图表中可以看出，在方案Ⅰ下，三处 80m 开采层位的水位下降速率最大，水源八厂水源地水位下降速率高达 2.3m/a。由方案Ⅰ至方案Ⅳ，由于水源地减采和设定的降雨入渗量增加，水位下降速率依次降低。尤其是水源八厂水源地减采 50%后，水位下降趋缓状态尤为显著。但由于研究区地下水资源依旧处于负均衡状态，地下水水位下降的大趋势未发生改变。

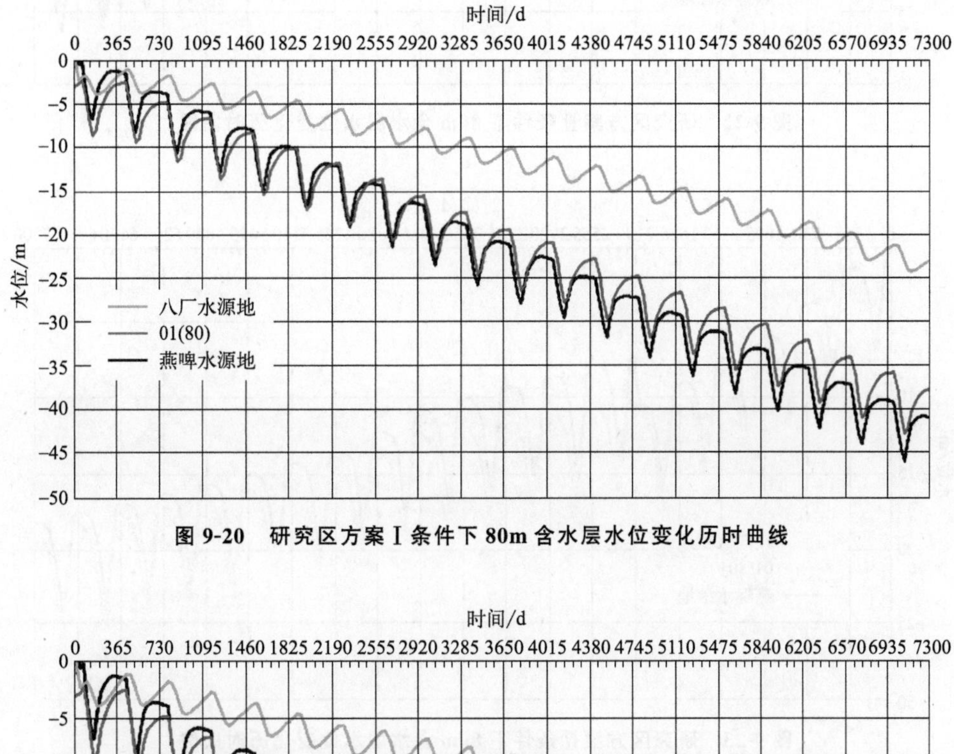

图 9-20　研究区方案Ⅰ条件下 80m 含水层水位变化历时曲线

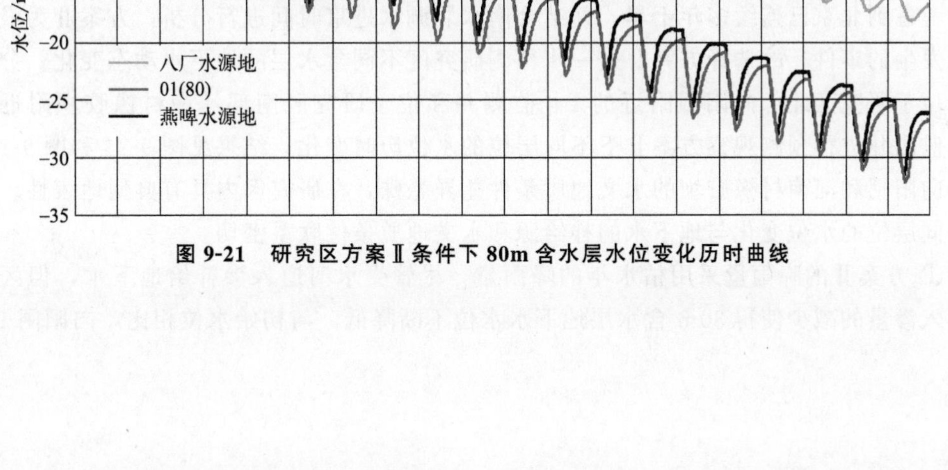

图 9-21　研究区方案Ⅱ条件下 80m 含水层水位变化历时曲线

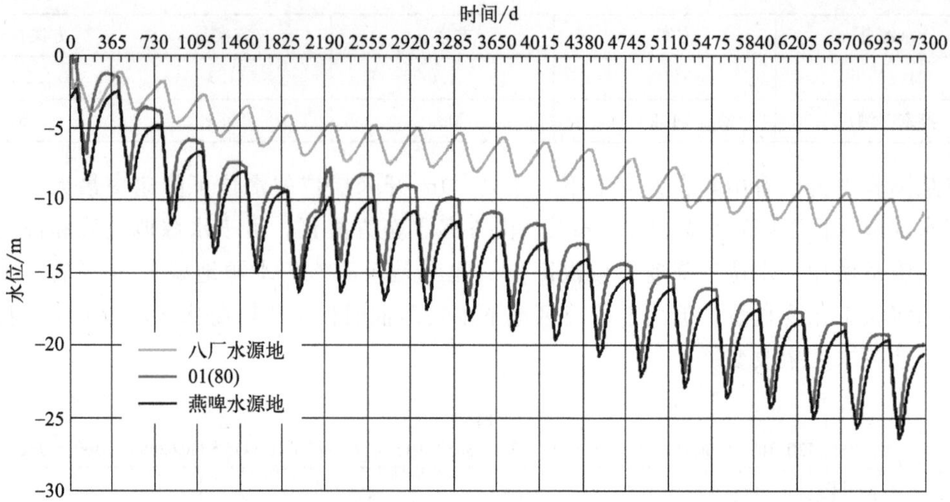

图 9-22　研究区方案Ⅲ条件下 80m 含水层水位变化历时曲线

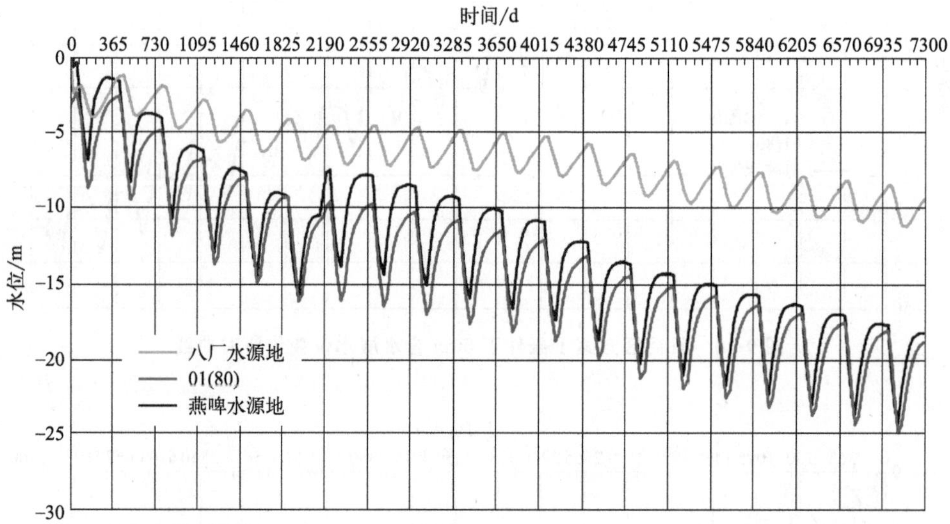

图 9-23　研究区方案Ⅳ条件下 80m 含水层水位变化历时曲线

(2) 方案Ⅱ下不同层位的地下水水位预测

考虑到北京已连续多年干旱，并结合南水北调水进京时间进行分析，方案Ⅱ为最有可能发生的事件，故选择方案Ⅱ进一步预测研究区不同含水层的地下水动态变化。分别选择位于研究区北部向阳闸附近的 1＃监测井和位于研究区南部河南村橡胶坝附近的 22＃监测井进行预测观察方案Ⅱ下不同层位的水位历时变化，结果见图 9-24 和图 9-25。

向阳闸和河南村橡胶坝的水文地质条件差异悬殊，在研究区内具有典型地表性。两处不同层位的水位变化与地下水的补给源和水文地质条件联系密切：

① 方案Ⅱ的降雨量采用枯水年的降雨量，尽管受水河道入渗补给地下水，但区域降雨入渗量的减少使得 30m 含水层地下水水位不断降低。与初始水位相比，向阳闸 1＃

监测井 20 年水位降幅 8m，而 22♯监测井 30m 含水层水位降幅为 5m。

② 50m 和 80m 含水层水位降低依然是地下水超采消耗地下水储量引起的。

③ 向阳闸附近 30m 含水层基本处于疏干状态，30m 含水层与 50m 含水层之间的水力联系相对较弱，而 50m 含水层与 80m 含水层之间的水力联系极为密切，二者水位基本一致。

④ 22♯监测井 3 个含水层之间水位差异显著，验证了各含水层之间较弱的水力联系。

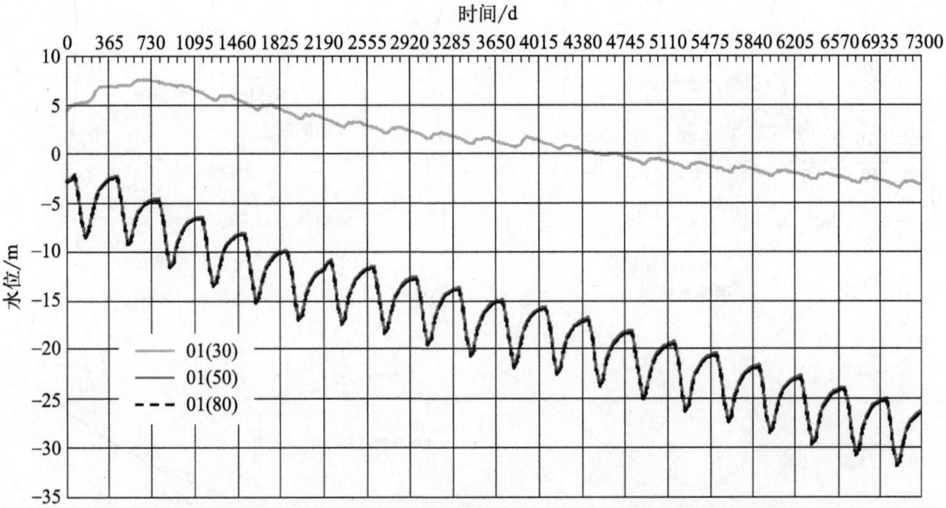

图 9-24　研究区方案Ⅱ下 1♯监测井不同层位预测水位历时变化

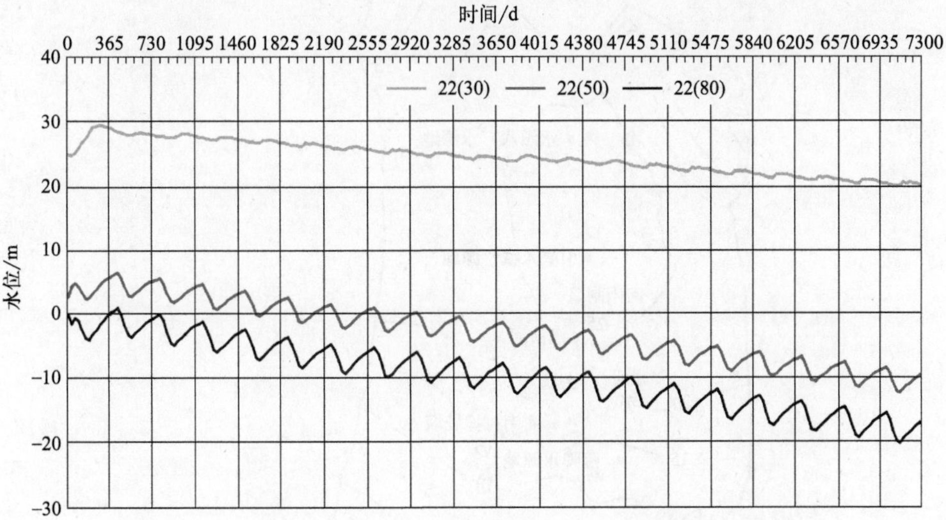

图 9-25　研究区方案Ⅱ下 22♯监测井不同层位预测水位历时变化

根据方案Ⅱ可计算出 2027 年的地下水水位空间变化，图 9-26 为 2027 年 5 月中旬 30m、50m 和 80m 含水层水位等值线。每年 5 月份为枯水期末，由于春季农业井开采、水源地开采以及枯水期降雨量较少，地下水水位处于一年中的最低水平。根据各层位地下水水位等值线可以看出：

① 地下水漏斗位于水源八厂水源地、引潮入城水源地相衔接水源井集中开采的地方。

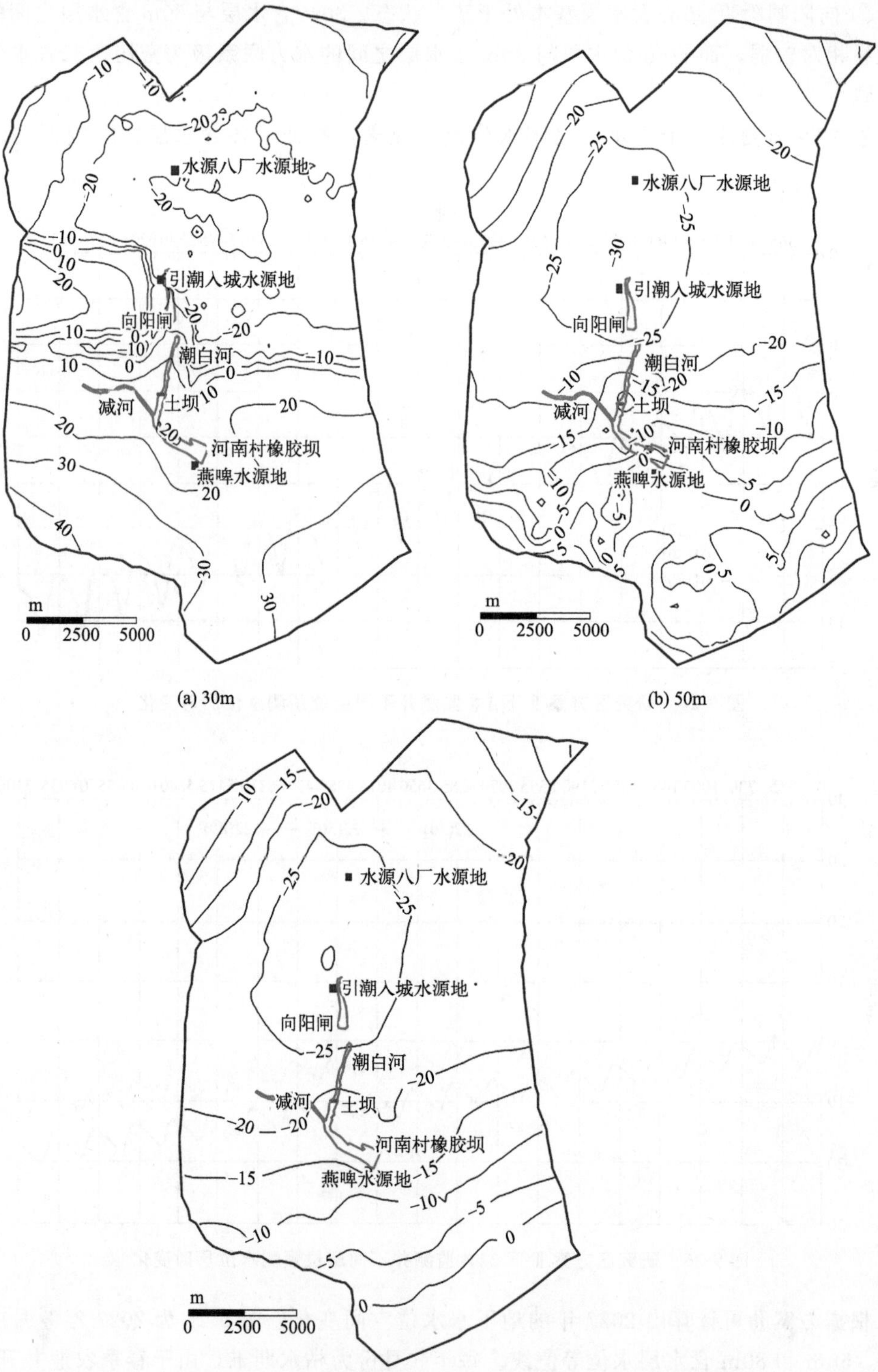

(a) 30m

(b) 50m

(c) 80m

图 9-26 研究区 2027 年不同深度含水层地下水位等值线

② 30m 含水层已处于疏干状态；50m 与 80m 含水层之间密切的水力联系，使得二者的地下水水位基本一致，只是 50m 含水层水位稍高于 80m 含水层。

③ 与初始水位相比，北部地下水水位降幅较大。漏斗处地下水水位已达到－30m，地下水埋深超过 60m。表明即使水源八厂水源地在 2014 年减采 50％，地下水资源依然处于负均衡状态。

④ 南部各含水层之间较弱的水力联系，使得各层水位差异显著。

⑤ 因北部水源地大量开采，各层地下水均呈现出自南向北的地下水流向。因北部与南部水文地质条件的差异，水力坡度依旧表现出 30m 含水层＞50m 含水层＞80m 含水层。

9.5.2 不同情景条件下研究区地下水水质的变化

(1) 不同预测方案下氯离子浓度空间差异分析

根据上述四种预测方案，以氯离子为影响因子，利用构建的地下水环境数值模型，预测各方案下不同含水层未来的氯离子浓度变化。

不同预测方案的差异主要体现在两个方面：降雨入渗量的差异和水源八厂水源地开采量的差异。因降雨入渗为面状入渗，对同一含水层而言，地下水水力坡度变化不大；其他方案与方案Ⅰ相比，水源八厂水源地开采量减少 50％。因水源八厂水源地距受水河道较远，地下水开采井位置不变，其开采量的改变对受水河道及其周边水力坡度的影响有限。

地下水中的溶质运移主要由地下水流速驱动。在预测过程中，因各参数分区的渗透系数不变，地下水流速主要取决于水力坡度。而根据上述分析，受水河道周边的水力坡度不会因方案差异而发生剧烈变化，因此，在四种预测方案下同一含水层氯离子浓度的空间分布差异不会太大。

图 9-27 是四种预测方案下 1＃监测井 30m、50m 和 80m 含水层氯离子浓度变化历时曲线。从图中可以看出：

① 各方案下的氯离子浓度表现为：30m 含水层＞50m 含水层＞80m 含水层。30m 含水层氯离子浓度快速升高且很快稳定，50m 和 80m 含水层氯离子浓度不断升高且尚未稳定，明显滞后于 30m 含水层。

② 在预测后期，在方案Ⅰ下因水源地地下水大量开采，30m、50m 含水层基本疏干，两含水层的地下水平面下移，因降雨入渗量减少和地下水大量开采，地下水的稀释能力明显减弱，氯离子浓度显著上升。

③ 自方案Ⅰ至方案Ⅳ，同一层位地下水中氯离子浓度越来越低，表明降雨量增大和地下水减采的稀释作用显著降低了氯离子浓度，但随着含水层深度的增加，各方案之间的氯离子浓度差异越来越小。丰水年较大的降雨入渗量推动上部含水层中更多的水向下部含水层越流，并且自上而下含水层中再生水所占的比例越来越小。

在各方案下，各层位地下水中氯离子浓度的变化趋势是一致的，下面用方案Ⅱ说明地下水环境的未来变化。

(2) 方案Ⅱ下 80m 层位氯离子浓度变化分析

由于 80m 层位是水源地的主要开采层位之一，本书选择方案Ⅱ进一步说明 80m 含

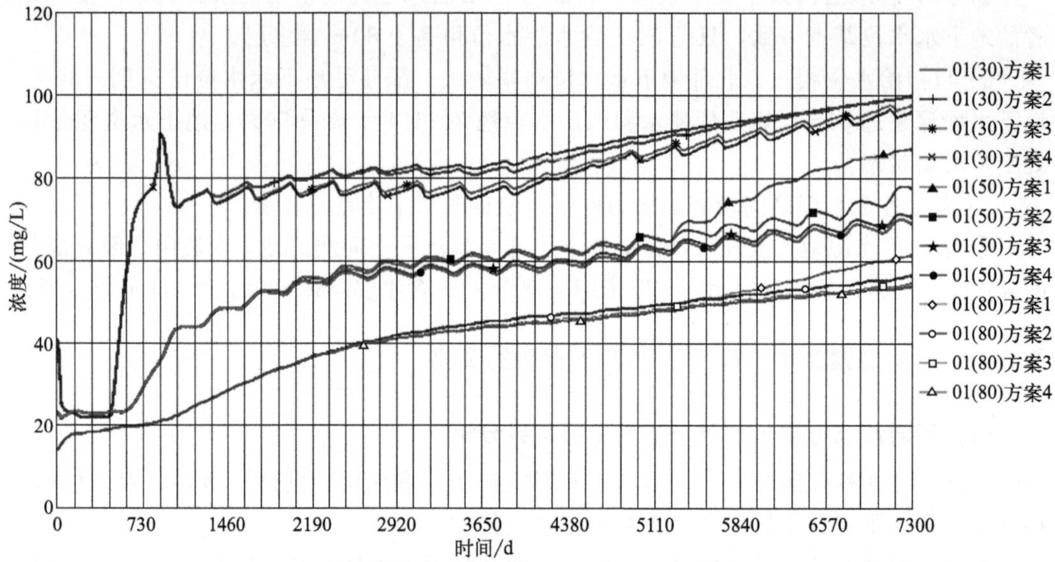

图 9-27 研究区四种预测方案下 1#监测井不同层位氯离子浓度变化

水层地下水环境的未来变化。在方案Ⅱ下，经模型预测，20 年内 01(80)、22(80)、水源八厂水源地 80m 层位和燕京啤酒厂水源地 80m 层位（燕啤 80m）的氯离子浓度历时变化曲线见图 9-28。

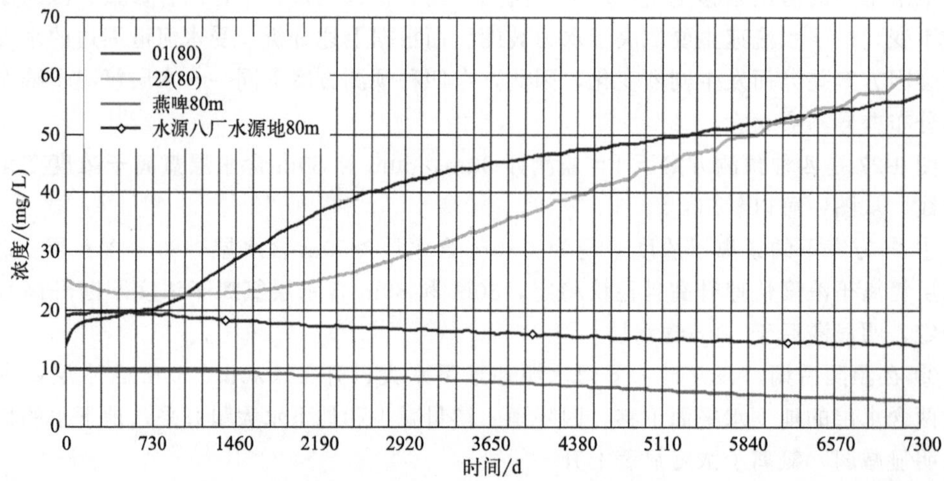

图 9-28 研究区预测方案Ⅱ下 80m 含水层氯离子浓度历时变化

从图上可以看出，受水河道北部向阳闸附近 01(80) 井的氯离子浓度在受水两年后快速上升，20 年后达到 56mg/L；而南部彩虹桥北岸的 22(80) 井氯离子浓度则会在受水 3 年后由慢而快地升高，20 年后接近 60mg/L，表明河道受水 20 年过程中，两处的 80m 含水层均受到河水垂向入渗的影响。

燕京啤酒厂水源地 80m 层位和水源八厂水源地 80m 层位的氯离子浓度变化较平稳，并呈现出微弱的降低趋势。这既表明水源井开采过程中周边水质更好的地下水进入水源地开采区，又表明河道受水后尚未影响到水源八厂水源井和燕京啤酒厂水源井的开采层位（60m 以下）。但氯离子浓度降低趋势并不表明以后不会升高，一旦水源地外围较差的地下水进入水源地后，氯离子浓度将逐渐改变下降趋势并可能反转升高。

(3) 方案Ⅱ下不同层位氯离子浓度变化分析

以向阳闸 1＃监测井和河南村橡胶坝附近 22＃监测井不同层位氯离子浓度变化情况说明垂向上不同含水层的氯离子浓度变化情况（图 9-29、图 9-30）。

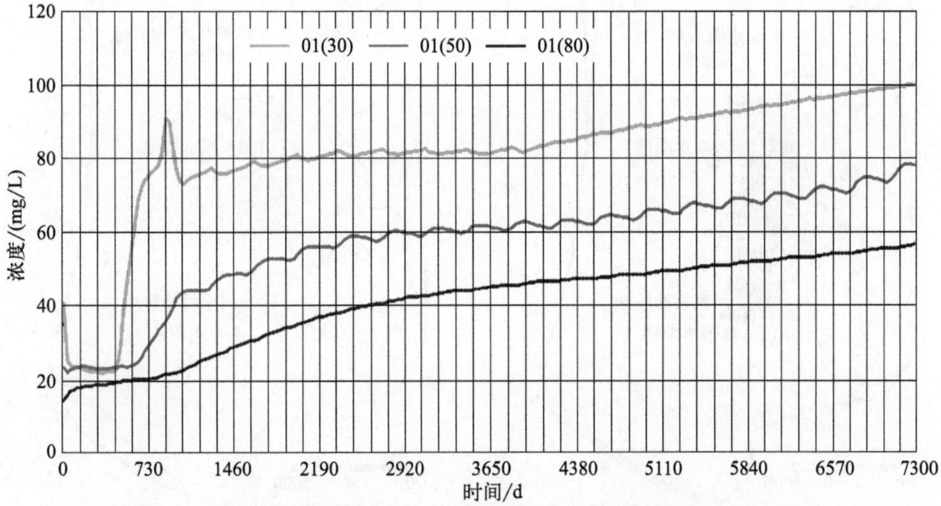

图 9-29　研究区预测方案Ⅱ下 1＃监测井不同层位氯离子浓度历时变化

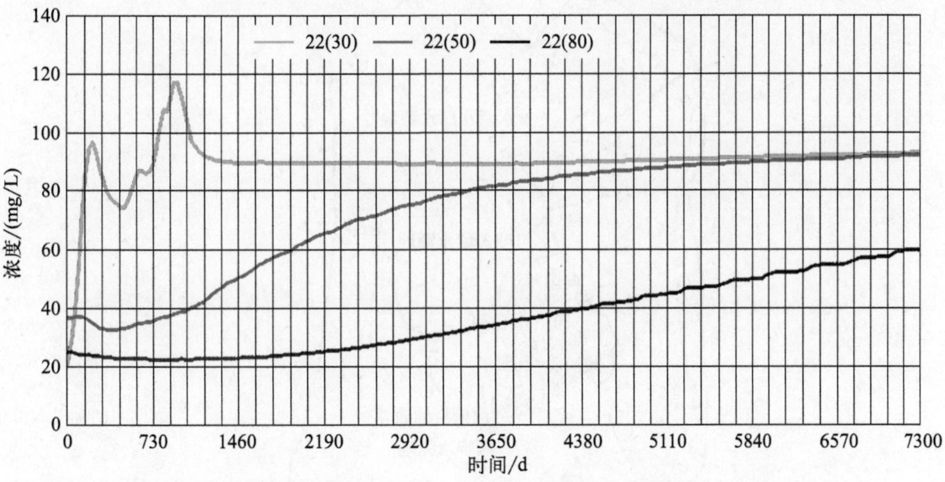

图 9-30　研究区预测方案Ⅱ下 22＃监测井不同层位氯离子浓度历时变化

从图 9-29、图 9-30 中可以看出：

① 30m 含水层氯离子浓度在河道受水后快速升高并渐趋平稳，其浓度明显受河水氯离子浓度制约；

② 50m 和 80m 含水层氯离子浓度变化明显滞后于 30m 含水层氯离子浓度变化，并

表现为 30m 含水层氯离子浓度＞50m 含水层氯离子浓度＞80m 含水层氯离子浓度。

在方案Ⅱ下，进一步绘制出 2027 年各含水层地下水的氯离子浓度等值线，详见图 9-31，从等值线图可知：

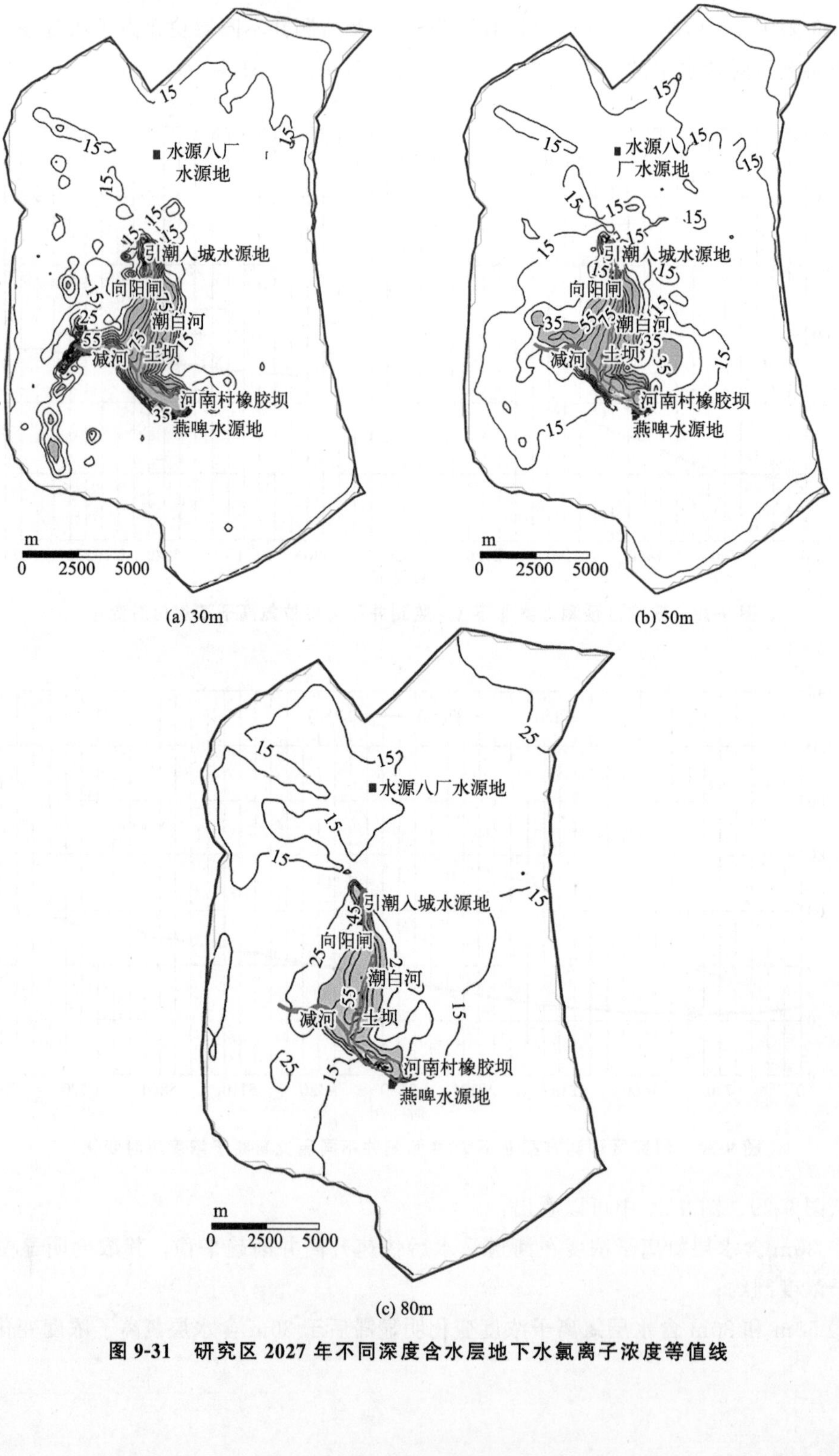

(a) 30m (b) 50m

(c) 80m

图 9-31 研究区 2027 年不同深度含水层地下水氯离子浓度等值线

① 整个受水河道周边，30m、50m、80m 含水层地下水均受到河水入渗的影响，30m 含水层的影响范围为 $22.2km^2$，50m 含水层的影响范围为 $21.9km^2$，80m 含水层的影响范围为 $15.0km^2$。

② 从浓度数值看，30m 含水层氯离子浓度最高，50m 含水层次之，80m 含水层浓度最低。

③ 减河至河南村橡胶坝河道常年受水，河道以北的地下水受影响范围明显大于河道以南，这种浓度分布与各含水层地下水自南向北的渗流方向相吻合。

④ 对于 80m 含水层，土坝至向阳闸之间河道仅间歇受水（每年引水两次），但河水入渗对 80m 含水层的影响非常显著，这与向阳闸周边各含水层之间密切的水力联系相关。尽管减河至河南村橡胶坝河道常年受水，但由于各含水层之间较弱的水力联系，河水入渗对 80m 含水层的影响程度较小。

⑤ 引潮入城水源地的开采形成了水源八厂水源井的一道保护屏障，且水源八厂水源井距向阳闸达 10km，河道受水不会对水源八厂水源地产生影响。燕京啤酒厂水源井开采 60m 以下含水层地下水，从图上可以看出，河道受水暂时还未对燕京啤酒厂水源井产生影响。

参考文献

[1] Abujayyab S K M, Sanusi M S, Alslaibi T M, et al. GIS modeling for landfill site selection via multi-criteria decision analysis: A systematic review [J]. International Conference on High Performance Compilation, 2017.

[2] Aksoy E, San B T. Geographical information systems (GIS) and multi-criteria decision analysis (MCDA) integration for sustainable landfill site selection considering dynamic data source [J]. Bulletin of Engineering Geology & the Environment, 2017, 78 (2): 779-791.

[3] Anane M, Bouziri L, Limam A, et al. Ranking suitable sites for irrigation with reclaimed water in the Nabeul-Hammamet region (Tunisia) using GIS and AHP-multicriteria decision analysis [J]. Resources Conservation & Recycling 2012, 65: 36-46.

[4] Christou A, Karaolia P, Hapeshi E, et al. Long-term wastewater irrigation of vegetables in real agricultural systems: Concentration of pharmaceuticals in soil, uptake and bioaccumulation in tomato fruits and human health risk assessment [J]. Water Research, 2017, 109: 24-34.

[5] Cooper E R, Siewicki T C, PHillips K. Preliminary risk assessment database and risk ranking of pharmaceuticals in the environment [J]. Science of the Total Environment, 2008, 398 (1-3): 26-33.

[6] Gdoura K, Anane M, Jellali S. Geospatial and AHP-multicriteria analyses to locate and rank suitable sites for groundwater recharge with reclaimed water [J]. Resources Conservation & Recycling, 2015, 104: 19-30.

[7] Gustafson D I. Groundwater ubiquity score: A simple method for assessing pesticide leachability [J]. Environmental Toxicology & Chemistry, 1989, 8 (4): 339-357.

[8] Hamilton A J, Stagnitti F, Kumarage S C, et al. RIRA: A tool for conducting health risk assessments for irrigation of edible crops with recycled water [J]. Computers & Electronics in Agriculture, 2007, 57 (1): 80-87.

[9] He Y, Meng W, Xu J, et al. Spatial distribution and potential toxicity of polycyclic aromatic hydrocarbons in sediments from Liaohe River Basin, China [J]. Environmental Monitoring & Assessment, 2016, 188: 1-10.

[10] Hopkins L D. Methods for generating land suitability maps: A comparative evaluation [J]. Journal of the American Institute of Planners, 1977, 43: 386-400.

[11] Kallali H, Anane M, Jellali S, et al. GIS-based multi-criteria analysis for potential wastewater aquifer recharge sites [J]. Desalination, 2007, 215 (1-3): 111-119.

[12] Kanzari F, Syakti A D, Asia L, et al. Distributions and sources of persistent organic pollutants (aliphatic hydrocarbons, PAHs, PCBs and pesticides) in surface sediments of an industrialized urban river (Huveaune), France [J]. Science of the Total Environment, 2014, 478: 141-151.

[13] Kazemi H, Akinci H. A land use suitability model for rainfed farming by Multi-criteria Decision-making Analysis (MCDA) and Geographic Information System (GIS) [J]. Ecological Engineering, 2018, 116: 1-6.

[14] Klaus D, Stefania G, Ana P P, et al. A model-based prioritisation exercise for the European water framework directive [J]. International Journal of Environmental Research & Public Health, 2011, 8 (2): 435-455.

[15] Kumar A, Xagoraraki I. Pharmaceuticals, personal care products and endocrine-disrupting chemicals in U. S. surface and finished drinking waters: A proposed ranking system [J]. Science of the Total Environment, 2010, 408 (23): 5972-5989.

[16] Li G, Xia X, Yang Z, et al. Distribution and sources of polycyclic aromatic hydrocarbons in the middle and lower reaches of the Yellow River, China [J]. Environmental Pollution, 2006, 144 (3): 985-993.

[17] Long E R, Macdonald D D, Smith S L, et al. Incidence of adverse biological effects within ranges of chemical concentrations in marine and estuarine sediments [J]. Environmental Management, 1995, 19: 81-97.

[18] Morasch B, Bonvin F, Reiser H, et al. Occurrence and fate of micropollutants in the Vidy Bay of Lake Geneva, Switzerland [J]. Part Ⅱ: Micropollutant removal between wastewater and raw drinking water [J]. Environmental Toxicology & Chemistry, 2010, 29 (8): 1649-1657.

[19] Neuparth T, Moreira S, Santos M M, et al. Hazardous and Noxious Substances (HNS) in the marine environment: Prioritizing HNS that pose major risk in a European context [J]. Marine Pollution Bulletin, 2011, 62 (1): 21-28.

[20] Ottoson J, Hansen A, Westrell T, et al. Removal of noro- and enteroviruses, Giardia cysts, Cryptosporidium oocysts, and fecal indicators at four secondary wastewater treatment plants in Sweden [J]. Water Environment Research A Research Publication of the Water Environment Federation, 2006, 78 (8): 828-834.

[21] Pereira W E, Hostettler F D, Rapp J B. Distributions and fate of chlorinated pesticides, biomarkers and polycyclic aromatic hydrocarbons in sediments along a contamination gradient from a point-source in San Francisco Bay, California [J]. Marine Environmental Research, 1996, 41 (3): 299-314.

[22] Rahman A, Rashu R, Bhuiyan T R, et al. Antibody-secreting cell responses after *Vibrio cholerae* O1 infection and oral cholera vaccination in adults in Bangladesh [J]. Clinical & Vaccine Immunology Cvi, 2013, 20 (10): 1592-1598.

[23] Rahman M A, Rusteberg B, Uddin M S. An integrated study of spatial multicriteria analysis and mathematical modelling for managed aquifer recharge site suitability mapping and site ranking at Northern Gaza coastal aquifer [J]. Journal of Environmental Management, 2013, 124: 25-39.

[24] Sazykin I S, Sazykina M A, Khammami M I, et al. Distribution of polycyclic aromatic hydrocarbons in surface sediments of lower reaches of the Don River (Russia) and their ecotoxicologic assessment by bacterial lux-biosensors [J]. Environmental Monitoring & Assessment, 2015, 187 (5): 277.

[25] Schriks M, Heringa M B, Mm V D K, et al. Toxicological relevance of emerging contaminants for drinking water quality [J]. Water Research, 2010, 44 (2): 461-476.

[26] Tomer M, Yehoshua M, Galit T, et al. Irrigation of root vegetables with treated wastewater: Evaluating uptake of pharmaceuticals and the associated human health risks [J]. Environmental Science & Technology, 2014, 48 (16): 9325-9333.

[27] Tuncel S G, Topal T. Polycyclic aromatic hydrocarbons (PAHs) in sea sediments of the Turkish Mediterranean coast, composition and sources [J]. Environmental Science & Pollution Research International, 2015, 22: 4213-4221.

[28] Wang X C, Zhang Y X, Chen R F. Distribution and partitioning of polycyclic aromatic hydrocarbons (PAHs) in different size fractions in sediments from Boston Harbor, United States [J]. Marine Pollution Bulletin, 2001, 42 (11): 1139-1149.

[29] Wang Y, Li X, Li A, et al. Effect of municipal sewage treatment plant effluent on bioaccumulation of polychlorinated biphenyls and polybrominated diphenyl ethers in the recipient water [J]. Environmental Science & Technology, 2007, 41 (17): 6026-6032.

[30] Ying W, Shen C C, Shen Z Y, et al. Spatial variation and sources of polycyclic aromatic hydrocarbons (PAHs) in surface sediments from the Yangtze Estuary, China [J]. Environmental Science Processes & Impacts, 2015, 17: 1340-1347.

[31] Zhao Y G, Ren N Q, Wang A J, et al. Influence of organic pollutants on the bacterial community in Songhua River drainage area [J]. Acta Microbiologica Sinica, 2007, 47 (2): 313-318.

[32] Zhu T, Dianting W U, Jun L U, et al. Establishment and evaluation of public recreational suitability index system of urban river: Urban river public recreational value of urban rivers in Beijing [J]. Geographical Research, 2014, 33 (1): 157-166.

[33] Zhu Y, Yang Y, Liu M, et al. Concentration, distribution, source, and risk assessment of PAHs and heavy metals in surface water from the Three Gorges Reservoir, China [J]. Human & Ecological Risk Assessment, 2015, 21: 1593-1607.

[34] Zulin Z, Jun H, Gang Y, et al. Occurrence of PAHs, PCBs and organochlorine pesticides in the Tonghui River of Beijing, China [J]. Environmental Pollution, 2004, 130 (2): 249-261.

[35] 曾向辉，杨珏，王春，等．再生水利用的主要风险及其规避措施［J］．水利发展研究，2015，15（2）：8-12.
[36] 陈海生，刘国顺，刘大双，等．GIS支持下的河南省烟草生态适宜性综合评价［J］．中国农业科学，2009，42（7）：2425-2433.
[37] 陈建军，黄民生，卢少勇，等．北京六湖水体和表层沉积物中氮污染特征与评价［J］．华东师范大学学报：自然科学版，2011（1）：12-20.
[38] 陈卫平，吕斯丹，张炜铃，等．再生（污）水灌溉生态风险与可持续利用［J］．生态学报，2014，34（01）：163-172.
[39] 陈卫平，张炜铃，潘能，等．再生水灌溉利用的生态风险研究进展［J］．环境科学，2012，33（12）：4070-4080.
[40] 程远梅，祝凌燕，田胜艳，等．海河及渤海表层沉积物中多环芳烃的分布与来源［J］．环境科学学报，2009，29（11）：2420-2426.
[41] 董磊，汤显强，林莉，等．长江武汉段丰水期水体和沉积物中多环芳烃及邻苯二甲酸酯类有机污染物污染特征及来源分析［J］．环境科学，2018，39（06）：2588-2599.
[42] 杜娟，范瑜，钱新．再生水农灌过程中重金属迁移规律研究［J］．环境污染与防治，2011，33（07）：74-77，82.
[43] 韩向云，昌盛，付青，等．北江汛期清远段多环芳烃的污染特征与风险评估［J］．环境科学研究，2018，31（01）：61-69.
[44] 何江涛，沈照理．再生水入渗回灌利用的发展趋势［J］．自然杂志，2010，32（06）：348-352.
[45] 胡洪营，吴乾元，黄晶晶，等．再生水水质安全评价与保障原理［M］．北京：科学出版社，2011.
[46] 胡洪营，石磊，许春华，等．区域水资源介循环利用模式：概念·结构·特征［J］．环境科学研究，2015，28（06）：839-847.
[47] 胡伟．天津城市水、土环境中典型药物与个人护理品（PPCPs）分布及其复合雌激素效应研究［D］．天津：南开大学，2011.
[48] 黄晶晶，齐永锋，王妹婷，等．不同气氛下煤焦吸附NO的量子化学计算［J］．化学通报，2015，78（07）：655-658.
[49] 回广荣．基于层次分析法的秦皇岛地下水源热泵适宜性区划［J］．地下水，2015，37（06）：9-12.
[50] 靳孟贵，罗泽娇，梁杏，等．再生水地表回灌补给地下水的水质安全保障体系［J］．地球科学（中国地质大学学报），2012，37（02）：238-246.
[51] 康杰，胡健，朱兆洲，等．太湖及周边河流表层沉积物中PAHs的分布、来源与风险评价［J］．中国环境科学，2017，37（03）：1162-1170.
[52] 李红超．再生水地表入渗场地的适宜性评价体系建立与应用研究［D］．北京：中国地质大学（北京），2013.
[53] 李武龙，杨晓羚，梁锐坤．村镇建设用地再开发辅助决策系统设计与实现［J］．地理空间信息，2016，14（08）：72-75，5.
[54] 李艳静，汪光，李开明，等．潭江表层沉积物中多环芳烃分布特征及其生态风险评价［J］．环境科学与技术，2014，37（02）：167-173.
[55] 李中阳，樊向阳，齐学斌，等．再生水灌溉下重金属在植物-土壤-地下水系统迁移的研究进展［J］．中国农村水利水电，2012（07）：5-8.
[56] 李贞．再生水补给地下水过程水质安全风险识别及评估研究［D］．北京：清华大学，2015.
[57] 梁轶，柏秦凤，李星敏，等．基于GIS的陕南茶树气候生态适宜性区划［J］．中国农学通报，2011，27（13）：79-85.
[58] 梁轶，李星敏，周辉．陕西油菜生态气候适宜性分析与精细化区划［J］．中国农业气象，2013，34（04）：50-57.
[59] 刘少军，周广胜，房世波．中国橡胶树种植气候适宜性区划［J］．中国农业科学，2015，48（12）：2335-2345.
[60] 罗飞．再生水井灌及河道入渗补给地下水场地适宜性评价研究［D］．北京：中国地质大学（北京），2014.

[61] 母清林，方杰，邵君波，等．长江口及浙江近岸海域表层沉积物中多环芳烃分布、来源与风险评价 [J]. 环境科学，2015，36（03）：839-846.

[62] 邱炳文，池天河，王钦敏，等．GIS在土地适宜性评价中的应用与展望 [J]. 地理与地理信息科学，2004（05）：20-23，44.

[63] 申颖洁．再生水补给型河湖水体净化技术分析与适宜性评价 [J]. 中国给水排水，2015，31（02）：6-10.

[64] 王坦，李昊．再生水回用于景观水体的富营养化问题和生态修复 [J]. 环境科学与管理，2011，36（03）：134-137，148.

[65] 王筱明．基于适宜性的济南市宜耕未利用地开发潜力评估 [J]. 农业工程学报，2010，26（02）：307-312.

[66] 王新娟，李玲，张院，等．浅层地温能数据库基础信息管理系统建设 [J]. 城市地质，2009，4（01）：39-42.

[67] 吴乾元，邵一如，王超，等．再生水无计划间接补充饮用水的雌激素健康风险 [J]. 环境科学，2014，35（03）：1041-1050.

[68] 吴文勇．再生水灌区地下水防污性能试验及灌溉区划研究 [D]. 北京：中国地质大学（北京），2009.

[69] 熊家晴，张扬，薛涛，等．补水条件改变对景观水体中沉积物氮磷释放的影响研究 [J]. 西安建筑科技大学学报（自然科学版），2017，49（05）：728-733.

[70] 徐鹤，白宏涛．构建生态型新区的土地适宜性综合评价方法 [J]. 中国发展，2007（04）：116-120.

[71] 徐灵峰．微生物活动对市区景观湖泊的水质和底泥污染释放的影响 [D]. 杭州：浙江大学，2010.

[72] 徐梦洁，梅艳，宋奇海．国内基于GIS的土地评价研究进展 [J]. 土壤，2007（04）：503-508.

[73] 徐小元，孙维红，吴文勇，等．再生水灌溉对典型土壤盐分和离子浓度的影响 [J]. 农业工程学报，2010，26（05）：34-39.

[74] 薛慧，甄素荣，韩庆龙，等．北京南护城河水体水华现象成因研究分析 [J]. 水利规划与设计，2017（11）：114-117.

[75] 杨茂钢，赵树旗，王乾勋，等．国外再生水利用进展综述 [J]. 海河水利，2013（04）：30-33.

[76] 杨沛儒．国外生态城市的规划历程1900～1990 [J]. 现代城市研究，2005，20（2）：26-37.

[77] 杨庆，林健，陈忠荣．北京市地下水污染源荷载影响评价 [J]. 环境监测管理与技术，2012，24（04）：9-13.

[78] 于冰沁，田舒，车生泉．从麦克哈格到斯坦尼兹——基于景观生态学的风景园林规划理论与方法的嬗变 [J]. 中国园林，2013，29（04）：67-72.

[79] 于一雷．河道景观再生水水对地下影响研究——以潮白河北京段为例 [D]. 北京：中国科学院研究生院，2013.

[80] 袁磊．我国农业总产值影响因素研究——基于全国31省市数据的实证分析 [J]. 山东农业大学学报（社会科学版），2013，15（03）：29-33.

[81] 翟雅男，海热提，石红，等．空间多准则决策及其在资源环境领域中的应用 [J]. 安全与环境工程，2015，22（03）：12-17.

[82] 张光连．北京市再生水综合利用规划研究 [D]. 北京：中国农业大学，2005.

[83] 张家铭，郝仲勇，李炳华．基于GIS的适宜性区划方法研究及应用进展 [J]. 北京水务，2018（03）：22-25.

[84] 张明洁，赵艳霞．北方地区日光温室气候适宜性区划方法 [J]. 应用气象学报，2013，24（03）：278-286.

[85] 钟佐燊．地下水防污性能评价方法探讨 [J]. 地学前缘，2005，12（增1）：3-13.

[86] 张瑞，刘操，孙德智，等．北京地区再生水补给型河湖水质改善工程案例分析与问题诊断 [J]. 环境科学研究，2016，29（12）：1872-1881.

[87] 赵霏，黄迪，郭逍宇，等．北京市北运河水系河道水质变化及其对河岸带土地利用的响应 [J]. 湿地科学，2014，12（03）：380-387.

[88] 赵欣，胡洪营，谢兴，等．基于健康风险评价的再生水生物学标准制定方法 [J]. 给水排水，2010，46（05）：43-48.

[89] 周军，杜炜，张静慧，等．北京市再生水行业的现状与发展 [J]. 中国建设信息：水工业市场，2009（09）：

12-14.

[90] 金相灿．中国湖泊环境［M］. 北京：海洋出版社，1995.

[91] 翟远征，王金生，滕彦国，等．北京市不同水体中D和^{18}O组成的变化及其区域水循环指示意义［J］. 资源科学，2011，33（01）：92-97.

[92] 卫克勤，林瑞芬，王志祥．北京地区降水中的氘、氧-18、氚含量［J］. 中国科学（B辑 化学 生物学 农学 医学 地学），1982（08）：754-757.

[93] He Y，Meng W，Xu J，et al. Spatial distribution and potential toxicity of polycyclic aromatic hydrocarbons in sediments from Liaohe River Basin，China［J］. Environmental Monitoring & Assessment，2016，188：1-10.

[94] Yang L，He J，Liu Y，et al. Characteristics of change in water quality along reclaimed water intake area of the Chaobai River in Beijing，China［J］. Journal of environmental sciences，2016，50：93-102.

[95] 何宝南，何江涛，王健，等．顺义潮白河再生水受水区反硝化作用初探［J］. 农业环境科学学报，2016，35（8）：1565-1572.

[96] Melillo J M，McGuire A D，Kicklighter D W，et al. Global climate change and terrestrial net primary production［J］. Nature，1993，363：234-240.

[97] 姜瑞雪，韩冬梅，宋献方，等．再生水补给河道周边水体特征——以北京潮白河顺义段为例［J］. 资源科学，2020，42（12）：2419-2433.

[98] McKnight D M，Boyer E W，Westerhoff P K，et al. Spectrofluorometric characterization of dissolved organic matter for indication of precursor organic material and aromaticity［J］. Limnol Oceanogr，2001，46（1）：38-48.

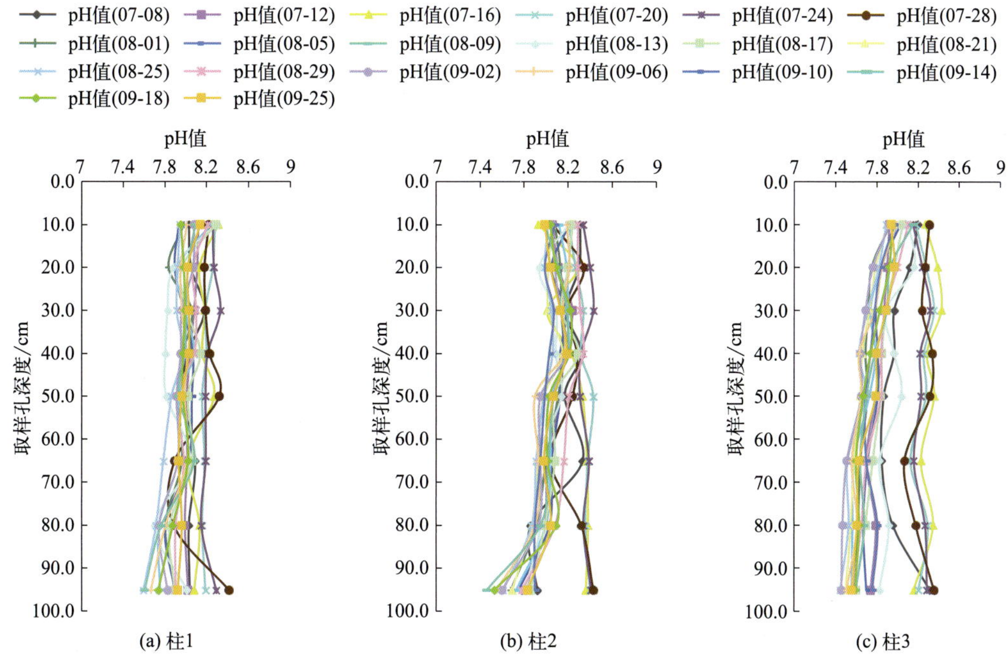

图 7-2　三种典型岩性介质再生水淋溶试验 pH 值随深度的变化曲线

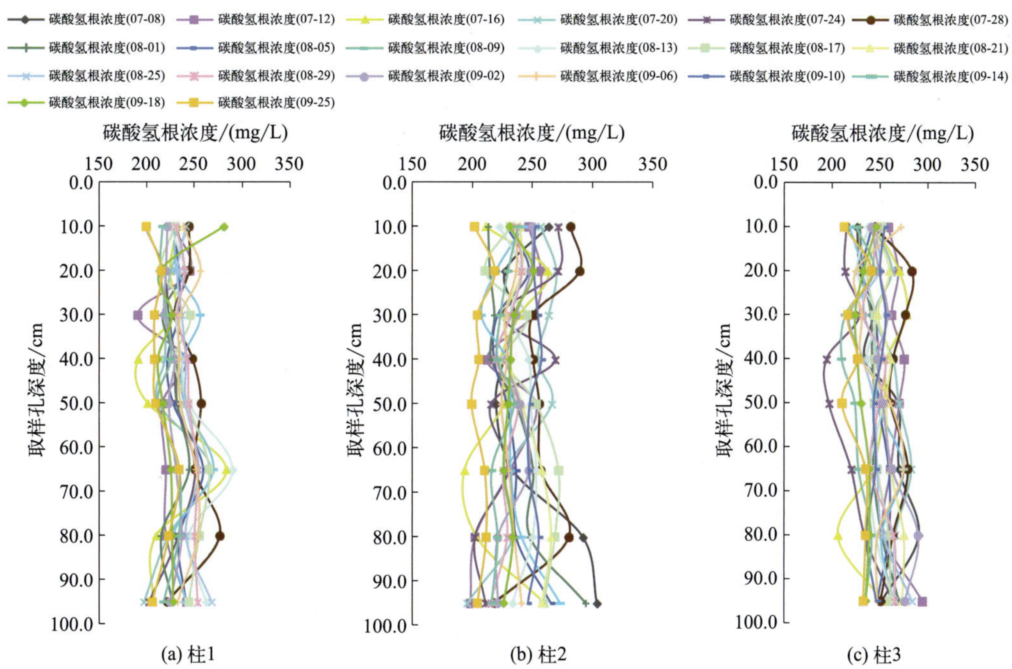

图 7-3　三种典型岩性介质再生水淋溶试验碳酸氢根离子浓度随深度的变化曲线

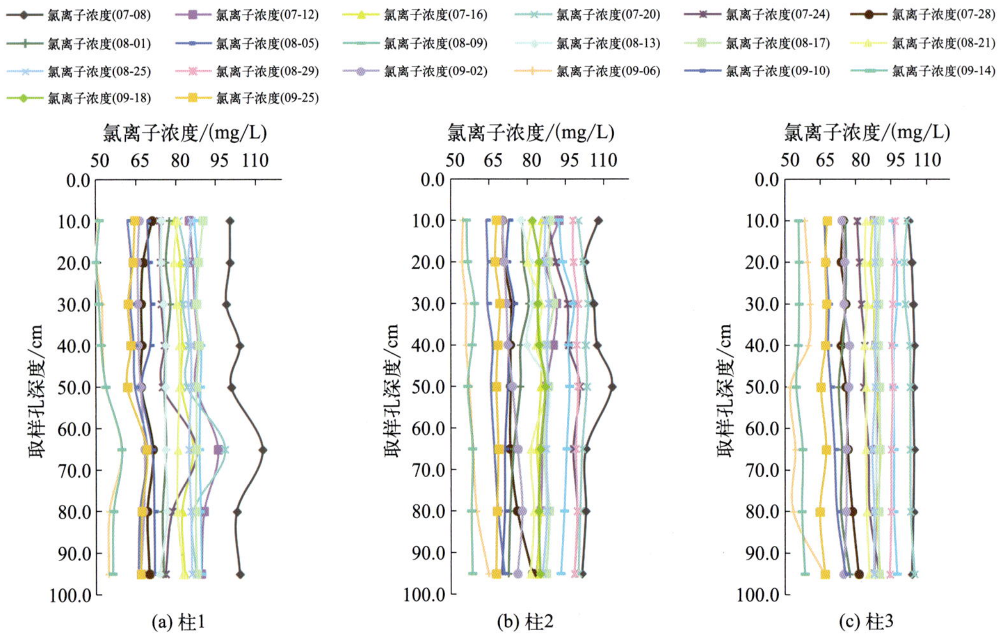

图 7-4　三种典型岩性介质再生水淋溶试验氯离子浓度随深度的变化曲线

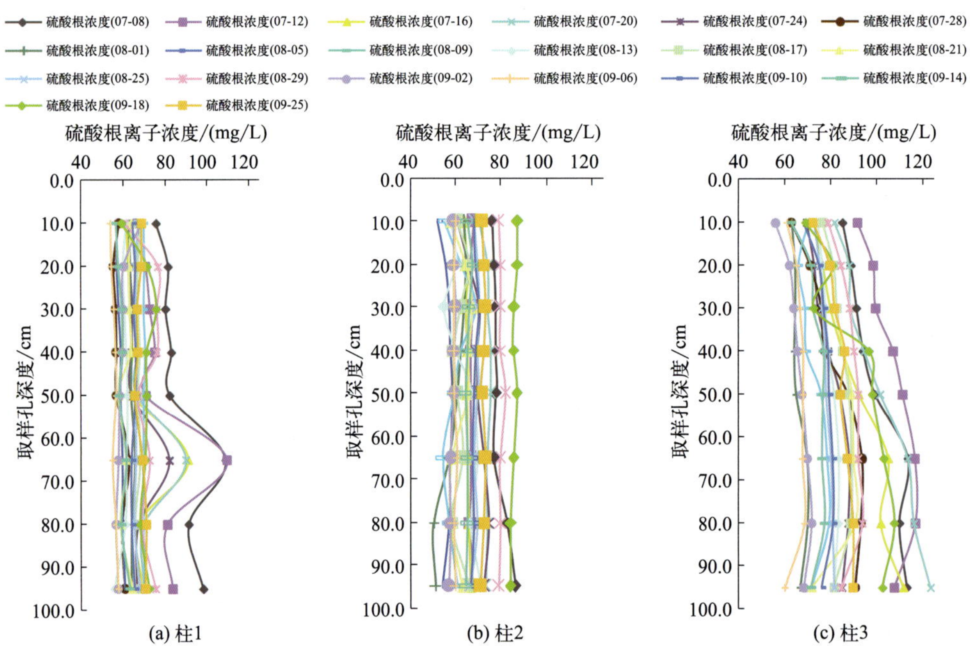

图 7-5　三种典型岩性介质再生水淋溶试验硫酸根离子浓度随深度的变化曲线

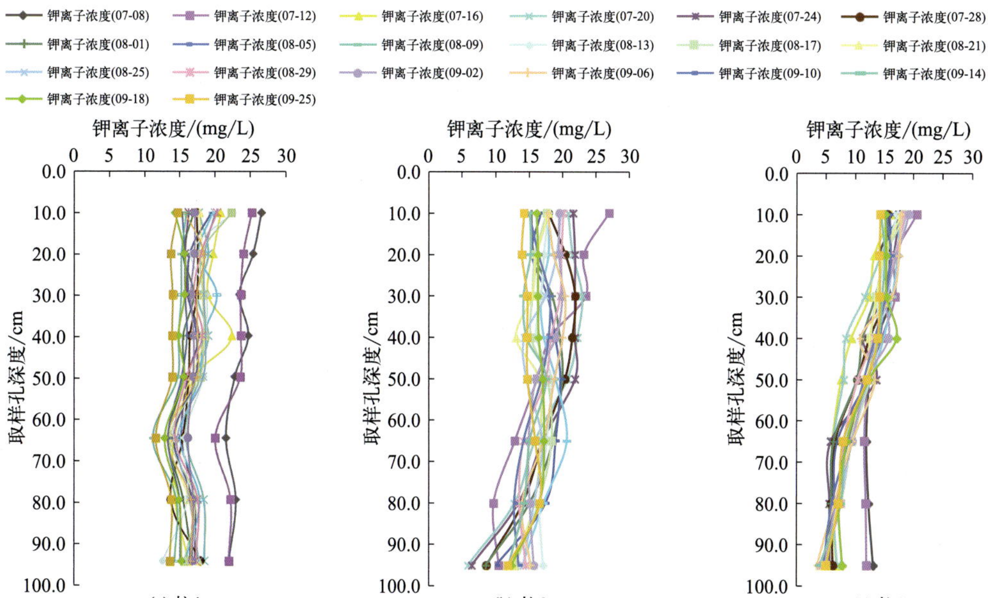

(a) 柱1　(b) 柱2　(c) 柱3

图 7-6　三种典型岩性介质再生水淋溶试验钾离子浓度随深度的变化曲线

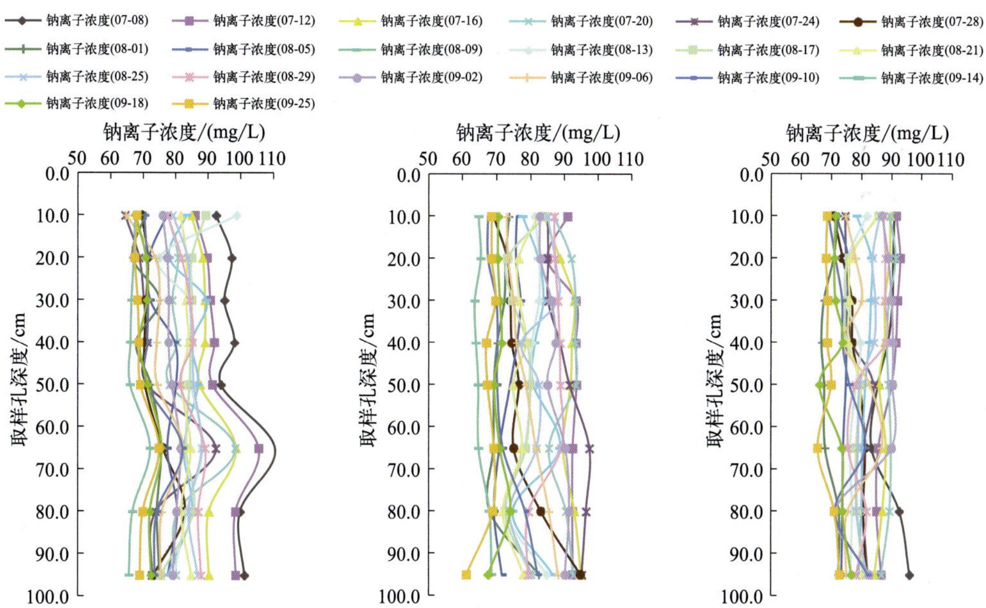

(a) 柱1　(b) 柱2　(c) 柱3

图 7-7　三种典型岩性介质再生水淋溶试验钠离子浓度随深度的变化曲线

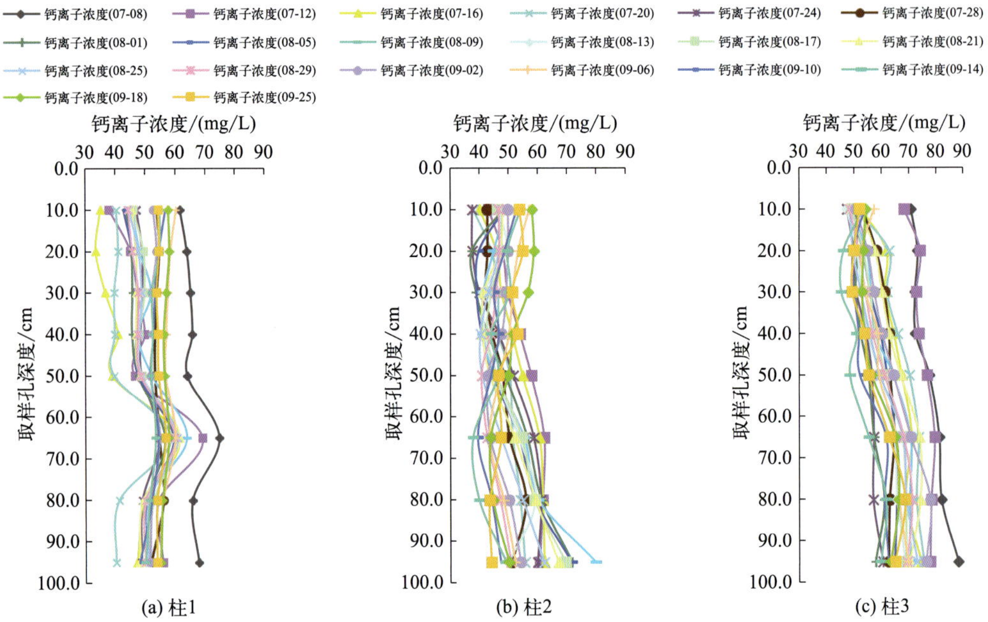

图 7-8　三种典型岩性介质再生水淋溶试验钙离子浓度随深度的变化曲线

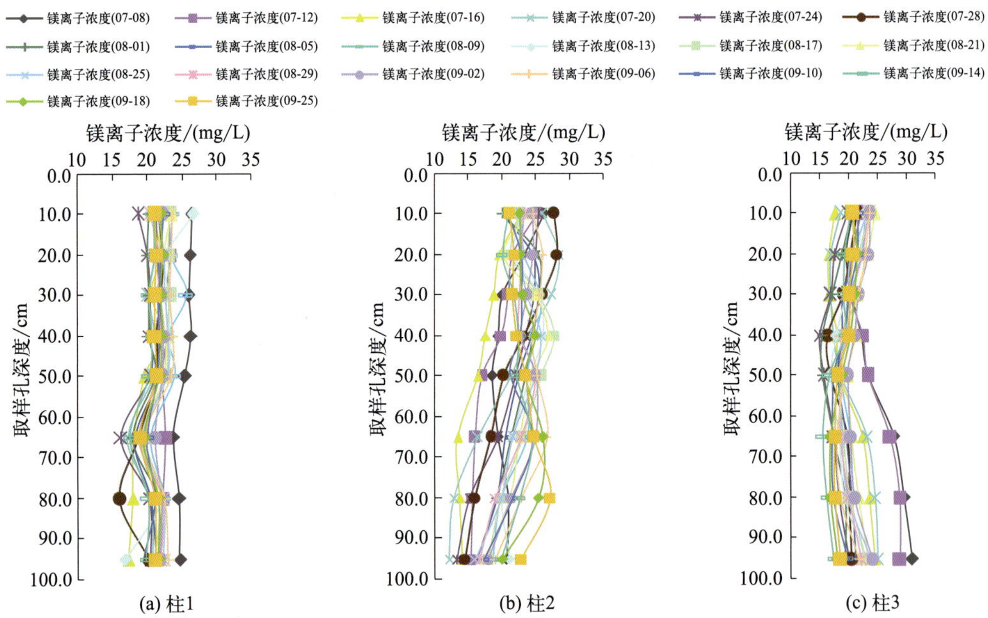

图 7-9　三种典型岩性介质再生水淋溶试验镁离子浓度随深度的变化曲线

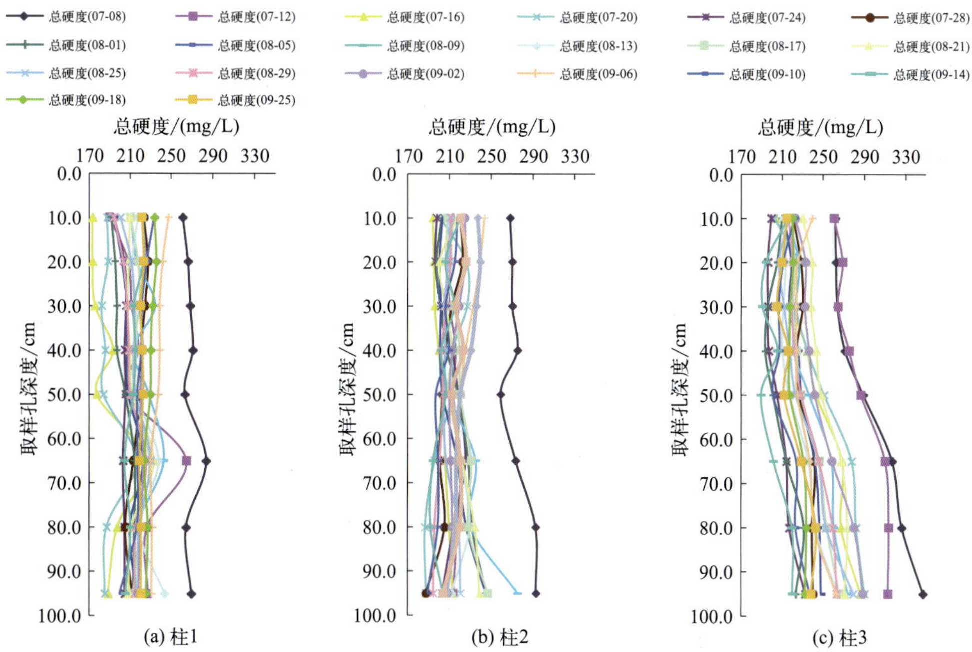

图 7-10　三种典型岩性介质再生水淋溶试验总硬度随深度的变化曲线

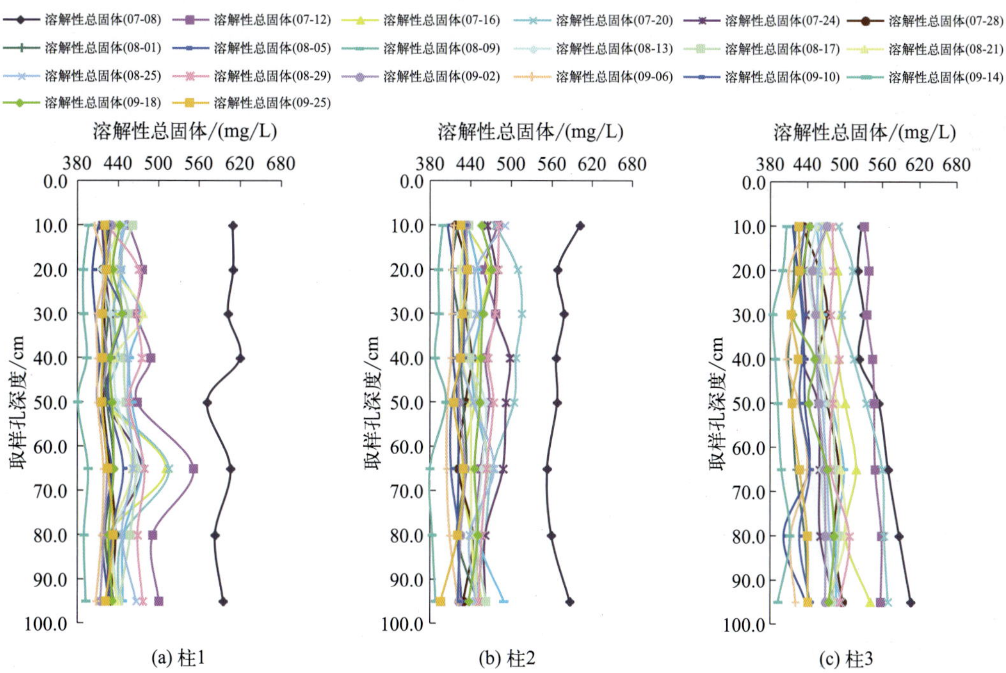

图 7-11　三种典型岩性介质再生水淋溶试验 TDS 随深度的变化曲线

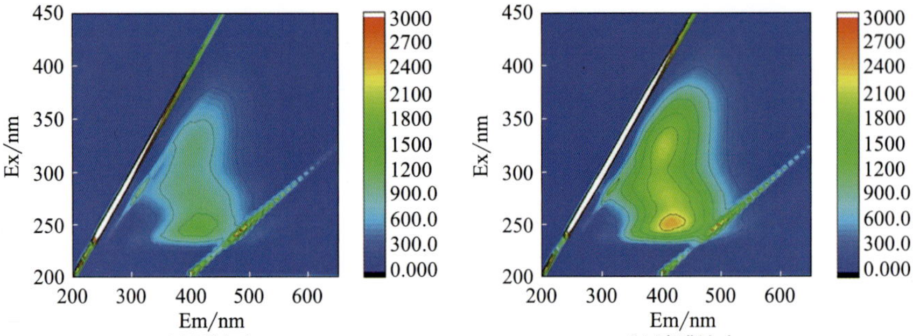

(a) 再生水　(b) 滤膜浓水

图 8-14　再生水和纳滤膜浓水的三维荧光谱图

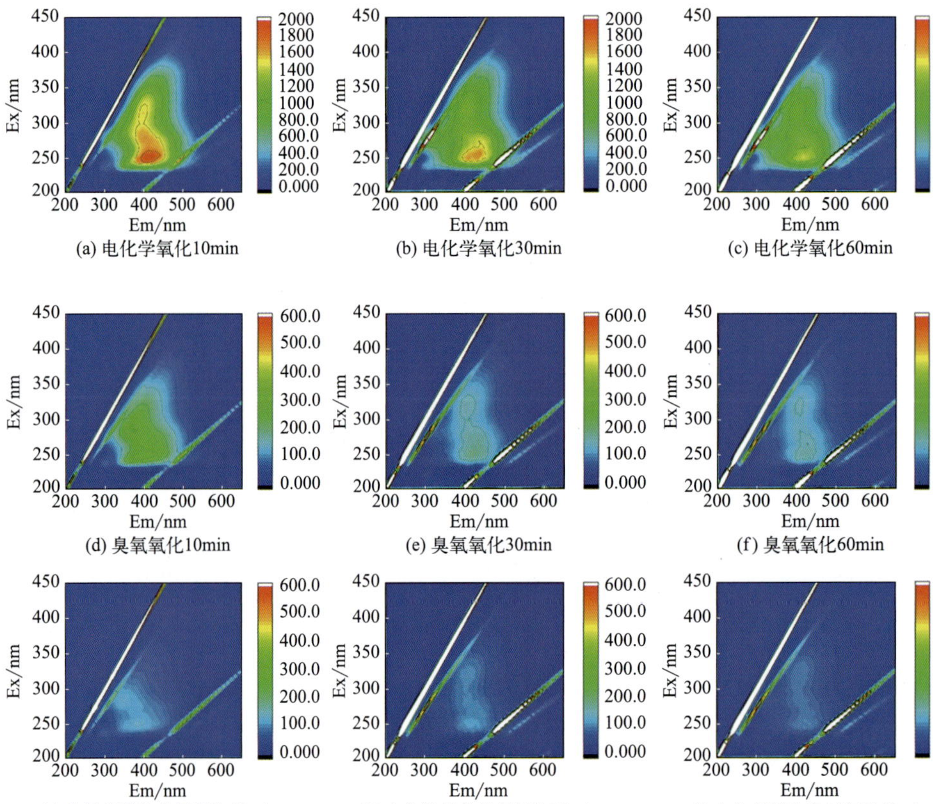

(a) 电化学氧化10min　(b) 电化学氧化30min　(c) 电化学氧化60min

(d) 臭氧氧化10min　(e) 臭氧氧化30min　(f) 臭氧氧化60min

(g) 电化学催化臭氧氧化10min　(h) 电化学催化臭氧氧化30min　(i) 电化学催化臭氧氧化60min

图 8-15　不同处理工艺分别处理纳滤膜浓水 10min、30min、60min 后的三维荧光谱图

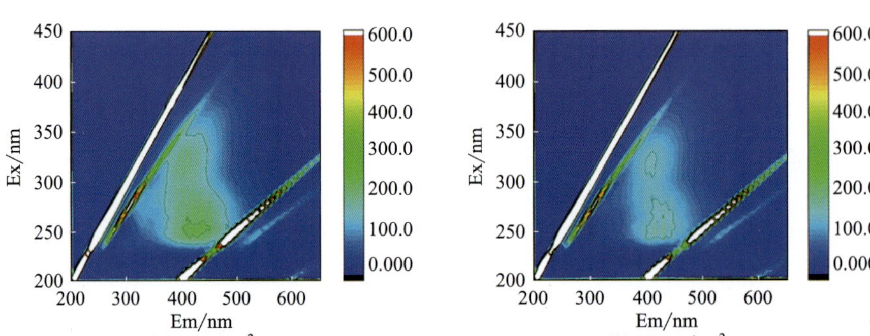

(a) 5mA/cm^2　(b) 10mA/cm^2

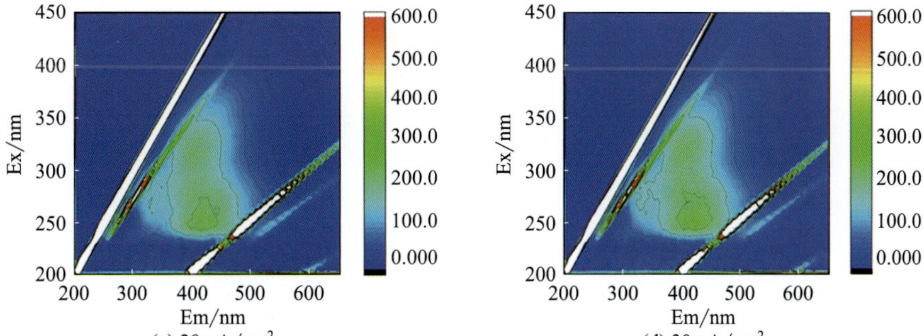

(c) 20mA/cm^2　(d) 30mA/cm^2

图 8-19　不同电流密度下反应体系处理纳滤膜浓水 30min 后的三维荧光谱图

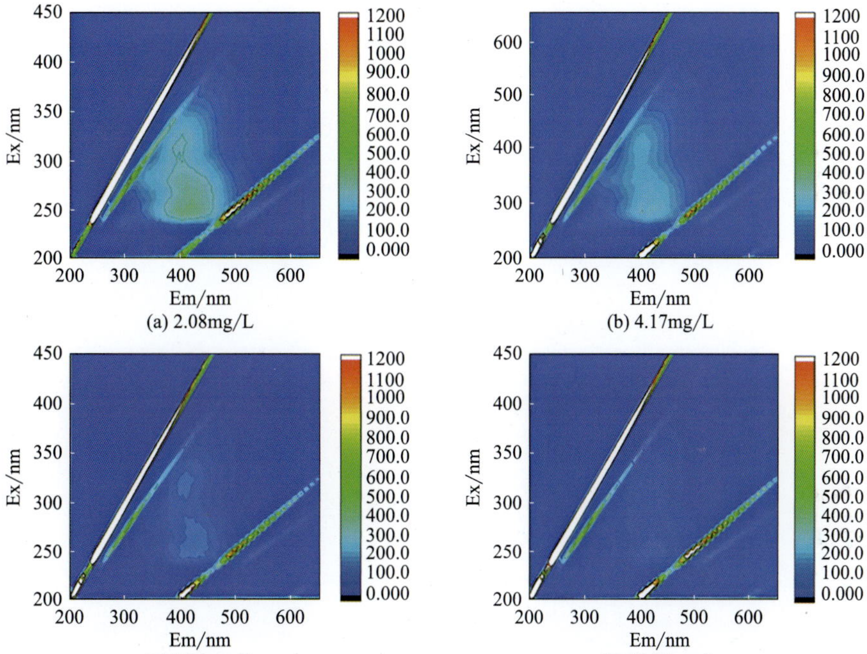

(a) 2.08mg/L　(b) 4.17mg/L　(c) 8.33mg/L　(d) 20.85mg/L

图 8-22　不同臭氧浓度下反应体系处理纳滤膜浓水 30min 后的三维荧光谱图

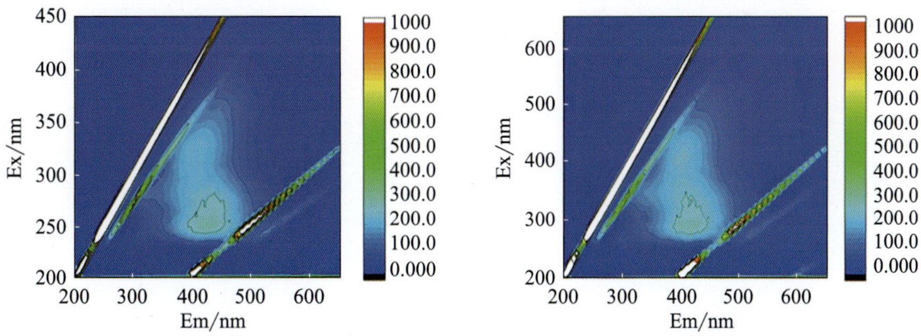

(a) Pt/Ti　(b) SnO_2/Ti

图 8-25

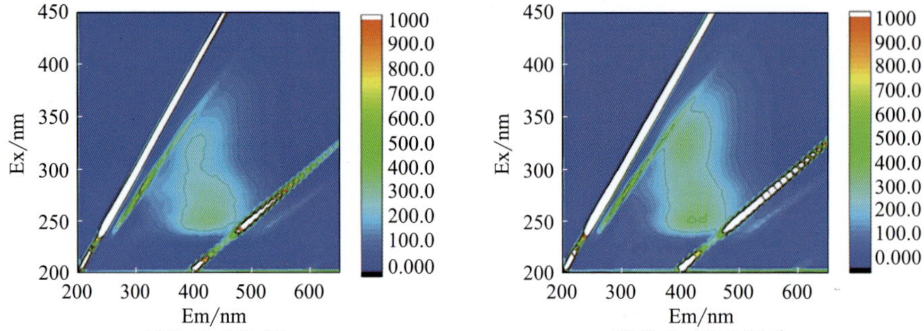

(c) RuO_2-IrO_2/Ti　　(d) SnO_2/Ti+石墨毡

图 8-25　不同电极材料下反应体系处理纳滤膜浓水 30min 后的三维荧光谱图

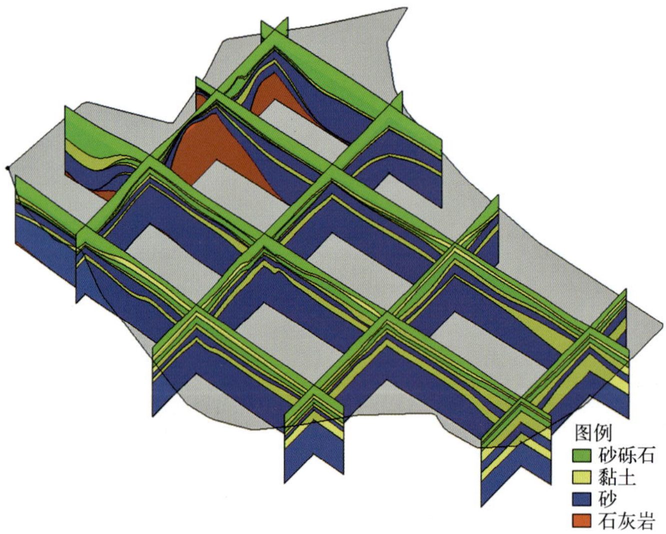

图 9-1　潮白河再生水利用受水区三维地层结构

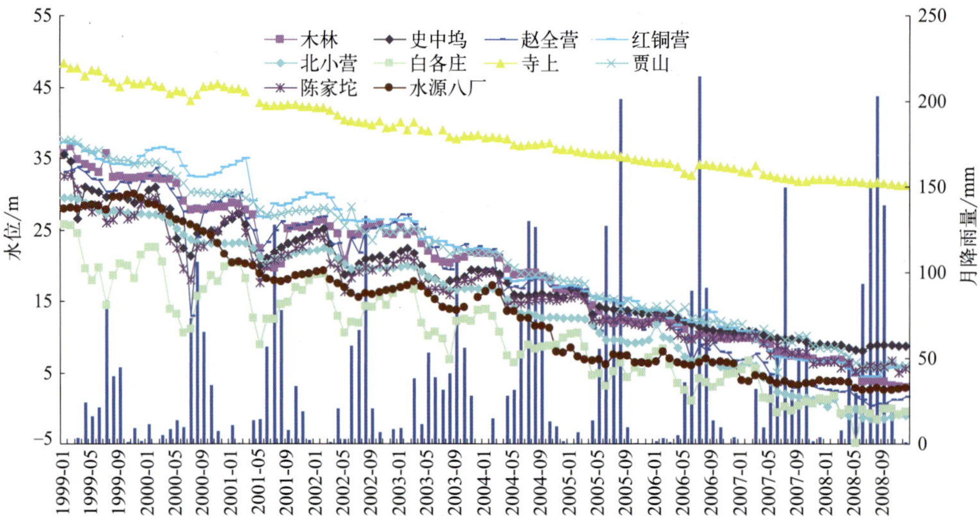

图 9-3　研究区地下水水位变化及降雨量变化